职业教育课程改革创新规划教材

电子整机装配工艺与调试

王奎英　主　编
冯　睿　副主编
秦　颖　参　编

電子工業出版社
Publishing House of Electronics Industry
北京 · BEIJING

内 容 简 介

本书根据中等职业学校电子类专业教学大纲，结合电子行业的职业技能鉴定规范和中级工考核标准，并参考历年来全国电工电子技能大赛方案编写而成。

全书共分8个项目，分别为常用工具和仪器仪表的使用、常用电子元器件的识读与检测、常用电子材料的识别与加工、印制电路板的设计与制作、电子元器件的插装与焊接、电子电路图的识读、电子产品的整机装配与调试、电子产品的质量管理与检验。

全书实践技能突出，理论知识简约清楚，整个教学内容贴近生产实际，贴近电子企业的岗位需求，适合中等职业教育电子类专业使用，也可作为电子企业技术工人的上岗培训用书。

本书配有免费的教学资料包，详见前言。

图书在版编目（CIP）数据

电子整机装配工艺与调试 / 王奎英主编. —北京：电子工业出版社，2012.2
职业教育课程改革创新规划教材
ISBN 978-7-121-15345-7

Ⅰ. ①电… Ⅱ. ①王… Ⅲ. ①电子设备－装配（机械）－中等专业学校－教材②电子设备－调试方法－中等专业学校－教材 Ⅳ. ①TN805

中国版本图书馆 CIP 数据核字（2011）第 247998 号

策划编辑：张 帆
责任编辑：谭丽莎
印 刷：北京虎彩文化传播有限公司
装 订：北京虎彩文化传播有限公司
出版发行：电子工业出版社
北京市海淀区万寿路 173 信箱 邮编 100036
开 本：787 × 1092 1/16 印张：15.5 字数：397 千字
版 次：2012 年 2 月第 1 版
印 次：2018 年 8 月第 7 次印刷
定 价：27.50 元

凡所购买电子工业出版社图书有缺损问题，请向购买书店调换。若书店售缺，请与本社发行部联系，联系及邮购电话：（010）88254888。

质量投诉请发邮件至 zlts@phei.com.cn，盗版侵权举报请发邮件至 dbqq@phei.com.cn。

服务热线：（010）88258888。

前　言

依据“国务院关于大力推进职业教育改革与发展的决定”，结合“教育部关于加快发展中等职业教育的意见”，参考历年来全国电工电子技能大赛方案，本着“以服务为宗旨，以就业为导向，以能力为本位”的指导思想，在深入开展项目教学课改的基础上，我们编写了《电子整机装配工艺与调试》这本教材。

本书以技能操作为主，以知识实用为原则，以提高学生综合职业能力和服务终身发展为目标，采用了“任务分析—教学方式—操作分析—技能训练—技能评价—知识链接—项目小结—思考与练习”等编写模式。在本书的编写中，我们力求突出以下特色。

（1）在编写理念上，尽量贴近中职学生的认知规律，以电子整机装配工艺与调试为中心，以工业和信息化部电子行业无线电调试的国家职业标准为参照，采用大量的图形和表格等直观表达方式，注重做中学、做中教，教、学、做合一，突显理论实践一体化的职教特色。

（2）在结构设置上，把“技能目标”和“知识目标”放在每个项目开端，使读者对本项目的重点技能和知识点一目了然；把“操作分析”和“技能训练”放在每个任务前两项先行讲解，着重对学生进行技能的培养和训练；“知识链接”的内容与“操作分析”的内容紧密相关，目的是拓展延伸中职学生的理论知识；每个项目之后均有小结和思考与练习，这样既巩固了所学知识，又便于学生对各项目内容进行梳理和提炼。

（3）在内容编排上，紧跟电子技术的发展潮流，以教学大纲为本，根据电子企业的岗位需求来选择教学内容，体现新知识、新技术、新工艺、新方法的特点。尤其是书中一些新颖、精炼的拓展内容，均是来自于一线教师和企业技术人员的心得体会与经验总结，学生掌握之后，将会提高技能水平和操作速度。

（4）在呈现形式上，全书穿插着学生查找资料等自学内容，旨在培养学生自主学习的能力和习惯；在任务评价部分，创新了职业教育评价考核模式，重在培养学生良好的职业习惯和自尊自爱、团结协作的精神。

本书共分 8 个项目，建议安排 135 学时，在教学过程中可参考如下所示的课时分配表。

项目序号	项目内容	参考课时
项目一	常用工具和仪器仪表的使用	10
项目二	常用电子元器件的识读与检测	10
项目三	常用电子材料的识别与加工	10
项目四	印制电路板的设计与制作	14
项目五	电子元器件的插装与焊接	12

续表

项目序号	项目内容	参考课时
项目六	电子电路图的识读	10
项目七	电子产品的整机装配与调试	2周
项目八	电子产品的质量管理与检验	12

本书由河南机电职业学院王奎英担任主编并统稿，河南省新乡市职业教育中心冯睿担任副主编。参编人员分工如下：河南省工业科技学校秦颖编写项目一和项目六；王奎英编写项目二、项目三和项目五；冯睿编写项目四、项目七和项目八。在本书编写提纲的制定和各项目的编写过程中，得到了河南龙翔电气有限公司李涛和浙江天煌科技实业有限公司张军的指导和帮助，在此致以诚挚的谢意！

本书配有免费的教学资料包，请有需要的读者登录华信教育网（www.hxedu.com.cn）免费注册后再进行下载，如有问题请在网站留言板留言或与电子工业出版社联系（hxedu@phei.com.cn）。

由于编者水平有限，教材中难免存在不足之处，敬请读者予以批评指正。

编者

2012年1月

目　录

>>> 项目一

常用工具和仪器仪表的使用

在电子整机产品装配过程中离不开工具和仪器仪表，能否正确地选用和使用工具和仪器仪表将影响电子整机产品装配的质量、工作效率，甚至影响到人身安全。本项目主要介绍电子整机产品装配中常用的工具、万用表、信号发生器、示波器的用途和使用方法。

技能目标：

- 熟练使用常用工具。
- 掌握指针式万用表和数字式万用表检测电子元器件和测量相关电量的操作。
- 掌握信号发生器的操作。
- 掌握示波器检测电信号的操作。

知识目标：

- 熟悉常用工具的用途、型号和选用常识。
- 熟知万用表面板符号的意义及使用方法。
- 熟知信号发生器面板符号的意义及使用方法。
- 熟知示波器面板符号的意义及使用方法。

任务一　常用工具的使用

电子整机产品装配中常常用到紧固工具、剪切工具、专用工具、焊接工具、钳工工具。

任务分析

（1）掌握常用工具的使用方法。

（2）用紧固工具旋动螺钉、螺母。

（3）用剥线钳剥去导线头绝缘层。

（4）用游标卡尺测量元器件的长度、外径、内径，并读出数值。

（5）会选用螺丝刀、扳手、烙铁、游标卡尺，熟知它们的使用注意事项。

教学方式

教学步骤	时间安排	教学方式（供参考）
阅读教材	课余	自学、查资料、相互讨论，重点阅读“操作分析”和“知识链接”
技能训练	3 课时	对旋具、剥线钳、游标卡尺、电钻的实训内容，由学生边学边练，同时教师示范操作、巡回指导
操作分析和知识链接的讲授	1 课时	在操作分析的讲授中，结合实物或多媒体课件演示；对知识链接的讲授多以案例为主
评估检测		教师与学生共同完成任务的检测与评估，并能对问题进行分析与处理

操作分析

一、紧固工具的使用方法

紧固工具是用于拧紧或拧松螺钉、螺栓或螺母的，包括螺钉旋具、螺帽旋具、扳手等。

1. 螺钉旋具

螺钉旋具主要是螺丝刀（又称改锥或起子），有一字形螺丝刀、十字形螺丝刀，如图 f 所示。在电子整机产品装配中还经常用到钟表螺丝刀，如图 1-2 所示。

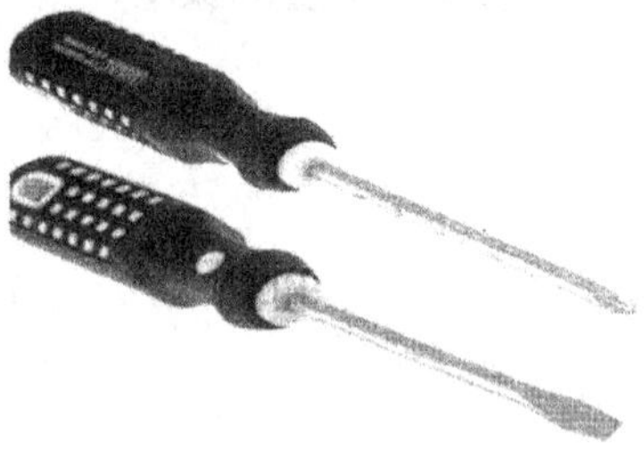

图 1-1　螺丝刀

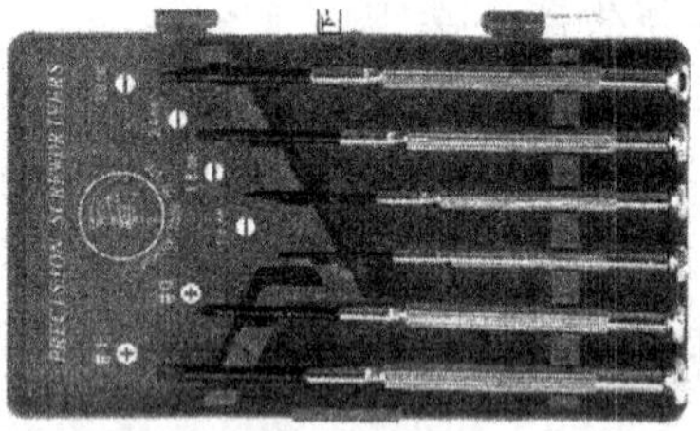

图 1-2　钟表螺丝刀

螺丝刀的使用方法如下。

（1）以右手握持螺丝刀，手心抵住柄端，让螺丝刀口端与螺钉槽口处于垂直吻合状态。

（2）当开始拧松或最后拧紧时，应用力将螺丝刀压紧后再用手腕力扭转螺丝刀；当螺栓松动后，即可用手心轻压螺丝刀柄，用拇指、中指和食指快速转动螺丝刀。

2. 螺帽旋具

螺帽旋具又称螺帽起子，适用于装拆外六角螺钉或螺母，能使螺钉或螺帽上得更紧，而且拆卸时更快速、更省力，不易损坏螺钉或螺母，其外形如图 1-3 所示。

3. 扳手

扳手是紧固或拆卸螺栓、螺母的手工工具，常用的有固定扳手、活动扳手。

1）固定扳手

固定扳手用于紧固或拆卸方形或六角形螺栓或螺母。其有开口扳手、梅花扳手、组合扳手，如图 1-4 所示。它们的使用方法如下。

（1）开口扳手：两头均为 U 形钳口的，使用时，先将开口扳手套住螺栓或螺母六角的两个对向面，确保完全配合后再施力。施力时，一只手推住开口扳手与螺栓或螺母的连接处，另一只手握紧扳手柄部往身边拉扳，当拉到身体或物体阻挡时，将扳手取出重复前述过程。

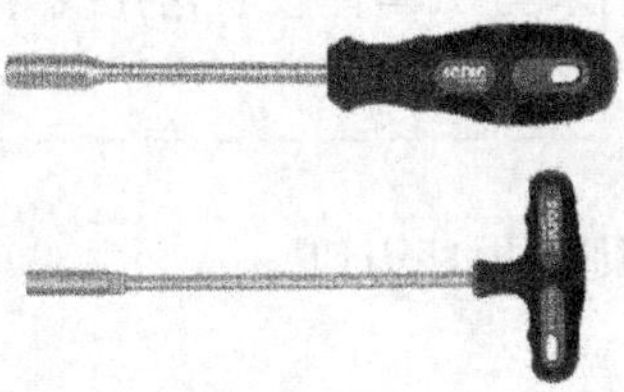

图 1-3　螺帽起子

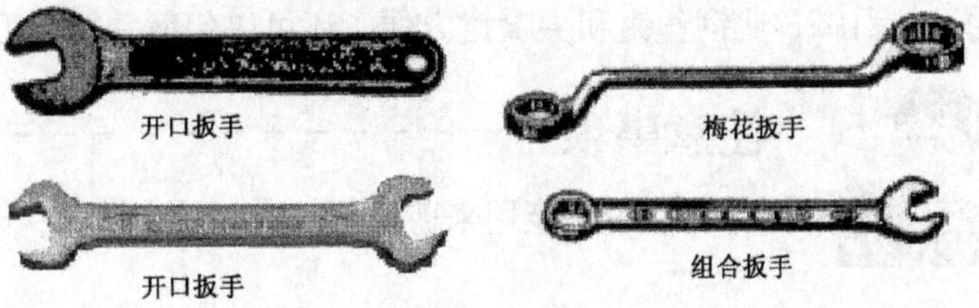

图 1-4　多种固定扳手

（2）梅花扳手：两端呈花环状，其内孔由两个正六边形相互同心错开 30°而成。一般梅花扳手头部有弯头，这样的结构便于拆卸、装配在凹槽的螺栓或螺母。使用梅花扳手时，左手推住梅花扳手与螺栓或螺母的连接处，保持接触部分完全配合，右手握住梅花扳手的另一端并加力。因为梅花扳手可将螺栓、螺母的头部全部围住，所以可以施加大力矩。

（3）组合扳手：又叫两用扳手，是把梅花扳手和开口扳手组合在一起而形成的。在紧固过程中，可先用开口扳手把螺栓或螺母旋到底，再使用梅花端完成最后的紧固，而拧松时则应先使用梅花端。

2）活动扳手

活动扳手适用于旋动尺寸不规则的螺栓、螺母，它能在一定范围内任意调节开口尺寸。它由固定钳口和可调钳口两部分组成，其开口大小通过调节螺杆进行调整。活动扳手如图 1-5 所示，其使用方法如下。

（1）先将活动扳手调整合适，使活动扳手的钳口与螺栓或螺母两对边完全贴紧，不存在间隙。

（2）施加力，使可调钳口受推力，固定钳口受拉力，如图 1-6（a）所示，这样能保证螺栓、螺母及扳手本身不被破坏。

（3）扳动较大的螺栓、螺母时，所用力矩较大，手握住手柄尾部；扳动较小的螺栓、螺母时，为了防止钳口处打滑，手可握在接近头部位置，且用拇指调节和稳定蜗轮。

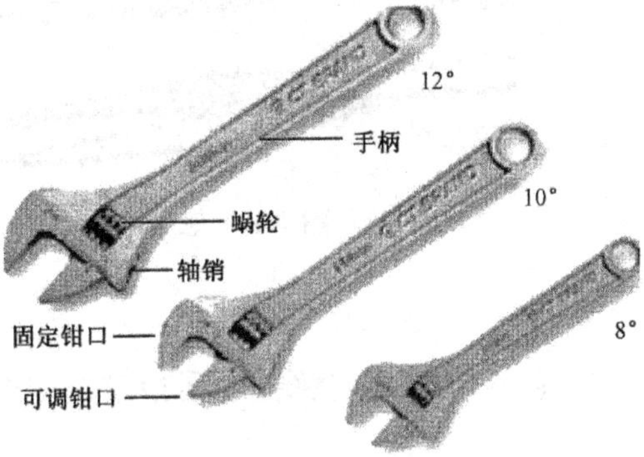

图 1-5　活动扳手

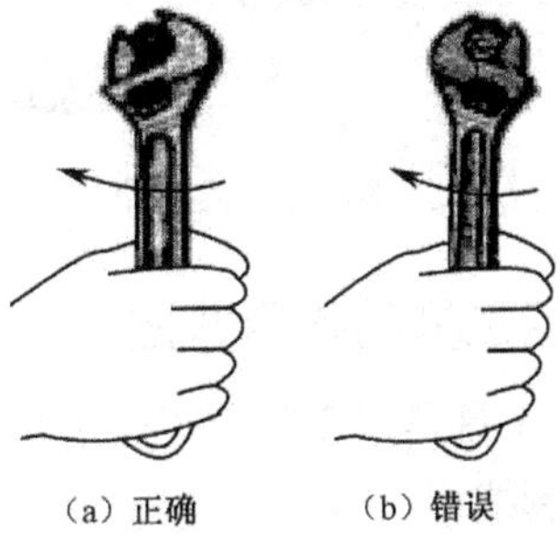

图 1-6　活动扳手的正确使用方法

二、剪切工具的使用方法

剪切工具用于剪断导线、元件引脚、金属丝等，常用的有斜口钳、剪刀、尖嘴钳等。

1. 斜口钳

斜口钳也称偏口钳，如图 1-7 所示。其钳口有刃口，端部呈圆形，专用于剪切导线、元器件的过长引脚，比钢丝钳和尖嘴钳方便，还可以代替一般剪刀用来剪切套管、尼龙扎线等。

注意事项：

斜口钳不能用来剪切硬的或粗的金属丝，否则会损坏刃口。

2. 剪刀

剪刀主要用于剪断塑料套管、金属丝、细导线等，如图 1-8 所示。一般右手使用它，其使用方法和日常用的剪刀没有区别。

图 1-7　斜口钳

图 1-8　剪刀

3. 尖嘴钳

可使用尖嘴钳的刃口部分剪断金属丝。用它的钳口前部夹持导线、元器件，还可以将元器件引脚、单股导线弯成一定的圆弧形状，适用于在较小的空间内操作，其外形如图 1-9 所示。

4. 镊子

镊子有钟表镊子和医用镊子，其外形如图 1-10 所示。它主要用于手工焊接时夹持导线和元器件，防止移动。用不锈钢制造的 130～150mm 长的镊子较为常用。

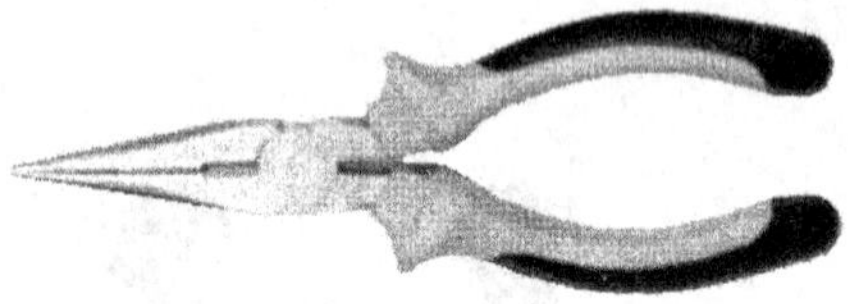

图 1-9　尖嘴钳

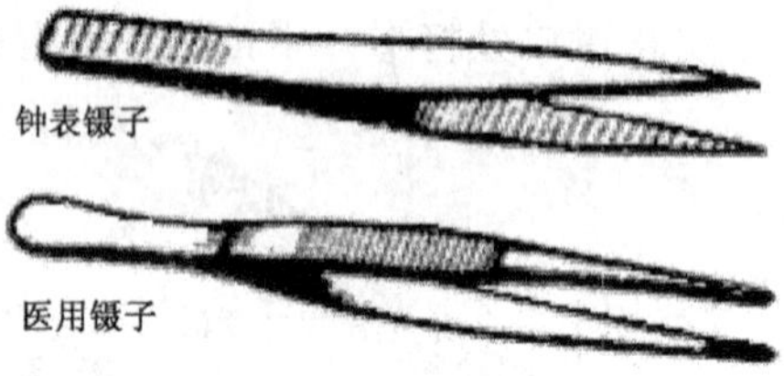

图 1-10　镊子

三、专用工具的使用方法

专用工具是指专门用于电子整机装配的工具，包括剥线钳、绕线器、压接钳、热熔胶枪等。

1. 剥线钳

剥线钳的主要部分是钳头和手柄，如图 1-11 所示，用于剥削直径在 3mm 以下的电线线头的塑料、橡皮绝缘层。它的钳口工作部分有 0.5～3mm 的多个不同孔径的钳口，以便剥削不同规格的芯线绝缘层。其使用方法如下。

（1）用标尺定好要剥掉的绝缘层长度。

（2）将导线放在钳口中。一般为了不损伤线芯，宜将导线放在大于线芯的钳口中。

（3）用手将两个钳柄向内握，导线的绝缘层皮即被剥离弹出。

2. 绕线器

绕线器又称绕线枪。将导线按规定圈数紧密地缠绕在其带有棱边的接线柱上，可使之成为牢固的接点。绕线器是无锡焊接技术中进行绕接操作的专业工具。它具有高可靠性、效率高、无污染等优点，且使用方便，简单易学，其外形如图 1-12 所示。

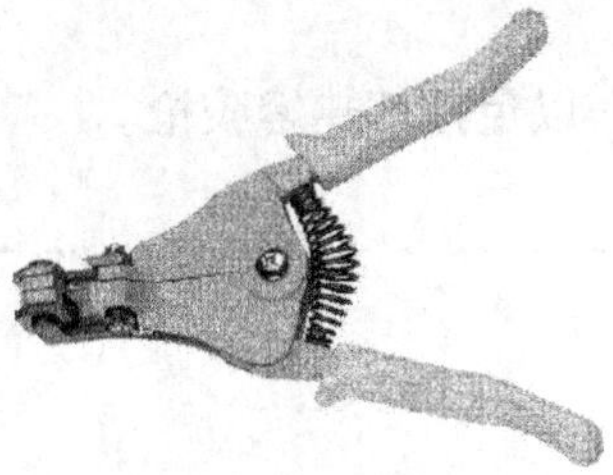

图 1-11　剥线钳

图 1-12　绕线器

注意事项：

使用该产品之前应先练习使用数次，然后方可工作。使用一段时间后，应定期往绕接器内加油，并保持其绕头内部清洁。另外，装绕头时不要压得太死。

3. 压接钳

压接钳是无锡焊接中进行压接操作的专用工具，用于压接接线鼻等。压线钳有快速液压钳和普通压接钳，如图 1-13 所示。其使用方法如下所示。

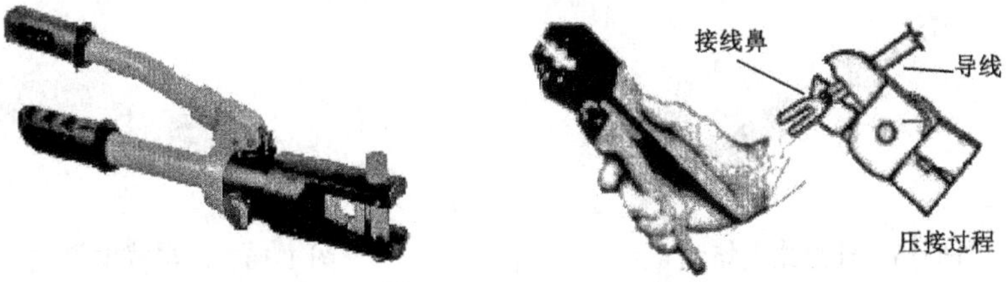

（a）快速液压钳　　（b）普通压接钳

图 1-13　压接钳和压接过程

1）用快速液压钳压接接线鼻的方法

（1）根据接线鼻规格选用同规格的压膜装入压具，插上挡销。

（2）将导线端头去除绝缘层，将线芯插入接线鼻内。

（3）将插有线芯的接线鼻放入快速液压钳的压膜内，旋紧液压释放开关加压。

（4）压好后，旋松液压释放开关，取出压好的接线鼻。

2）普通压接钳的使用方法

（1）将导线端头去除绝缘层。

（2）将线芯插入接线鼻内，确认在同一轴上。

（3）用手扳动压接钳的手柄，相同材料压 2～3 次，铝–铜接头压 3～4 次。

4. 热熔胶枪

热熔胶枪是专门用于胶棒式热熔胶的熔化、胶接的专用工具，其外形如图 1-14 所示。

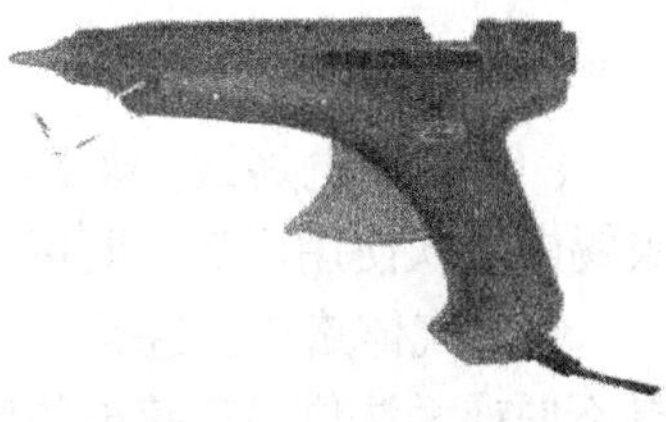

图 1-14　热熔胶枪

热熔胶枪的使用方法为：确保需要粘胶的物体清洁后，给热熔胶枪通电，5min 左右后插入胶棒，轻扣扳机，使熔胶从枪口流出到待固定元器件的位置后，迅速把待粘牢的物体放在熔胶处，待熔胶冷却固定后，方可移动物体。

注意事项：

热熔胶枪的温度不够时不要过分用力打胶，以免损坏热熔胶枪。

四、焊接工具的使用方法

焊接常用的工具主要有电烙铁、热风枪。

1. 电烙铁

1）电烙铁的种类

（1）外热式电烙铁。其结构如图 1-15 所示。这种电烙铁的烙铁头安装在烙铁芯内。其烙铁头使用的时间较长，功率较大，但热效率低、速度较缓慢，一般要预热 6～7min 后才能焊接，且其体积较大，焊小型器件时显得不方便。

（2）内热式电烙铁。其结构如图 1-16 所示，其烙铁芯安装在烙铁头内。这种电烙铁有发热快、质量小、体积小、热利用率高等优点。由于其热利用率高，所以 20W 的内热式电烙铁就相当于 40W 左右的外热式电烙铁，因此它得到了普遍应用。

图 1-15　外热式电烙铁

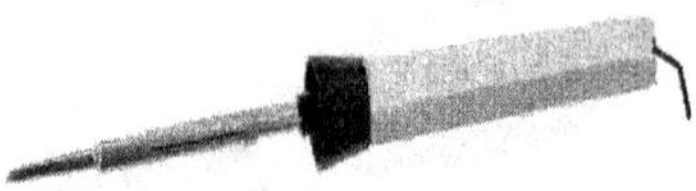

图 1-16　内热式电烙铁

（3）恒温电烙铁。其内部装有温度控制器，由它来控制开关的接通、断开和通电时间，达到控制温度的目的。在焊接温度不宜过高、焊接时间不宜过长的元器件时，应选用恒温电烙铁，如图 1-17 所示。

（a）无铅可调恒温电烙铁　　（b）936焊台/可调恒温电烙铁

图 1-17　恒温电烙铁

（4）吸锡电烙铁。吸锡电烙铁是将活塞式吸锡器与电烙铁熔于一体的拆焊工具。目前两用吸锡电烙铁使用广泛，既可用做电烙铁，也可以用做吸锡器，其外形如图 1-18 所示。

（5）气体烙铁。这是一种用液化气、甲烷等可燃气体燃烧加热烙铁头的烙铁。它适用于供电不便或无法供给交流电的场合。其外形如图 1-19 所示。

2）电烙铁的握法

（1）反握法。用五指把电烙铁的柄握在掌内，如图 1-20（a）所示。此法适用于大功率电烙铁焊接散热量较大的被焊件。

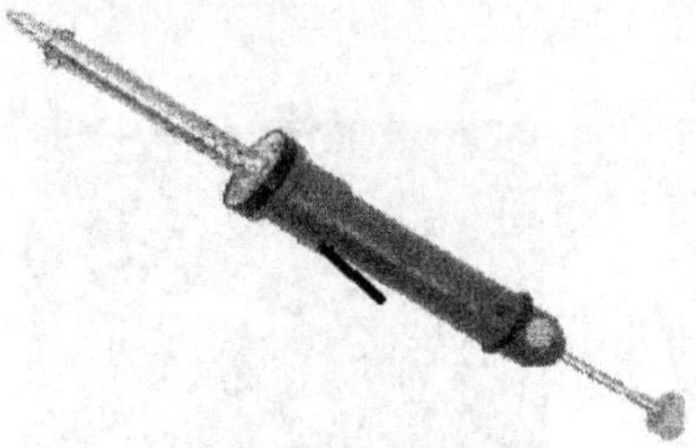

图 1-18　两用吸锡电烙铁

图 1-19　气体烙铁

（2）正握法。如图 1-20（b）所示，此法适用于较大体积的弯形烙铁头。

（3）握笔法。用握笔的方法握电烙铁，如图 1-20（c）所示。此法适用于小功率电烙铁焊接散热量小的被焊件。焊接电子元器件常用此方法。

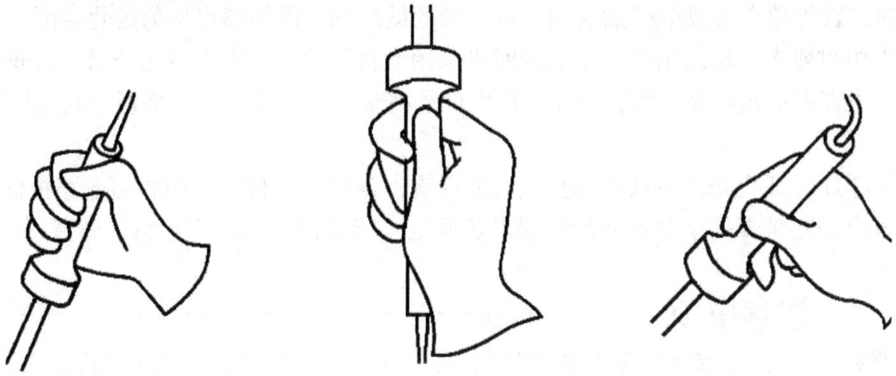

（a）反握法　（b）正握法　（c）握笔法

图 1-20　电烙铁的握法

注意事项：

电烙铁使用以后，一定要稳妥地插放在烙铁架上，并注意导线等其他杂物不要碰到烙铁头，以免烫伤导线，造成漏电等事故。

3）焊锡丝的拿法

焊锡丝一般有两种拿法，如图 1-21 所示。由于焊锡丝中含有一定比例的铅，而铅是对人体有害的一种重金属，所以操作时应该戴手套或在操作后洗手，避免吸入铅尘。

2. 热风枪

热风枪是利用高温热风加热焊锡膏和电路板及元件引脚，实现焊接或拆焊的焊接工具。850B 热风枪的外观如图 1-22 所示。其使用方法如下。

1）拆焊、焊接贴片元件的方法

拆焊小贴片元件时一般采用小直径喷头，待温度和气流稳定后，手持热风枪的手柄，在距离拆卸的元件 2～3cm 处，在元件的上方向均匀加热，保持垂直，待元件周围的焊锡熔化后，用镊子将其取下。

如果焊接小贴片元件，则焊点先上锡，再用镊子夹住元件放在焊点上。注意要将元件放正。焊接时，等焊锡全部熔化后再撤离热风枪，等焊锡冷却固定后再拿开镊子。

2）贴片集成电路的拆焊、焊接方法

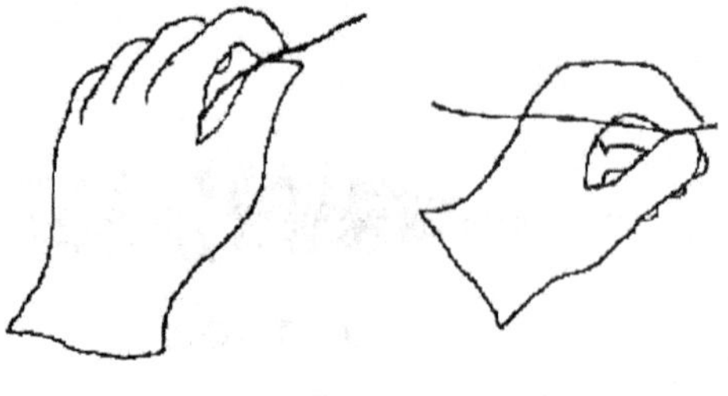

（a）连续焊接时　　（b）断续焊接时

图 1-21　焊锡丝的两种拿法

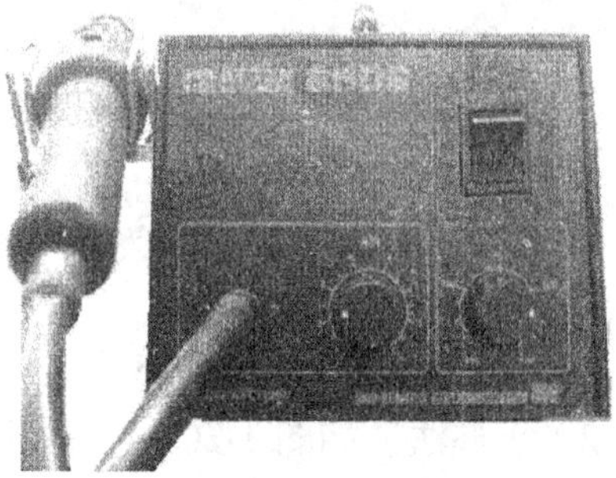

图 1-22　850B 热风枪的外观

拆焊时，首先应在集成电路的表面涂放适量的助焊剂，帮助焊点均匀熔化。由于贴片集成电路的体积相对较大，所以用热风枪拆焊时可采用大直径喷头，在芯片上方 2～3cm 处均匀加热，直到芯片底部的锡珠完全熔化为止，再用镊子将整个芯片取下，电路板上的余锡可用烙铁清除。

若焊接芯片，则应先用烙铁在焊盘上涂上焊锡，再用镊子将芯片引脚与电路板焊盘对应，最后用热风枪加热，焊锡全部熔化后先撤离热风枪，待焊锡冷却固定后再拿开镊子。

注意事项：

加热结束后应立即关闭热风枪电源，以免手柄长期处于高温状态，缩短使用寿命。

五、钳工工具的使用方法

1. 游标卡尺的使用方法

游标卡尺是用于测量长度、外径、内径、深度的测量工具，是一种中等精度的量具。其常用的测量精度有 0.05mm、0.02mm、0.01mm，其外形如图 1-23 所示。

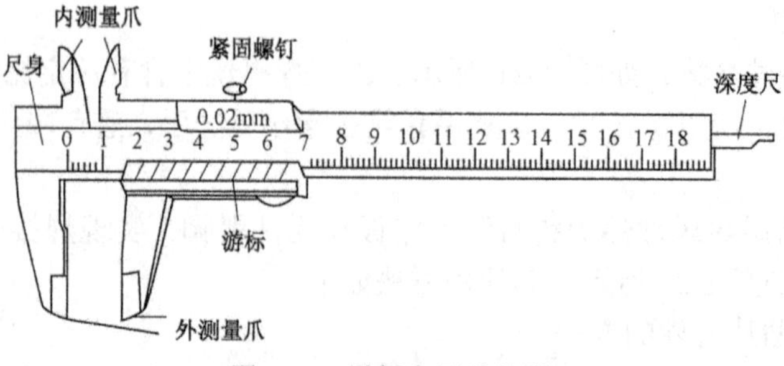

图 1-23　游标卡尺的外形

精度，又叫分度值。精度是 0.02mm 的游标卡尺，是将游标上 49mm 的长度平均分为 50 个刻度，游标上每个刻度代表的实际长度为 49/50mm＝0.98mm，则主刻度尺与游标每一刻度相差 0.02mm。同样，精度是 0.05mm 的游标卡尺，是将游标上 19mm 的长度平均分为 20 个刻度，游标上每个刻度代表的实际长度为 19/20mm＝0.95mm。精度是 0.01mm 游标卡尺，是将游标上 99mm 的长度平均分为 100 个刻度，游标上每个刻度代表的实际长度是 0.99mm。游标卡尺的使用方法如下。

（1）明确使用方法：用外测量爪测量长度（宽、高）或圆柱外径，用内测量爪测量圆孔内径和槽的宽度，用深度尺测量槽和孔的深度。

（2）游标卡尺归零：将量爪并拢，查看游标和主刻度尺的零刻度线是否对齐，如果对齐就可以使用。

（3）测量：右手拿出尺身，大拇指移动游标，左手拿待测物体，当量爪与物体相贴时，即可读数。

（4）读数：读数时首先以游标零刻度线为准，在尺身上读取毫米整数部分。然后看游标上第几条刻度线与尺身的刻度线对齐，如果第 n 条刻度线与尺身刻度线对齐，则小数部分即为 n ×精度。若没有正好对齐的线，则取最接近对齐的线进行读数；若有零误差，则用上述结果减去零误差（零误差为负，相当于加上相同大小的零误差），读数结果为

$$L=\text{整数部分}+\text{小数部分}-\text{零误差}$$

如图 1-24 所示是精度为 0.1mm 的游标卡尺读数例图。

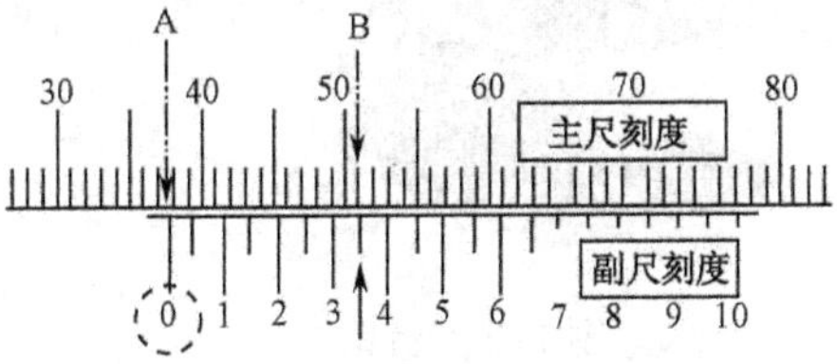

图 1-24　游标卡尺读数例图

（1）读整数：游标卡尺的 0 刻度线在 37～38mm 之间，即图中的 A 位置，则整数部分为 37mm。

（2）读小数：主尺刻度与副尺刻度成一条线处，在副尺刻度的 3～4 中间，即图中的 B 位置，则小数部分为 3.5×0.1mm＝0.35mm。

（3）求和（零误差为 0）：测量值为 37mm＋0.35mm＋0mm＝37.35mm。

2. 锉刀的使用方法

锉刀是锉削的主要工具。所谓锉削是指用锉刀对工件表面进行切削加工，使其达到图纸要求的形状、尺寸、表面粗糙度。常用锉刀的外观如图 1-25 所示。锉刀一般有以下四种握法。

（1）大锉刀的握法：右手心抵着锉刀木柄的端部，大拇指放在锉刀木柄的上面，其余四指由上而下地握着锉刀柄；左手拇指根部肌肉压在锉刀上，拇指自然伸直，其余四指弯曲捏住锉刀前端。锉削时，右手小臂要与锉身水平，右手肘部要抬起。

（2）中型锉刀的握法：右手与握大锉刀方法一样，左手的拇指与食指轻轻捏住锉刀前端。

（3）小型锉刀的握法：右手拇指放在刀柄上方，食指放在刀柄侧面，其余手指从下方握住锉柄；左手的食指、中指、无名指压在锉身中部，防止锉身弯曲。

（4）更小型锉刀（什锦锉）的握法：一般只用右手拿锉刀，拇指放在锉刀侧面，食指放在锉刀的上面，其余手指由上而下握住刀柄。

3. 台钻的使用方法

台式钻床简称台钻，是一种体积小巧，操作简便，通常安装在专用工作台上使用的小型加

工孔的机床。台式钻床的钻孔直径一般为 13mm 以下，最大不超过 16mm。其外观如图 1-26 所示。其使用方法如下。

（1）根据需要加工孔径的大小，更换好符合要求的钻头，检查电源开关是否完好。

（2）把需要加工的材料在钻台上放好（对好距离），夹紧，调整好转速。

（3）打开电源开关，抓住控制柄（或摇臂），慢慢下移到加工件上，下压钻孔。

（4）钻孔到一定要求后慢慢上提，直至钻头复位即可。

4. 手电钻

手电钻是一种手持式的电动钻孔工具。在装配、修理工作中，经常要在工件上指定位置钻孔，在用台钻不方便的场合，就可以使用手电钻钻孔。常用手电钻的外形如图 1-27 所示。其使用方法如下。

图 1-25　锉刀

图 1-26　台钻

图 1-27　手电钻

（1）根据孔径选择相应规格钻头。

（2）电钻外壳保证与地线相接，然后再给电钻接通电源。

（3）右手拿手电钻，钻头垂直于工件，对准需钻孔位置，握紧手柄，以防转动时钻头滑跑。

（4）右手食指按动手柄上的电源按钮，开始钻孔。

（5）钻孔到合适深度后，食指松开电源按钮，退出钻头。

技能训练

一、紧固工具旋动螺钉、螺栓和螺母

1. 训练目标

熟练运用螺丝刀、固定扳手、活动扳手旋动螺钉、螺栓和螺母。

2. 训练器材

工具：十字螺丝刀、一字螺丝刀、固定扳手、活动扳手各一套。

材料：直径不等的螺钉、螺帽、外六角螺栓、外六角螺帽各 5 个。

3. 训练内容

用十字、一字螺丝刀分别拧松螺钉、螺帽各 5 个，然后再分别拧紧；用固定扳手、活动扳手分别拧松外六角螺栓、外六角螺帽各 5 个，然后再分别拧紧。

二、剥线钳剥去导线头绝缘层

1. 训练目标

熟练使用剥线钳剥去导线头绝缘层。

2. 训练器材

工具：剥线钳、尖嘴钳、钢丝钳各一把。

材料：截面积为 $0.75mm^2$、$1.0mm^2$、$1.5mm^2$、$2.5mm^2$、$4.0mm^2$，长度为 1m 的导线各 1 根。

3. 训练内容

用尖嘴钳把 $0.75mm^2$、$1.0mm^2$、$1.5mm^2$ 的导线分别剪断成 20cm 的导线各 5 根，用钢丝钳把 $2.5mm^2$、$4.0mm^2$ 的导线分别剪断成 20cm 的导线各 5 根。正确选择剥线钳不同孔径的切口，用剥线钳剥去这些导线头的绝缘层。

三、游标卡尺测量极性电容、钢管的高度、外径、内径、电容引脚直径

1. 训练目标

熟练使用游标卡尺测量长度、外径、内径。

2. 训练器材

工具：游标卡尺一把。

材料：直径不等的极性电容共 3 个，小直径的钢管 2 个。

3. 训练内容

用游标卡尺分别测量直径不等的 3 个极性电容的高度、外径、引脚直径，再用游标卡尺测量钢管的内径、外径、高度，把测量结果填入表 1-1 中。

表 1-1　游标卡尺的测量结果

名　　称	高　　度	外　　径	引 脚 直 径	内　　径
极性电容 1				
极性电容 2				
极性电容 3				
钢管 1				
钢管 2				

技能评价

任务检测与评估

检测内容	分　　值	评分标准	学生自评	教师评估
紧固工具旋动螺钉、螺栓和螺母	25	工具使用方法不正确、工具选用不当、任务没有完成，每一项扣 3～5 分		
剥线钳剥去导线头绝缘层	25	工具使用方法不正确、工具选用不当、任务没有完成，每一项扣 3～5 分		
游标卡尺测量极性电容、钢管	30	测量方法不正确、读数不正确、任务没有完成，每一项扣 3～5 分		
安全操作	10	不按照规定操作、损坏工具，扣 10 分		

续表

检测内容	分　值	评分标准	学生自评	教师评估
现场管理	10	实训中工具摆放乱、找不到工具、结束后没有整理现场，每一项扣3～5分		
合计	100			

知识链接

一、螺丝刀的使用注意事项

（1）不可把螺丝刀当做撬棒或凿子使用。

（2）在使用前应先擦净螺丝刀柄和口端的油污，以免工作时滑脱而发生意外，使用后也要擦拭干净。

（3）使用时应保持整个螺丝刀和手干燥，且手不得触及螺丝刀金属杆。

二、扳手的选择和使用注意事项

1. 扳手的选用方法

（1）一般按照“先套筒扳手，后梅花扳手，再开口扳手，最后活动扳手”的原则进行。

（2）扳手的尺寸很多，一般以它能拧动的螺栓或螺母正对面间的距离为准。

（3）依据扳手是否容易接近螺栓或螺母选用，如有些螺栓或螺母必须从横侧面插入，此时可用开口扳手。

（4）依据紧固件的力矩选用，如果力矩大，应使用承受力矩大的扳手，如梅花扳手。

2. 扳手的使用注意事项

（1）扳转时，严禁在扳手手柄上加套管以增加力矩。

（2）严禁把扳手当做锤子使用，这样会损坏扳手。

（3）确保扳手和螺栓的尺寸、形状完全吻合，否则打滑会造成螺栓、螺母损坏。

（4）不能使用开口扳手和活动扳手拆卸大力矩螺栓、螺母，放置它们的位置不能太高或只夹住螺栓或螺母的一小部分，否则在紧固中打滑后会损坏螺栓、螺母或扳手。

（5）梅花扳手转动30°后，就可以更换位置。

三、电烙铁的规格、选择和使用注意事项

1. 电烙铁的种类和规格

1）电烙铁的功率

外热式电烙铁的常用功率有25W、30W、40W、50W、60W、75W，有的大功率甚至达到300W。内热式电烙铁的发热效率较高，其常用功率规格有 15W、20W、30W、35W、40W、50W、70W 等。

2）烙铁头的形状

烙铁头的形状有多种，如圆锥形、刀头形、马蹄形、直头形、弯头形等，如图1-28所示。

2. 电烙铁的选择

（1）焊接集成电路、晶体管及其他受热易损件的元器件时，考虑选用20W内热式或25W外热式电烙铁。

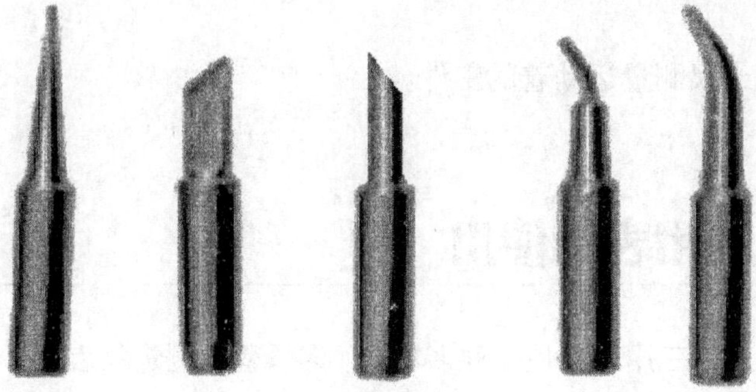

图 1-28　烙铁头的形状

（2）焊接较粗导线及同轴电缆时，考虑选用 50W 内热式或 45～75W 外热式电烙铁。

（3）被焊件较大时，应选用较大功率的电烙铁，如金属底盘接地焊片，应选 100W 以上的电烙铁。

（4）直头形电烙铁适合在元器件较多的电路中进行焊接，采用握笔法。弯头形电烙铁多用于印制电路板垂直于工作面的焊接，采用正握法。

3. 电烙铁的使用注意事项

（1）电烙铁使用前的处理。在使用前，应先通电给烙铁头“上锡”。具体方法是：接上电源，当烙铁头温度升到能熔锡时，将烙铁头在松香里蘸涂一下，等松香以中等速度冒烟时，蘸涂一层焊锡，如此反复进行二三次，使烙铁头的刃面全部挂上一层锡后便可使用了。

（2）烙铁头长度的调整。在实际工作中，可通过调整烙铁头的长度来调整烙铁头的温度，烙铁头往前调整则温度降低，向后调整则温度升高。

（3）电烙铁不使用时要断电，否则容易使烙铁芯加速氧化、烧断、“烧死”不再“吃锡”。

（4）更换烙铁芯时三个接线柱的连线要正确，应与外电路的接地、相线、零线对应连接。

（5）电烙铁在焊接时，最好选用无腐蚀性焊剂，如松香焊剂，以保护烙铁头不被腐蚀。

四、游标卡尺的规格、选择和使用注意事项

1. 游标卡尺的使用类型及选择

（1）游标卡尺具有不同的量程范围，常用的量程范围为 0～150mm、0～200mm、0～500mm、0～600mm 等。应根据工件的大小选择相应的游标卡尺。

（2）游标卡尺的测量精度差别大，因此要按照零件尺寸的精度要求，选用相适应的量具。

（3）游标卡尺有普通型、单面型、数字显示型、带表头型、可拆卸刃口型、深度型、内沟槽型、大型卡尺、高度卡尺等，应根据不同用途选择。在电子整机装配中常采用普通型游标卡尺。

2. 游标卡尺的使用注意事项

（1）使用前，应先把量爪和被测工件表面的灰尘和油污等擦干净。

（2）检查各部件，看尺框和微动装置移动是否灵活，紧固螺钉是否能起作用等。

（3）检查游标卡尺的零位，使游标卡尺的两个量爪紧密贴合（用眼睛观察应无明显的光隙）。

（4）掌握好量爪与工件表面接触的压力，应刚好使测量面与工件接触，不可过紧或过松。

（5）测量外尺寸读数后，切不可从被测工件上猛力抽下游标卡尺，否则会使量爪的测量面

磨损。

（6）不能用游标卡尺测量运动着的工件。

任务二 万用表的使用

万用表又叫多用表、三用表，是一种多功能、多量程的测量仪表。万用表有指针式和数字式两类，每类型号很多，如图 1-29 所示。一般万用表可测量交、直流电压、直流电流、电阻、三极管共射极放大倍数、半导体参数和音频电平等，数字式万用表还可用来测量交流电流、电容量等。

（a）类型一　（b）类型二　（c）类型三　（d）类型四

图 1-29　多种类型的万用表

任务分析

（1）用指针式万用表测量交、直流电压、直流电流、电阻器阻值。

（2）用数字式万用表测量交、直流电压、电阻器阻值、直流电流、三极管共射极放大倍数、电容的容量值。

教学方式

教学步骤	时间安排	教学方式（供参考）
阅读教材	课余	自学、查资料、相互讨论，重点阅读“操作分析”和“知识链接”
技能训练	1 课时	对指针式、数字式万用表的使用，由学生边学边练，同时教师示范操作，巡回指导
操作分析和知识链接的讲授	1 课时	在操作分析的讲授中，结合实物或多媒体课件演示；对知识链接的讲授多以案例为主
评估检测		教师与学生共同完成任务的检测与评估，并能对问题进行分析与处理

操作分析

一、MF47 型万用表面板的识读和操作方法

1. MF47 型万用表面板的识读

MF47 型万用表面板如图 1-29（b）所示，主要由表头、挡位开关组成，表头中间有机械

调零旋钮。表头的刻度与挡位开关印制成红、绿、黑三色（按照交流红色、三极管绿色、其余黑色对应制成），以使读数便捷。

MF47 型万用表的表头的刻度盘（如图 1-30 所示）有六条常用刻度尺：第一条为测电阻用的刻度尺，第二条为测交、直流电压、直流电流用的刻度尺，第三条为测量三极管共射极放大倍数用的专用刻度尺，第四条为测量电容用的刻度尺，第五条为测电感用的刻度尺，第六条为测音频电平用的刻度尺。刻度盘上装有反光镜，以消除视差。

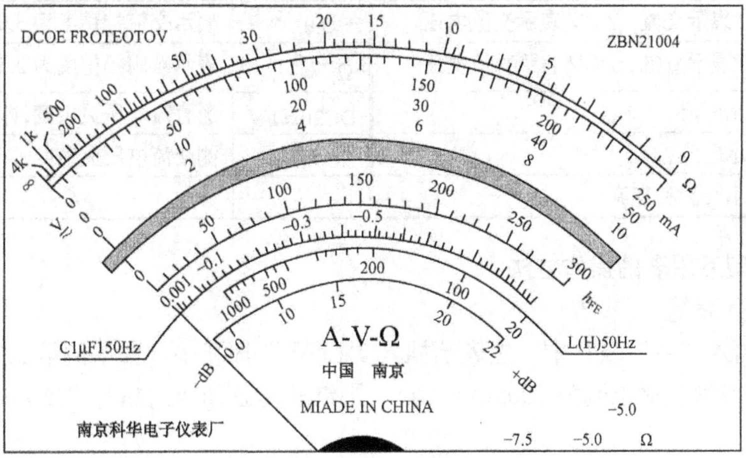

图 1-30 表头的刻度盘

挡位开关（如图 1-31 所示）主要有四个挡位：直流电压、交流电压、直流电流、电阻挡位，各挡位又有多个量程。另外，测量三极管共射极直流放大系数的挡位是 h_{FE}（绿色），与电阻 R ×10 位置重合；测量音频电平的挡位是 L_{dB}（红色），与交流 10V 同位置。

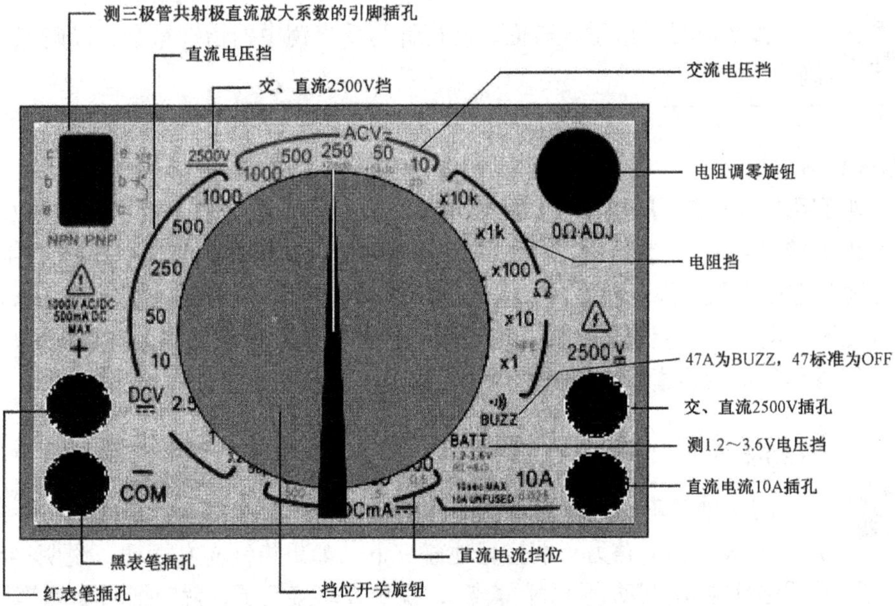

图 1-31 挡位开关

MF47 型万用表面板上有四个插孔，左下角的红色“+”为正极插孔，接红表笔，黑色“$\overline{\text{COM}}$”为公共黑表笔插孔，也为负极插孔；右下角的“2500V”为交、直流 2500V 插孔。“10A”为直流电流 10A 插孔。

另外，在 MF47 型万用表面板上经常可见到一些符号，其意义如表 1-2 所示。

表 1-2　MF47 型万用表面板符号意义

符　　号	意　　义	符　　号	意　　义
MF47	M 表示仪表，F 表示多功能，47 表示型号	⎓2.5	表示直流挡精度为 2.5 级
ACV	AC 表示交流，ACV 表示交流电压	～5.0	表示交流挡精度为 5.0 级
DCV	DC 表示直流，DCV 表示直流电压	Ω 2.5	表示欧姆挡精度为 2.5 级
A	表示电流	DC20kΩ/V	测直流电压灵敏度，即 1V/20kΩ＝50μA
V	表示电压	AC9kΩ/V	测交流电压灵敏度，即 1V/9kΩ＝110μA
≂	表示交流和直流		

2. MF47 型万用表的操作方法

1）正确插入表笔

将红表笔插入“＋”插孔中，黑表笔插入“$\overline{\text{COM}}$”插孔中。如果测量的交、直流电压为 1000～2500V，或者直流电流为 500mA～10A，则红表笔分别插到标有“2500V”或“10A”的插孔中。

2）机械调零

使用前应检查指针是否指在机械零位上，否则应用小号一字螺丝刀旋转万用表面板中间的机械零位调整螺钉，使指针指示在零位上。

注意事项：

读数时目光应垂直表面，使指针与反光镜中的指针重合，以确保读数的准确。

3）测量直流电压

MF47 型万用表的直流电压挡位有 0.25V、1V、2.5V、10V、50V、250V、500V、1000V 8 个量程。红表笔接“＋”，黑表笔接“$\overline{\text{COM}}$”，把挡位开关旋钮打到直流电压挡，并选择合适的量程。当被测电压数值范围不确定时，应先选用较高的量程。红表笔接直流电压高电位，黑表笔接直流电压低电位，不能接反。把万用表两表笔并联接到被测电路上，根据测出电压值，再逐步选用低量程，最后使指针在满刻度的 2/3 以上。

注意事项：

（1）如果不知道被测直流电压的极性，则应在电路一端先接好一支表笔，用一支表笔在电路另一端轻轻地碰一下，如果指针向右摆动，说明接线正确，如果指针向左摆动，（低于零点），说明表笔接反了，就应把两支表笔位置对换一下；

（2）用万用表测量电压、电流时，应使指针指示在刻度盘的右边，在万用表量程的 2/3 以上，这样才能减小测量误差。

4）测量交流电压

MF47 型万用表的交流电压挡有 10V、50V、250V、500V、1000V 5 个量程。将挡位开关旋钮打到交流电压挡，表笔不分正负极，其他与测量直流电压方法相同，读数为交流电压的有效值。

5）测量直流电流

MF47 型万用表的直流电流挡有 500mA、50mA、5mA、500μA、50μA 5 个量程。红表笔接“+”，黑表笔接“$\overline{\text{COM}}$”，挡位开关旋钮打到直流电流挡，选择合适的量程。断开被测电路，将万用表两表笔串接到被测电路上，注意直流电流从红表笔流入，黑表笔流出，不能接反。如果不能确定电流方向极性，则可参考直流电压测量中的“注意事项”。

6）测量电阻

MF47 型万用表的电阻挡有×1Ω、×10Ω、×100Ω、×1kΩ、×10kΩ 5 个倍率。插好表笔，将挡位开关旋钮打到电阻挡，选择合适倍率。短接两表笔，旋动电阻调零旋钮，进行电阻挡调零，使指针打到电阻刻度右边的“0”Ω处。注意每次换挡位时都要调零。使被测电阻脱离电源，用两表笔接触电阻两端，使指针尽量能够指向表刻度盘中间的 1/3 区域，否则应调换合适的电阻挡位，以保证读数的精度。

所测电阻值为表头指针显示的读数乘以所选量程的倍率后得到的值。例如，选用 R×10Ω 倍率挡测量，指针指示为 50，则被测电阻的阻值为 50Ω×10＝500Ω。

注意事项：

（1）测量电路中的电阻时，应先切断电路电源，如果电路中有电容则应先行放电；

（2）电阻挡的刻度是倒刻度，即从∞～0，区别于其他刻度线。

二、VC9804 型数字式万用表面板的识读和操作方法

数字式万用表的优点是可以直接显示测量数据。随着电子技术的发展，数字式万用表的工作可靠性增加，其使用越来越广泛。数字式万用表的型号有多种，有的没有挡位选择，是自动挡位，如图 1-29（d）所示。这里介绍 VC9804 型数字式万用表面板各部件的功能和使用方法。VC9804 型数字式万用表的外观如图 1-29（c）所示。

1. VC9804 型数字式万用表面板的识读

VC9804 型数字式万用表面板的示意图如图 1-32 所示，其各部件的名称及功能如表 1-3 所示。

表 1-3　VC9804 型数字式万用表面板各部件的名称及功能

序　号	名　称	功　能
1	液晶显示器	显示仪表测量的值
2-1	POWER 电源开关	开启及关闭电源
2-2	B/L 背光开关	开启及关闭背光灯
2-3	HOLD 保持开关	按下此键，仪表当前所测数值保持在液晶屏上，并出现 H；再按下此键则 H 消失，退出保持功能

续表

序　号	名　称	功　能
3	h_{FE}测试插孔	用于测量晶体三极管的 h_{FE} 大小
4	量程开关	用于改变测量功能及量程
5	电容插孔（Cx）	测量电容值的大小
6	V/Ω/Hz 插孔	测量交、直流电压、电阻及信号频率的大小，接红表笔
7	公共地	公共端、负极，接黑表笔
8	200mA 电流测试插孔	测量小于 200mA 的交、直流电流，接红表笔
9	20A 电流测试插孔	测量 200mA～20A 的交、直流电流，接红表笔
	⚡	存在危险电压
	⚠	操作者必须看说明
	⏚	接地

2. VC9804 型数字式万用表的操作方法

1）直流电压的测量

（1）将黑表笔插入“COM”插孔，红表笔插入“V/Ω/Hz”插孔。

（2）将量程开关转换在“DCV”量程处，然后将两测试表笔并联在测量电路中，则红表笔所接电压极性及该点电压将显示在液晶屏上。

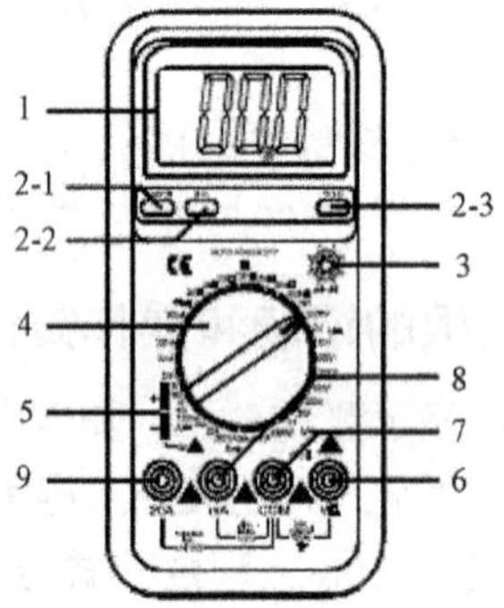

图 1-32　VC9804 型数字式万用表面板的示意图

注意事项：

（1）未测量时，小量程电压挡有残留数字，属于正常情况且不影响测量；

（2）测量的最大电压不能超过 1000V，如超过有损坏表的危险；

（3）测量时高位显示“1”或“－1”，说明超出量程范围，应换到大量程挡位。

2）交流电压的测量

交流电压的测量方法类同于直流电压的测量，只是要把量程开关拨在“ACV”范围内的适当量程处。不得接有效值高于 750V 的交流电压。

3）电阻的测量

将量程开关拨至“Ω”挡范围内的适当量程处，表笔插入位置同测量电压的位置。将两表笔接触被测元件的两引脚，元件的电阻值便会显示在液晶屏上。

注意事项：

当所测量电阻值超过 1MΩ时，需要几秒才能稳定显示数值，这是正常的。

4）直流电流的测量

（1）将黑表笔插入“COM”插孔，红表笔插入“mA”插孔，若所测的电流大于 200mA，则需插入 20A 插孔。

（2）将量程开关转换在“DCA”相应量程，然后将两测试表笔串联在测量电路中，则该点电流值和红表笔所接电流极性将显示在液晶屏上。

注意事项：

（1）最大输入电流为 200mA 或 20A，过大会烧坏熔断器；

（2）在测 20A 时应注意，连续测量大电流会使电路过热，影响精度甚至烧坏仪表。

5）交流电流的测量

交流电流的测量方法类同于直流电流的测量，只是要把量程开关拨在“ACA”范围内的适当量程处。其注意事项同直流电流的测量。

6）电容的测量

将量程开关转换到测量电容值的相应量程上，将电容插入“Cx”插孔。

注意事项：

（1）在测量电容之前液晶显示器会有残留读数，这属于正常现象，不影响测量结果；

（2）用量程大的挡位测量漏电严重或击穿的电容时，将显示一组不稳定数值；

（3）测量电容之前应充分放电，否则会损坏仪表。

7）三极管 h_{FE} 的测量

将量程开关置于“h_{FE}”挡位。先判断三极管是 NPN 型还是 PNP 型，再将三极管各引脚分别插入相应的插孔中。

8）二极管及通断的测量

（1）将黑表笔插入“COM”插孔，红表笔插入“V/Ω/Hz”插孔。

（2）将量程开关置于“→|·)))”挡位，然后用红表笔接二极管正极，黑表笔接其负极，读数为二极管正向压降的近似值。

（3）将表笔连接在被测电路的两点，若内置蜂鸣器响，则两点间的电阻值小于 70±20Ω。

技能训练

指针式和数字式万用表的使用

1. 训练目标

熟练使用指针式和数字式万用表测量电阻值、交、直流电压、直流电流，并熟悉电容量和三极管 h_{FE} 的测量。

2. 训练器材

不同阻值的色环电阻 5 个，不同型号的三极管、不同容量的电容各 5 个，指针式、数字式万用表各一个，电工电子实验台一台。

3. 训练内容

1）用万用表测电阻值

读出色环电阻值并填入表 1-4 和表 1-5 中，再分别用指针式和数字式万用表测量其值，并填入相应的表格中。

2）用万用表测交、直流电压

合上电工电子实验台的电源开关，转换直流电压挡位、交流电压挡位，用指针式和数字式万用表分别测量交、直流电压值。参考表 1-4 和 1-5 自行绘制表格，结果记录在表格内。

表 1-4　指针式万用表测量电阻值

项目 / 电阻标称值	万用表挡位	实测值	误差

表 1-5　数字式万用表测量电阻值

项目 / 电阻标称值	万用表挡位	实测值	误差

3）用万用表测直流电流

根据图 1-33 所示电路，使指针式万用表和数字式万用表的指针分别与三个电阻碰触，测量 1、2、3 三点的直流电流值，结果填入表 1-6、表 1-7 中。

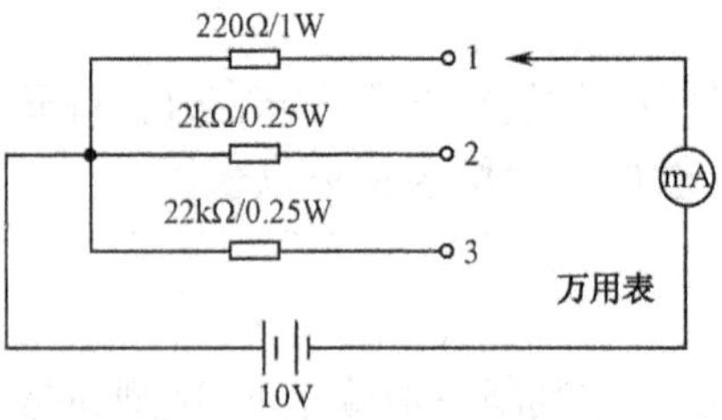

图 1-33　测量电路示意图

表 1-6　指针式万用表测直流电流

标称电阻值	万用表挡位	实测值	理论值
220Ω	500mA		45.45mA
2kΩ	50mA		5mA
22kΩ	5mA		0.45mA

表 1-7　数字式万用表测直流电流

标称电阻值	万用表挡位	实测值	理论值
220Ω	200mA		45.45mA
2kΩ	200mA		5mA
22kΩ	200mA		0.45mA

4）用数字式万用表测三极管的 h_{FE} 值

选出几个三极管，用数字式万用表把测得的 h_{FE} 值填入自制的表格中，表格参照表 1-4。

5）用数字式万用表测电容值

选出几个电容，用数字式万用表把测得的电容值填入自制的表格中，表格参照表 1-4。

技能评价

任务检测与评估

检测内容	分 值	评分标准	学生自评	教师评估
电阻值	20	方法错误、量程选错、读数错误，各扣 4～8 分		
交、直流电压	20	方法错误、量程选错、读数错误，各扣 4～8 分		
直流电流	20	方法错误、量程选错、读数错误，各扣 4～8 分		
三极管的 h_{FE} 值	10	方法错误、量程选错、读数错误，各扣 4～8 分		
电容值	10	方法错误、量程选错、读数错误，各扣 4～8 分		
安全操作	10	不按照规定操作、损坏仪器，扣 4～10 分		
现场管理	10	物品摆放乱、结束后不整理现场，各扣 4～10 分		
合计	100			

知识链接

万用表的使用注意事项

日常使用万用表时还应注意以下事项。

（1）测量时不能用手触摸表笔的金属部分，以保证安全和测量的准确性。

（2）不能在测量时调整挡位，避免电刷的触点产生电弧而烧坏印制电路板或电刷。

（3）测量完毕后，对于指针式万用表，应将挡位开关旋钮打到交流电压最高挡或空挡；对于数字式万用表，应将电源开关关闭。如果长期不用，应将万用表内部的电池取出来。

（4）对于指针式万用表，表内电池的正极与面板上的“COM”插孔相连，负极与面板上的“+”插孔相连。对于数字式万用表，表内电池的负极与面板上的“COM”插孔相连，正极与面板上的其他表笔插孔相连。使用内电源测量有极性的元器件时，一定先分清这两类万用表内电源的极性，如测量和判断二极管、三极管的极性和好坏，判断极性电容的好坏时。

（5）不允许用万用表的电阻挡直接测量高灵敏度的表头内阻，以免烧坏表头。

任务三 信号发生器的使用

信号发生器是指产生所需参数的电测试信号的仪器，又称信号源。它在生产实践和科技领域中有着广泛的应用。信号发生器有多种类型，其中能够产生多种波形，如三角波、锯齿波、矩形波、正弦波的信号发生器被称为函数信号发生器。

任务分析

（1）熟知函数信号发生器面板各部件的功能。

（2）用函数信号发生器调试出常用的信号。

教学方式

教学步骤	时间安排	教学方式（供参考）
阅读教材	课余	自学、查资料、相互讨论，重点阅读“操作分析”和“知识链接”
技能训练	1 课时	使用函数信号发生器调试出指定的信号，由学生边学边练，同时教师示范操作，巡回指导
操作分析和知识链接的讲授	1 课时	在操作分析的讲授中，结合实物或多媒体课件演示；对知识链接的讲授多以案例为主
评估检测		教师与学生共同完成任务的检测与评估，并能对问题进行分析与处理

操作分析

一、EE1641D 型函数信号发生器/计数器面板的识读

EE1641D 型函数信号发生器/计数器是一种精密的测试仪器，具有连续信号、扫频信号、函数信号、脉冲信号等多种输出信号和外部测频功能。

1. 前面板说明

EE1641D 型函数信号发生器/计数器的前面板如图 1-34 所示，图中各部件的功能如表 1-8 所示。

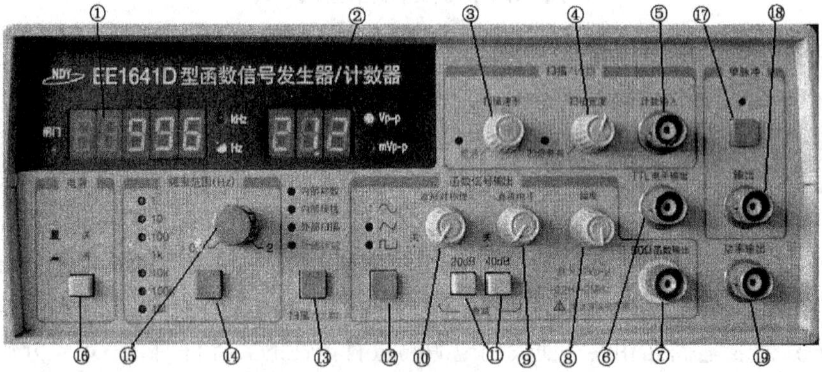

图 1-34　EE1641D 型函数信号发生器/计数器的前面板

表 1-8　EE1641D 型函数信号发生器/计数器前面板各部件的功能

序　　号	名　　称	功　　能
①	频率显示窗口	显示输出信号的频率或外测频信号的频率，有 Hz、kHz 两种单位，自动切换，由指示灯显示
②	幅度显示窗口	显示函数输出信号的幅度，有 V、mV 两种单位，根据幅值自动切换，由指示灯显示
③	扫描宽度调节旋钮	调节此电位器可以改变内扫描的时间长短。在外测频时，逆时针旋到底（绿灯亮），为外输入测量信号经过低通开关进入测量系统

续表

序　号	名　称	功　能
④	速率调节旋钮	调节此电位器可调节扫频输出的扫频范围。在外测频时，逆时针旋到底（绿灯亮），为外输入测量信号经过衰减“20dB”进入测量系统
⑤	外部输入插座	当“扫描/计数”按钮⑬的功能选择在外扫描状态或外测频功能时，外扫描控制信号或外测频信号由此输入
⑥	TTL 信号输出器	输出标准的 TTL 幅度的脉冲信号，输出阻抗为 600Ω
⑦	函数信号输出端	输出多种波形受控的函数信号，输出幅度电压最大为 $20V_{p\text{-}p}$（1MΩ负载）、$10V_{p\text{-}p}$（50Ω负载）
⑧	函数信号输出幅度调节旋钮	调节范围为 20dB
⑨	函数信号输出直流电平预置调节旋钮	调节范围为－5V～5V（50Ω负载），当电位器处在中心位置时，则为 0 电平
⑩	输出波形对称性调节旋钮	调节此旋钮可改变输出信号的对称性，当电位器处在中心位置时，则输出对称信号
⑪	函数信号输出幅度衰减开关	“20dB”、“40dB”键均不按时，输出信号不经衰减，直接输出到插座口；“20dB”、“40dB”键分别按下时，信号幅值分别衰减 10 倍或 100 倍
⑫	函数输出波形选择按钮	可选择正弦波、三角波、矩形波输出
⑬	“扫描/计数”按钮	可选择多种外扫描方式和外测频方式
⑭	频率范围选择按钮	每按一次此按钮可改变输出频率的 1 个频段
⑮	频率微调旋钮	在频段选定范围内微调输出信号频率，调节范围为基数的 0.3～3 倍
⑯	整机电源开关	此按键按下时，机内电源接通；此按键释放时，关掉整机电源
⑰	单脉冲按键	每按一次该按键，单脉冲输出电平翻转一次
⑱	单脉冲输出端	输出单脉冲信号
⑲	功率输出端	提供＞4W 的信号功率输出，仅对×100，×1k，×10k 挡有效

2. 后面板说明

EE1641D 型函数信号发生器/计数器的后面板仅有一个交流市电 220V 输入插座，该插座内置熔断器管座，其容量为 0.5A。

二、EE1641D 型函数信号发生器/计数器面板的使用

EE1641D 型函数信号发生器/计数器面板的使用步骤如下。

1）连接电源

检查市电电压，确认市电电压在 220（1±20%）V 范围内，方可将电源线插头插入本仪器后面板的电源线插座内。按下电源按钮，信号发生器通电。

2）自校检查

在使用本仪器进行测试工作之前，可对其进行自校检查，以确定仪器工作正常与否。

EE1641D 型函数信号发生器/计数器的自校检查程序如图 1-35 所示。

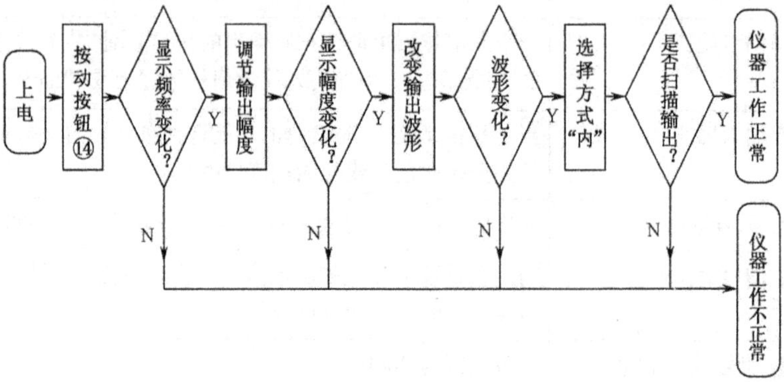

图 1-35　EE1641D 型函数信号发生器/计数器的自校检查程序

3）输出 50Ω 主函数信号

（1）终端连接 50Ω 匹配器的测试电缆，由前面板的插座⑦输出，使信号源的信号连接到示波器或其他仪器的输入端。

（2）用频率范围选择按钮⑭选定输出函数信号的频段，用频率微调旋钮⑮调整输出信号频率，直到得到所需的工作频率值为止。

（3）用函数输出波形选择按钮⑫选定输出函数的波形，可分别获得正弦波、三角波、脉冲波。

（4）用函数信号输出幅度衰减开关⑪和函数信号输出幅度调节开关⑧选定和调节输出信号的幅度：如果调节⑧到最小还不能满足使用时，可再配合使用⑪。

（5）用函数信号输出直流电平预置调节旋钮⑨选定输出信号所携带的直流电平。

（6）用输出波形对称性调节按钮⑩改变输出脉冲信号占空比（即波峰和波谷占用时间之比），输出波形为三角或正弦时可将三角波调为锯齿波。

技能训练

信号发生器的使用

1. 训练目标

熟知函数信号发生器的使用。

2. 训练器材

函数信号发生器一台。

3. 训练内容

（1）识读函数信号发生器面板各部件功能，包括按键、旋钮、插孔、指示灯、显示区。

要求：每两人一组，一人读面板，另一人聆听，相互指导，直到都熟知为止。

（2）调试出规定参数值的函数信号：①调试出 $V_{p\text{-}p}=5V$，$f=10.5kHz$ 的对称的正弦波；②调试出 $V_{p\text{-}p}=29mV$，$f=200Hz$ 的矩形波；③调试出 $V_{p\text{-}p}=9V$，$f=200kHz$ 的三角波。

技能评价

任务检测与评估

检测内容	分 值	评分标准	学生自评	教师评估
函数信号发生器面板的识读	35	共 19 项，识错一项扣 2 分		
调试出规定参数值的函数信号	45	每调错一个波形扣 15 分，方法不对，操作不当扣 10 分		
安全操作	10	不按照规定操作、损坏仪器，扣 4～10 分		
现场管理	10	结束后没有整理现场，扣 4～10 分		
合计	100			

知识链接

一、信号发生器的分类与用途

信号发生器按照产生信号类型可以分为正弦信号发生器、函数信号发生器、脉冲信号发生器、随机信号发生器、专用信号发生器。正弦信号发生器提供最基本的正弦波信号，可以用做参考频率和参考幅度信号。常见的高频信号发生器和标准信号发生器都属于此类。函数信号发生器一般工作频率不高，其频率上限为几兆赫到一二十兆赫，频率下限很低，大多可以低于 0.1Hz。脉冲信号发生器和随机信号发生器多用于专业场合。专用信号发生器是产生特定制式信号的专用仪器，如常见的电视信号发生器、立体声信号发生器等。

信号发生器按传统工作频段分类，有超低频信号发生器、低频信号发生器、高频信号发生器、微波信号发生器。

二、信号发生器的使用和维护注意事项

（1）信号发生器采用了大规模集成电路，因此修理时禁用二芯电源线的电烙铁。

（2）校准测试时，测量仪器或其他设备的外壳应接地良好，以免意外损坏。

（3）维护修理时，一般先排除直观故障，如断线、碰线、接插件脱落等可视故障，然后再用必要的手段来对故障电路进行静态、动态检查，并按实际情况处理。

（4）针对重大故障及严重损坏，应进行技术咨询或返回工厂修理。

任务四 示波器的使用

示波器是一种用来显示和观测电信号的电子仪器，可以直接观察和测量信号波形、电压的大小和周期，以及测试相位差等。示波器的型号很多，本任务以 YB43020B 型示波器为例介绍示波器的使用方法。

任务分析

（1）熟知示波器面板上各控制件的作用。

（2）用示波器测试常见的电信号，调出波形，计算出电压、$V_{p\text{-}p}$、频率等。

教学方式

教学步骤	时间安排	教学方式（供参考）
阅读教材	课余	自学、查资料、相互讨论，重点阅读“操作分析”和“知识链接”
技能训练	1 课时	对示波器测试电信号的实训内容，由学生边学边练，同时教师示范操作、巡回指导
操作分析和知识链接的讲授	1 课时	在操作分析的讲授中，结合实物或多媒体课件演示；对知识链接的讲授多以案例为主
评估检测		教师与学生共同完成任务的检测与评估，并能对问题进行分析与处理

操作分析

一、YB43020B 型示波器面板的识读

YB43020B 型示波器的前面板左侧部分是屏幕，用于显示测量的电信号波形；右侧控制区分为 1、2、3 三部分，分别是电源与电子束控制区、信号输入控制区、扫描与信号控制区，如图 1-36 所示。YB43020B 型示波器前面板各部件的功能如表 1-9 所示。

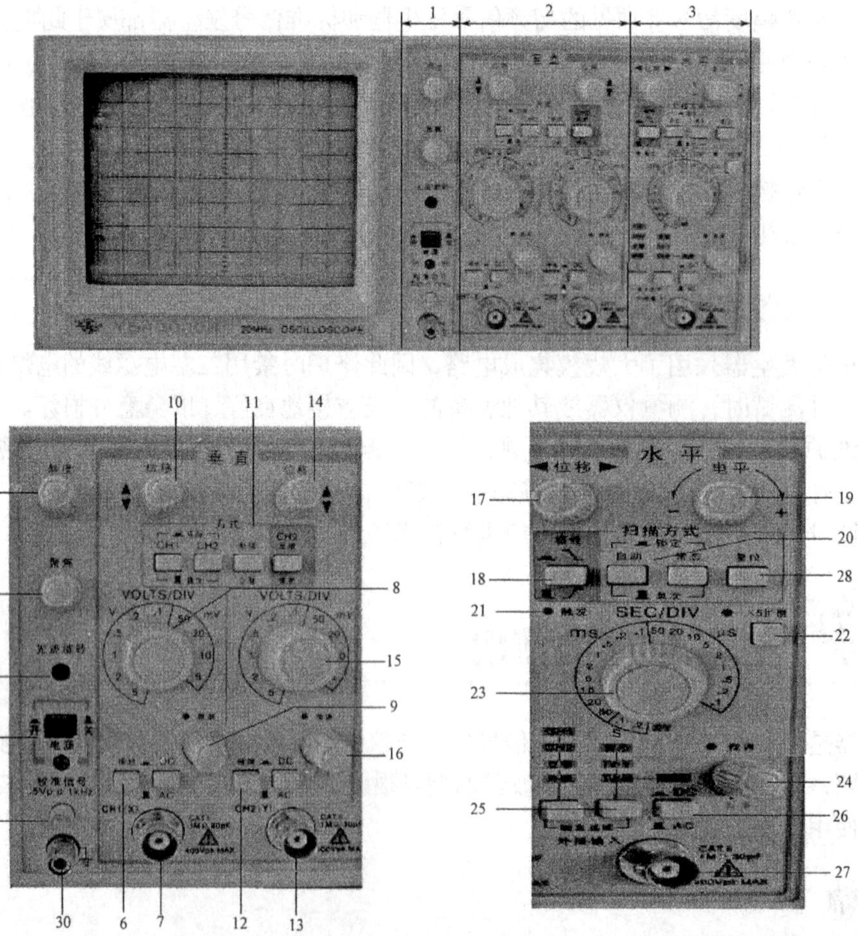

（a）1区和2区　　（b）3区

图 1-36　YB43020B 型示波器的前面板

表 1-9 YB43020B 型示波器前面板各部件的功能

序　号	名　称	功　能
1	电源开关	按下此开关，仪器电源接通，指示灯亮
2	光迹旋钮	用小螺丝刀调节此旋钮，可使倾斜的光迹与水平线平行
3	亮度旋钮	调节光迹亮度，顺时针旋转光迹增亮
4	聚焦旋钮	用于调节示波管电子束的焦点，使显示的光点细而清晰
5	校准信号输出端口	此端口输出幅度为 0.5V、频率为 1kHz 的方波信号，用探极校准信号，以校准 *Y* 轴的偏转因数和扫描时间系数
6、12	耦合方式（AC GND DC）	分别是垂直通道 1、2 的输入耦合方式选择。AC 表示信号中的直流分量被隔开，用以观察信号的交流成分。DC 表示信号与仪器通道直接耦合，当需要观察信号的直流分量或被测信号的频率较低时应选用此方式。GND 表示输入端处于接地状态，用于确定输入端为零电位时的光迹所在位置
7	通道 1 输入插座 CH1(X)	双功能端口，常规使用时此端口作为垂直通 1 的输入口；当仪器工作在 X-Y 方式时，此端口作为水平轴信号输入口
8、15	垂直通道灵敏度选择开关	分别改变通道 CH1、CH2 垂直轴的偏转因数，从 5mV/DIV～5V/ DIV 分 10 个挡级，可根据被测信号的电压幅度选择合适的挡级
9、16	微调旋钮	用于连续调节垂直轴的 CH1、CH2 偏转因数，调节范围≥2.5 倍。当该旋钮逆时针旋足时，为校准位置，此时可根据灵敏度选择开关位置和屏幕显示幅度读取信号的电压值
10、14	垂直位移旋钮	分别用于调节光迹在 CH1、CH2 垂直方向的位置
11	垂直方式	选择垂直系统的工作方式。 ①CH1：只显示 CH1 通道的信号。 ②CH2：只显示 CH2 通道的信号。 ③交替：用于同时观察两路信号，此时两路信号交替显示，该方式适合在扫描速率较快时使用。 ④断续：两路信号断续工作，适合在扫描速率较慢时同时观察两路信号。 ⑤叠加：用于显示两路信号相加的结果，当 CH2 极性开关被按下时，则两信号相减。 ⑥CH2 反相：此按键未按下时，CH2 的信号为常态显示，按下此按键时，CH2 的信号被反相
13	通道 2 输入插座	垂直通道 2 的输入端口，在 X-Y 方式时，作为 *Y* 轴输入口
17	水平位移	用于调节光迹在水平方向的位置
18	极性	用于选择被测信号在上升沿或下降沿触发扫描
19	电平	用于调节被测信号在变化至某一电平时触发扫描
20	扫描方式	选择产生扫描的方式。 ①自动（AUTO）：当无触发信号输入时，屏幕上显示扫描光迹，一旦有触发信号输入，电路自动转换为触发扫描状态，调节电平可使波形稳定地显示在屏幕上，此方式适合观察频率在 50Hz 以上的信号。 ②常态（NORM）：无信号输入时，屏幕上无光迹显示，有信号输入，且触发电平旋钮在合适位置上时，电路被触发扫描，当被测信号频率低于 50Hz 时，必须选择该方式。 ③锁定：仪器工作在锁定状态后，无须调节电平即可使波形稳定地显示在屏幕上。 ④单次：用于产生单次扫描，按下复位键，电路工作在单次扫描等待状态，当触发信号输入时，扫描产生一次，下次扫描需再次按下复位键

续表

序　号	名　称	功　能
21	触发指示	该指示灯具有两种功能指示，当仪器工作在非单次扫描方式时，该灯亮，表示扫描电路工作在被触发状态；当仪器工作在单次扫描方式时，该灯亮表示扫描电路工作在准备状态，此时若有信号输入将产生一次扫描，指示灯随之熄灭
22	×5 扩展	按下后扫描速度扩展 5 倍，指示灯亮
23	扫描速率选择开关	根据被测信号的频率高低，选择合适的挡位。当扫描“微调”置校准位置时，可根据挡位位置和波形在水平轴的距离读出被测信号的时间参数
24	微调	用于连续调节扫描速率，调节范围≥2.5 倍，逆时针旋足为校准位置
25	触发源	用于选择不同的触发源。 第一组 ①CH1：双踪显示时，触发信号来自 CH 1 通道；单踪显示时，触发信号则来自被显示的通道。 ②CH2：双踪显示时，触发信号来自 CH 2 通道；单踪显示时，触发信号则来自被显示的通道。 ③交替：双踪交替显示时，触发信号交替来自于两 Y 通道，此方式用于同时观察两路不相关的信号。 ④外接：触发信号来自于外接输入端口。 第二组 ①常态：用于一般常规信号的测量。 ②TV-V：用于观察电视场信号。 ③TV-H：用于观察电视行信号。 ④电源：用于与市电信号同步的测量。
26	AC/DC	外触发信号的耦合方式，当选择外触发源且信号频率很低时，应将开关置于 DC 位置
27	外触发输入插座	当选择外触发方式时，触发信号由此端口输入
28	复位按键	配合单次扫描方式使用
30	机壳接地端	用于机壳接地

YB43020B 型示波器的后面板有带熔断器的电源插座，是仪器电源进线插口。插口旁边有一个电源输入变换开关，用于 AC 220V 或 AC 110V 电源的转换，使用前请先选择与市电压一致。

二、YB43020B 型示波器的使用

1. 通电前的控制件位置

通电前的控制件位置如表1-10所示。

表 1-10　通电前的控制件位置

控 制 件	位　置	控 制 件	位　置	控 制 件	位　置
亮度、聚焦、位移（三只）	居中	极性	上升沿触发	垂直轴的偏转因数	0.1V/DIV
输入耦合	DC	垂直方式	CH1	扫描速率	0.5ms/DIV
扫描方式	自动	触发源	CH1	微调（三只）	逆时针旋足

2. 通电后的调试

（1）接通电源，电源指示灯亮。预热一会儿后，屏幕中出现光迹，分别调节亮度和聚焦旋钮，使光迹的亮度适中、清晰。

（2）通过连接电缆将本机校准信号输入至 CH1通道，调节“电平”旋钮使波形稳定，分别调节 Y 轴和 X 轴的位移，使波形与图1-37（a）相吻合。用同样的方法检查 CH 2通道。

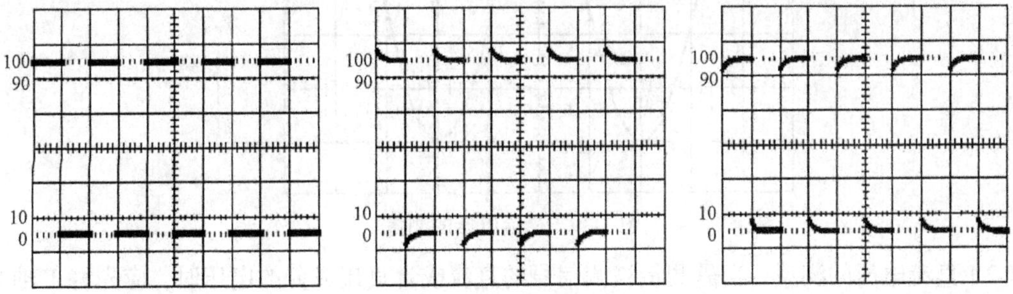

（a）补偿适中　（b）波形过冲过补偿　（c）波形下塌欠补偿

图 1-37　波形补偿

（3）探头的检查：探头分别接入两 Y 轴输入接口，将“VOLTS/DIV”开关调至10mV，探头衰减置×10挡，屏幕中应同样显示图1-37（a）所显示的波形。如果波形有过冲，如图1-37（b）所示，或有下塌现象，如图1-37（c）所示，则可用高频旋具调节探头补偿元件，使波形最佳，如图1-38所示。

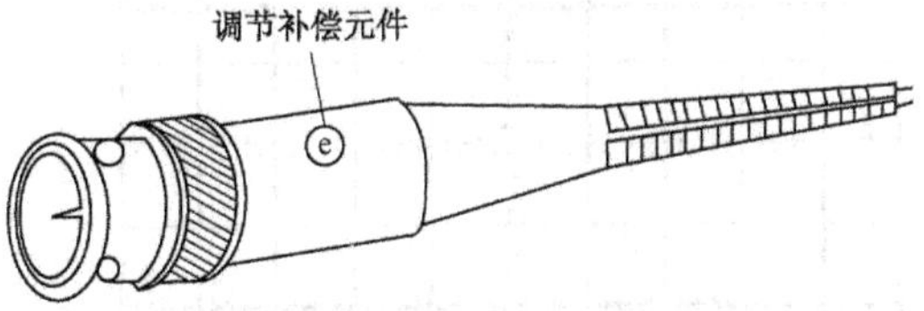

图 1-38　调节探头补偿元件

做完以上工作后，证明本机工作状态基本正常，可以进行测试。

3. 测试信号

1）电压的测量

在测量时一般把“VOCIS/DIV”开关的微调以逆时针方向旋至校准位置，这样可以按“VOLTS/DIV”的指示值直接计算被测信号的电压幅值。由于被测信号一般都含有交流和直流两种成分，所以在测试时应根据下述方法操作。

（1）交流电压的测量：当只需测量被测信号的交流成分时，应将 Y 轴的耦合方式开关置于“AC”位置，再调节“VOLTS/DIV”开关，使波形在屏幕中的显示幅度适中，然后调节“电平”旋钮使波形稳定，接着分别调节 Y 轴和 X 轴的位移，使波形显示值方便读取，结果如图1-39所示。

根据“VOLTS/DIV”的指示值和波形在垂直方向显示的坐标（DIV），有

$$V_{\text{p-p}}=V/\text{DIV}\times H(\text{DIV})$$

已知 VOLTS/DIV 为 2V，则　$V_{\text{p-p}}=2\times4.6=9.2\text{V}$。

如果使用的探头置于 10：1 位置，则应将该值乘以 10。

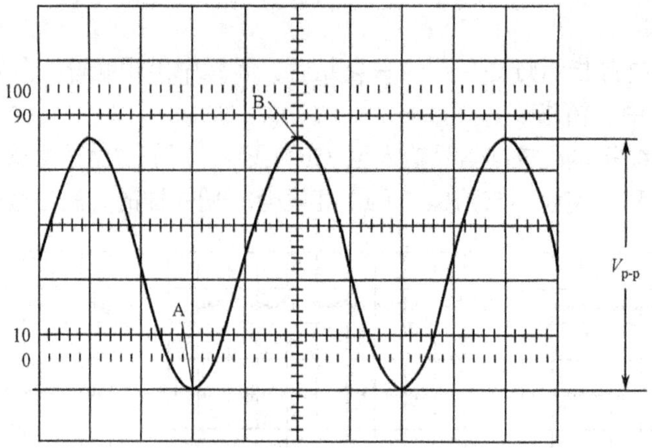

图 1-39　交流电压的测量

（2）直流电压的测量：当需测量被测信号的直流或含直流成分的电压时，应先将 Y 轴的耦合方式开关置于“GND”位置，然后调节垂直位移旋钮使扫描基线在一个合适的位置上，再将耦合方式开关转换到“DC”位置。接着调节“电平”旋钮使波形同步。根据波形偏移原扫描基线的垂直距离，用上述方法读取该信号的各个电压值，如图 1-40 所示。

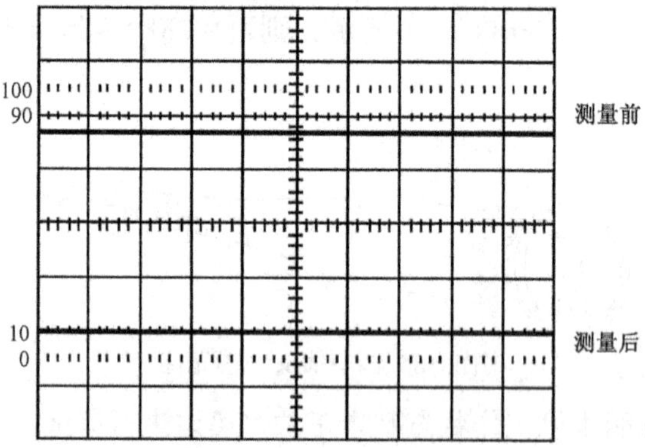

图 1-40　直流电压的测量

已知 VOLTS/DIV 为 0.5V，则 $V_{p-p}=3.7\times0.5=1.85V$。

2）时间间隔的测量

对某信号的周期或该信号任意两点间的时间参数进行测量时，可首先按上述操作方法，使波形获得稳定同步，然后将该信号周期或需测量的两点间在水平方向的距离乘以“SEC/DIV”开关的指示值，即可获得所求值。当需要观察该信号的某一细节（如快跳变信号的上升或下降时间）时，可将“×5 扩展”按键按下，使显示的距离在水平方向得到 5 倍的扩展，再调节 X 轴的位移，使波形处于方便观察的位置，此时测得的时间值应除以 5。测量两点间的水平距离后，按下式可计算出时间间隔：

$$\text{时间间隔（s）}=\frac{\text{两点间的水平距离（格）}\times\text{扫描时间系数（时间/格）}}{\text{水平扩展系数}}$$

例如，在图1-41中，测得 A、B 两点的水平距离为8格，扫描时间系数设置为2ms/格，水平扩展为×1，则时间间隔=（水平扩展系数8格×2ms/格）/1=16ms。本例中的时间间隔刚好为

周期 T，则信号频率为 $f=\frac{1}{T}=\frac{1000}{16}=62.5(\text{Hz})$。

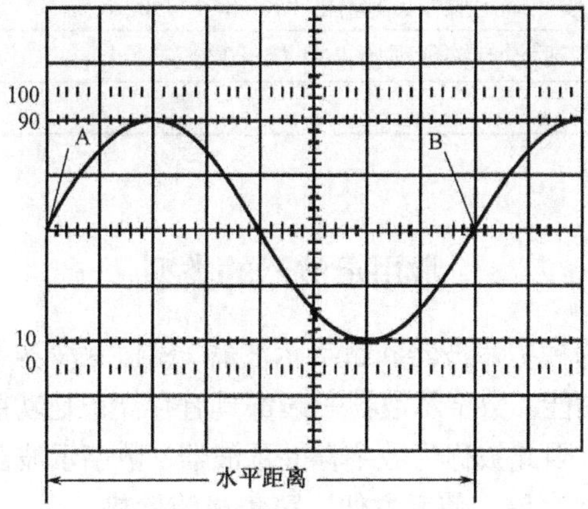

图 1-41　时间间隔的测量

技能训练

示波器的使用

1. 训练目标

熟练操作使用示波器，测试出变化的电信号，计算出电压、周期、频率参数。

2. 训练器材

示波器、信号发生器各一台。

3. 训练内容

参照表 1-11，调整信号发生器输出的交流信号电压值、频率，操作示波器，显示出相应完整稳定的波形。

表 1-11　示波器技能训练操作数据

信号发生器的输出			示波器各旋钮状态				计算值	
波形	$V_{p\text{-}p}$	频率	垂直灵敏度 V/DIV	垂直格数	水平灵敏度 ms/DIV	水平格数	$V_{p\text{-}p}$	T/f
正弦波	20mV	100Hz						
三角波	2V	1kHz						
方波	6V	20kHz						

技能评价

任务检测与评估

检测内容	分值	评分标准	学生自评	教师评估
正弦波	30	操作不合要求，$V_{p\text{-}p}$、T/f 计算有误，每项扣 8 分		
三角波	25	操作不合要求，$V_{p\text{-}p}$、T/f 计算有误，每项扣 7 分		
方波	25	操作不合要求，$V_{p\text{-}p}$、T/f 计算有误，每项扣 7 分		

续表

检测内容	分　值	评分标准	学生自评	教师评估
安全操作	10	不按照规定操作、损坏仪器，扣4～10分		
现场管理	10	结束后没有整理现场，扣4～10分		
合计	100			

知识链接

常用示波器的类型

现在一般把示波器分为模拟示波器和数字示波器。模拟示波器是一种实时检测波形的示波器，它不具有存储记忆的功能。数字示波器一般都具有存储记忆功能，能存储记忆测量过程中任意时间的瞬时信号波形，因此被称为数字存储示波器。数字示波器的性能和用途远远大于模拟示波器，具有自动测量、存储、使用方便、可集成等优势。

数字示波器又分为数字存储示波器（DSO）、数字荧光示波器（DPO）和采样示波器、基于PC的数字示波器、手持数字示波器（示波表）等。

根据是否带显示屏，示波器分为普通示波器、虚拟示波器。普通示波器是带显示屏的。虚拟示波器只将其他主要部件放在一个小镍钢盒子里，其体积非常小，没屏幕，需要连接到计算机软件上使用。

带宽被称为示波器的第一指标，工程师在选择示波器时，首先要确定的就是带宽。通常模拟示波器的带宽小于数字示波器的带宽。

几种示波器的外形如图1-42所示。

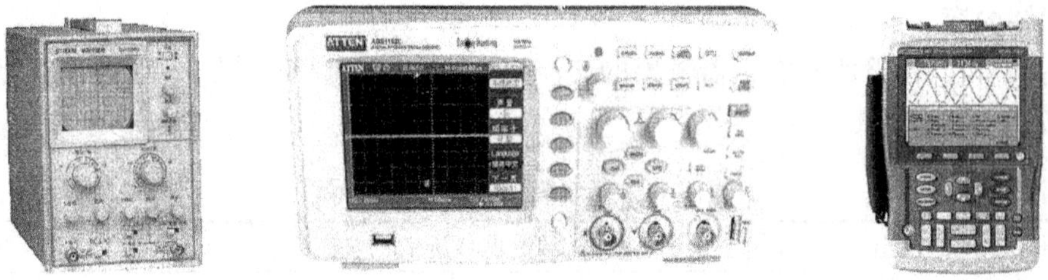

（a）单踪示波器　（b）数字示波器　（c）手持示波器

图1-42　几种示波器的外形

知识拓展

YB43020B型示波器的使用技巧

为了提高YB43020B型示波器的操作水平，这里对其使用方法进行了总结和简化，以供参考。

（1）通电前各控制件的位置

三个微调校准位，九个旋钮中间置；

方式&触发通道一，输入耦合在DC；

垂直方式&触发源，一致起来对照看；

垂直偏转调幅度，水平扫速定宽度；

信号稳清调水平，扫速方式有锁定；

扫描方式自动位，其他按钮高弹起。
（2）通电后的调试项目
光迹显示水平轴，辉亮度聚焦要适度；
一二通道校信号，×1×10 均校到。
（3）测试信号时的调节方法
复杂信号反复调，头脑冷静要思考。
（4）参数计算要领
看准波形画图形，宽度幅度计格数；
计算公式要牢记，符号单位得分清；
探头衰减和扩展，准确结果有其功。

项目小结

（1）在电子整机装配与调试中，螺丝刀、扳手等是旋动螺钉、螺帽、螺栓常用的工具，偏口钳、尖嘴钳、镊子是常用的剪切工具，剥线钳、压接钳、热熔胶枪是专业工具，电烙铁、热风枪是专用于焊接的工具，游标卡尺、锉刀、台钻、手电钻这些工具也常用到。本任务讲述了它们的用途和使用方法，焊接工具的使用将在项目五进行练习。

（2）指针式和数字式万用表目前都普遍使用，均可以测量电阻值、交、直流电压值、直流电流值、三极管放大倍数、二极管性能等。数字式万用表还可以测量交流电流、电容值等。数字式万用表不用调零，也不用担心正负极与电路正负极接反会烧坏仪表。指针式万用表红、黑表笔分别接万用表内部电池的－、＋极，而数字式万用表红、黑表笔分别接万用表内部电池的＋、－极。数字式万用表使用方便，但在测量电容充放电、电阻值大小、判断三极管极性时没有指针式万用表表直观。

（3）信号发生器又称信号源，其种类很多，各有特定的用途。在实验和教学中常用的是函数信号发生器，其使用简单，操作时主要调试频率和波形、幅度。

（4）示波器是一种用来显示和观测电信号的电子仪器，可以直接观察和测量信号波形、电压的大小和周期等。示波器可分为模拟示波器和数字示波器，各自的信号很多。因为考虑成本，所以目前模拟示波器的使用还是很广泛的。示波器的使用比信号发生器要复杂，需熟悉其面板，并反复练习。

思考与练习

1．说明尖嘴钳的用途有哪些？
2．说明扳手的种类有哪些？如何使用它们？如何选用它们？
3．试说明电烙铁的种类和相应用途。
4．简述游标卡尺的使用方法。
5．简述指针式万用表和数字式万用表使用时应该注意哪些不同之处？
6．如何调试出 $V_{p\text{-}p}=5V$，$f=150kHz$ 的正弦波？
7．简述示波器通电前和通电后的调试步骤有哪些？并说明如何根据波形图计算出波形的 $V_{p\text{-}p}$ 值和周期？

项目二

常用电子元器件的识读与检测

电子元器件是组成电子整机产品的基本单元，在电路中具有独立的电气功能，其性能和质量对电子整机产品的质量影响很大。因此，掌握常用电子元器件的性能、识别和检测方法，对提高电子产品的装配质量和可靠性起着重要的保证作用。本项目主要介绍电阻器、电容器、电感器、三极管、二极管、集成电路、贴片元器件等的识读常识及检测方法。

技能目标：

- 熟练识读色环电阻器的阻值和误差。
- 掌握用万用表检测电容器优劣和比较其容量大小的技能。
- 掌握用万用表检测二极管、三极管的引脚极性和估量其性能优劣的技能。
- 掌握贴片元器件的识别方法。

知识目标：

- 掌握电阻器、电容器、电感器的基本知识和选用常识。
- 掌握半导体器件（二极管、三极管和集成电路等）的基本知识、选用常识和使用注意事项。
- 熟悉贴片元器件的种类及其外形标记。

任务一 阻容感元件的识读与检测

电阻器、电容器、电感器是电子整机产品中使用最广泛的元件，对电压和电流无放大作用，但在同类装配中可以互换使用。

任务分析

掌握阻容感元件的识读和检测方法，是从事电子行业人员最基本的技能。请按要求在 2 节课内完成以下任务。

（1）根据电阻器、电容器、电感器的外表标志判读标称阻值、容量或感量及允许偏差值。

（2）用万用表测量电阻器的阻值。

（3）用万用表比较电容器的容量大小及检测其质量的优劣。

（4）用万用表检测电感器质量的优劣。

教学方式

教学步骤	时间安排	教学方式（供参考）
阅读教材	课余	自学、查资料、相互讨论，重点阅读“操作分析”和“知识链接”
技能训练	1 课时	对电阻器、电容器、电感器的实训内容，由学生边学边练，同时教师示范操作
操作分析和知识链接的讲授	1 课时	在操作分析的讲授中，结合实物或多媒体课件演示；对知识链接的讲授多以案例为主
评估检测		教师与学生共同完成任务的检测与评估，并能对问题进行分析与处理

操作分析

一、电阻器的识读和检测

1. 电阻器的识读

电阻器的单位是欧姆，用Ω表示，另外还有千欧（kΩ）和兆欧（MΩ）。其换算关系如下：

$$1M\Omega = 1000k\Omega = 1\,000\,000\Omega$$

电阻器的识读主要有以下几种方法。

1）直标法

直标法就是用数字和文字符号在电阻器表面直接标出阻值和允许误差，如图 2-1 所示。

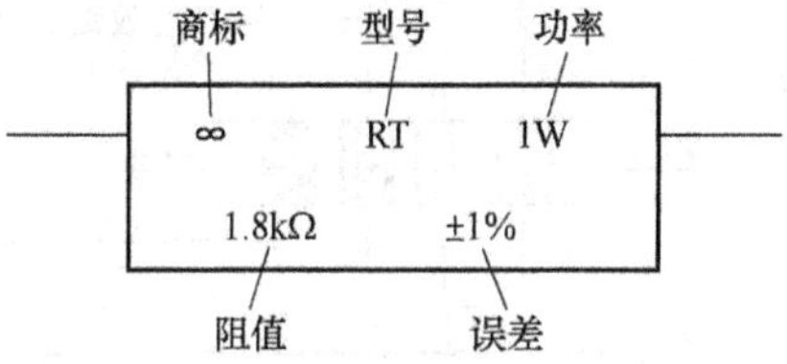

图 2-1　电阻器的直标法举例

2）文字符号法

文字符号法就是用数字和文字符号两者有规律的组合来标称阻值，其允许偏差也用文字符号表示，如图 2-2 所示。

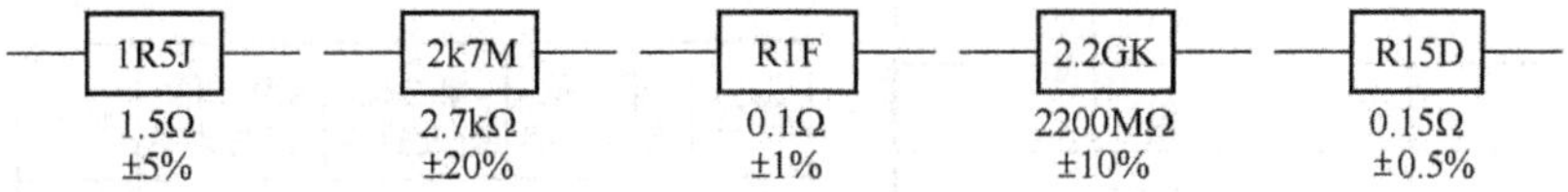

图 2-2　电阻器的文字符号法举例

表示阻值允许误差的文字符号如表 2-1 所示。

表 2-1　表示阻值允许误差的文字符号

标志符号	允许误差（%）	标志符号	允许误差（%）	标志符号	允许误差（%）	标志符号	允许误差（%）
E	±0.001	U	±0.02	D	±0.5	K	±10
X	±0.002	W	±0.05	F	±1	M	±20
Y	±0.005	B	±0.1	G	±2	N	±30
H	±0.01	C	±0.2	J	±5		

3）数码法

数码法就是用三位阿拉伯数字表示阻值，其中前两位表示阻值的有效数字，第三位表示有效数字后面零的个数。当阻值小于 10Ω 时，用×R×表示（×代表数字），将 R 看做小数点，如图 2-3 所示。

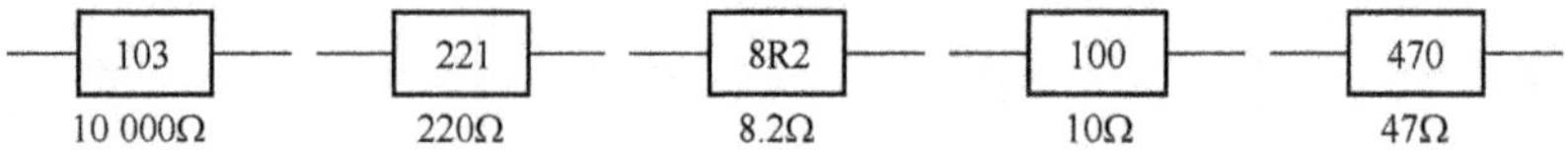

图 2-3　电阻器的数码法举例

4）色标法

用不同颜色的色环在电阻器表面标出标称阻值和误差值的方法是目前最常用的阻值表示方法。色标法分出以下两种。

（1）两位有效数字的色标法。普通电阻器用四条色环表示标称阻值和允许误差，其中三条表示阻值，一条表示误差，如图 2-4 所示。例如，电阻器上的色环依次为绿、黑、橙和无色，则表示 50×1000＝50kΩ，其误差是±20%；电阻器上的色环是红、红、黑、金，则其阻值是 22×1＝22Ω，误差是±5%；又如，电阻器上的色环是棕、黑、金、金，则其阻值为 10×0.1＝1Ω，误差为±5%。

（2）三位有效数字的色标法。精密仪器用五条色环表示标称值和允许偏差，如图 2-5 所示。例如，色环是棕、蓝、绿、黑、棕，表示 165Ω±1%的电阻值。

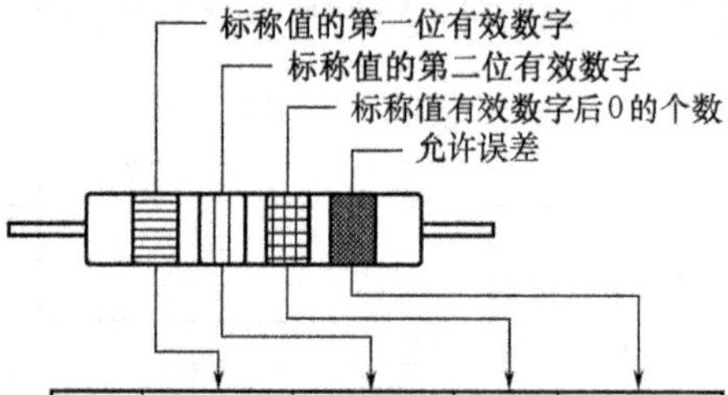

颜色	第一位有效数字	第二位有效数字	倍率	允许误差
黑	0	0	10^0	
棕	1	1	10^1	
红	2	2	10^2	
橙	3	3	10^3	
黄	4	4	10^4	
绿	5	5	10^5	
蓝	6	6	10^6	
紫	7	7	10^7	
灰	8	8	10^8	
白	9	9	10^9	
金			10^{-1}	±5%
银			10^{-2}	±10%
无色				±20%

图 2-4　两位有效数字的色标法

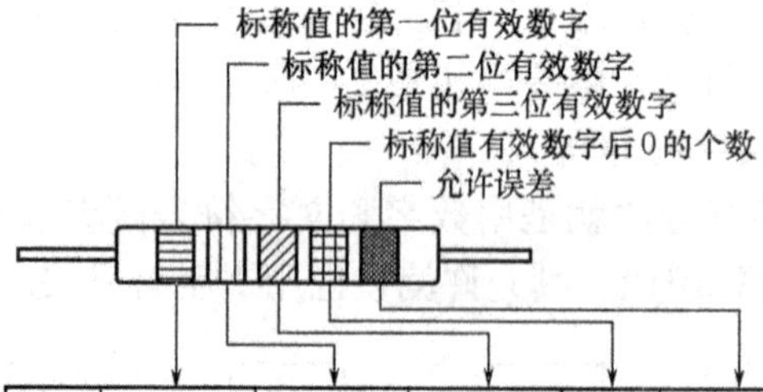

颜色	第一位有效数字	第二位有效数字	第三位有效数字	倍率	允许误差
黑	0	0	0	10^0	
棕	1	1	1	10^1	±1%
红	2	2	2	10^2	±2%
橙	3	3	3	10^3	
黄	4	4	4	10^4	
绿	5	5	5	10^5	±0.5%
蓝	6	6	6	10^6	±0.25%
紫	7	7	7	10^7	±0.1%
灰	8	8	8	10^8	
白	9	9	9	10^9	
金				10^{-1}	
银				10^{-2}	

图 2-5　三位有效数字的色标法

2. 电阻器的检测

1）外观检测

若外观有引线折断、电阻体烧焦、开裂等，则表示该电阻器已性能不良或损坏。

2）万用表检测

用万用表合适的电阻挡位测量电阻器的实际阻值，若其值与标称值相差很大，甚至为无穷大，则说明该电阻器出现开路或膜层脱落、烧断等故障；若其值远小于标称值，甚至为零，则说明该电阻器已发生短路故障；若其值与标称值基本一致，误差在5%或10%以内，则说明该电阻器是良好的。

测量光敏、热敏、可变电阻器时，在光照有无或温度变化、滑动臂旋转时，所测阻值也应该平稳变化，否则说明该类电阻器性能不良。

注意事项：

测量阻值时，应一只手拿着电阻器，另一只手像拿筷子一样拿着红、黑表笔进行测量，绝不允许手臂接触电阻器的两个引线，以免人体电阻与被测电阻并联，影响测量的准确性。

二、电容器的识读和检测

1. 电容器的识读

电容器的容量单位为法拉，用F表示。在实际使用过程中，法拉的单位太大，常用毫法（mF）、微法（μF）、纳法（nF）和皮法（pF）做单位，其换算公式如下：

$$1\text{毫法（mF）}=10^{-3}\text{F}$$
$$1\text{微法（μF）}=10^{-6}\text{F}$$
$$1\text{纳法（nF）}=10^{-9}\text{F}$$
$$1\text{皮法（pF）}=10^{-12}\text{F}$$

电容器的识读主要采用以下方法。

1）直标法

电容器的直标法举例如图2-6所示。

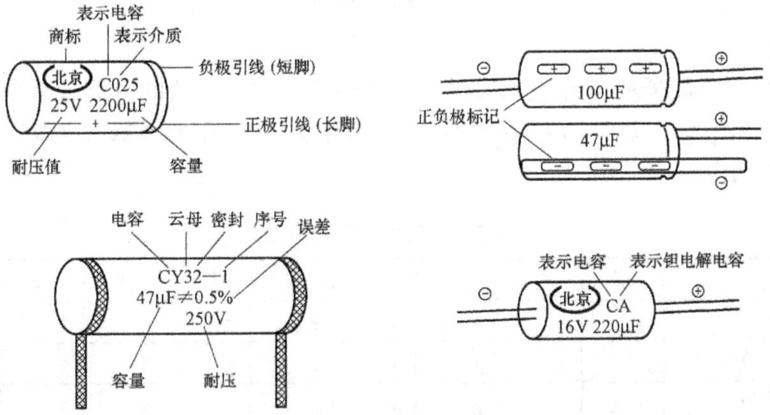

图2-6　电容器的直标法举例

2）不标单位的直接表示法

不用单位表示时，电解电容器的单位应为微法（μF）；非电解电容器若是 10 的整数倍，则其单位为皮法（pF），若是小数，则其单位为微法（μF），如图 2-7 所示。

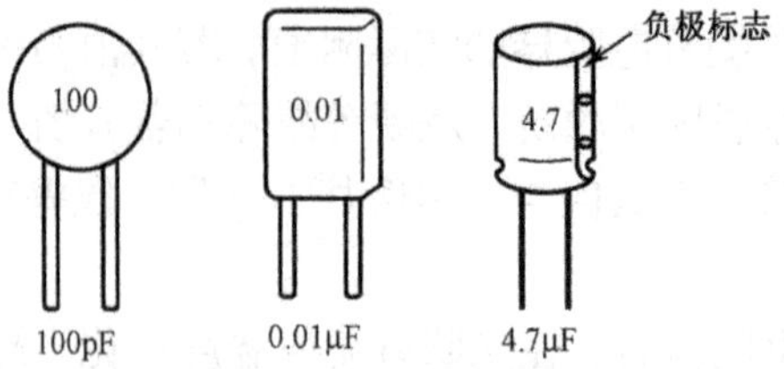

图 2-7　电容器的不标单位的直接表示法举例

3）文字符号法

文字符号法是指将标称容量的整数部分放在容量单位标志符号的前面，将小数部分放在容量单位标志符号的后面，如图 2-8 所示。

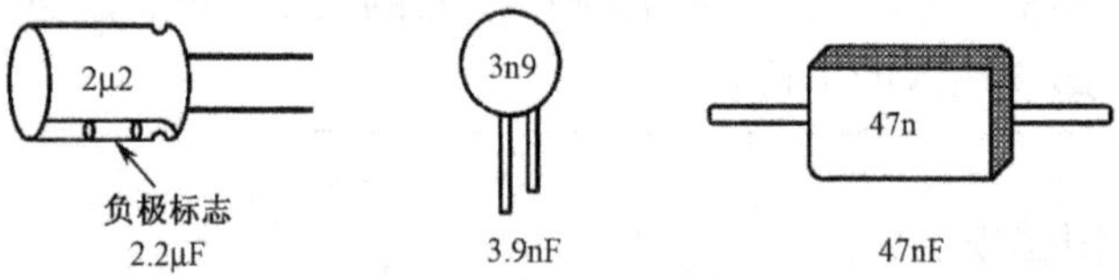

图 2-8　电容器的文字符号法举例

4）数码法

一般可用三位数字表示电容器容量的大小，其单位为 pF。其中第一、二位为有效值数字，第三位表示倍乘数，即表示有效值后“零”的个数。当第三位数为 9 时，表示 10^{-1}，如图 2-9 所示。

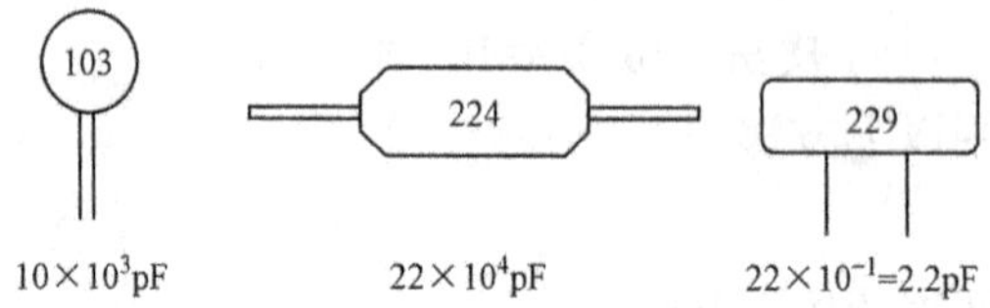

图 2-9　电容器的数码法举例

5）色标法

这种表示法与电阻器的色环表示法类似，将颜色涂在电容器的一端或从顶端向引线侧排列，一般只有三种颜色，前两环为有效数字（即基数），第三环为倍率，单位为 pF。三条色环的识别如表 2-2 所示。

表 2-2　三条色环的识别

颜　色	黑	棕	红	橙	黄	绿	蓝	紫	灰	白
颜色对应的数字	0	1	2	3	4	5	6	7	8	9
第一条色环（基数）	0	1	2	3	4	5	6	7	8	9
第二条色环（基数）	0	1	2	3	4	5	6	7	8	9
第三条色环（倍率）	10^0	10^1	10^2	10^3	10^4	10^5	10^6	10^7	10^8	10^9

例如，一个电容器，其标注的色环依次为绿、棕、红色，则该电容器的容量为 51×10^2pF＝5100pF。

2. 电容器的检测

用普通的指针式万用表能够判断电容器的质量、电解电容器的极性，并能够定性比较电解电容器的容量大小。

1）质量的判断

采用万用表的 R×1k 挡（1～47μF 的电容）或 R×100 挡（47μF 以上的电容），使红表笔接电容负极，黑表笔接正极，接触瞬间表头指针应顺时针偏转，然后逐渐逆时针回复，指针稳定后的读数即为电容器的漏电电阻，阻值越大，表示电容器的绝缘性能越好；若在检测过程中，指针无摆动，说明电容器开路；若摆动角度很大，但不回复，则说明电容器已击穿或严重漏电。

注意事项：

（1）对于 1μF 以下的电容器，由于充放电现象不明显，所以检测时表头指针偏转角度很小或根本无法看清，但并不说明电容器质量有问题；

（2）重复检测电解电容器时，每次应将被测电容器的两个引脚短路放电一次。

2）容量的比较

在上述检测过程中，指针顺时针摆动的角度越大，说明电容器的容量越大，反之则说明其容量越小。

3）极性的判断

对于正负极标志不明显的电解电容器，可利用上述测量漏电阻的方法加以判断。先任意测一下漏电阻，记下其大小，然后交换表笔再测出一个阻值。两次测试中，漏电阻值大的那一次，黑表笔接的是正极，红表笔接的是负极。

三、电感器的识读和检测

1. 电感器的识读

电感器是一种储能元件，其单位为亨利，简称“亨”，用 H 表示。比亨小的是毫亨（mH），更小的是微亨（μH）。其换算公式如下：

$$1\ \text{H}=10^3\ \text{mH}=10^6\mu\text{H}$$

电感器的识读主要采用以下方法。

1）直标法

电感器的直标法举例如图 2-10 所示。

2）色标法

色环法如图 2-11 所示，第一、二环表示两位有效数字，第三环表示倍乘数，第四环表示允许偏差，单位为μH。各色环颜色的含义与色环电阻器相同。

2. 电感器的检测

1）外观检测

观察电感器引脚有无断线、开路、生锈，线圈有无松动、发霉、烧焦等现象，对于带有磁芯的电感线圈还要看其磁芯有无松动和破损。若有上述现象，则说明电感器存在质量问题，需用万用表进一步检测。

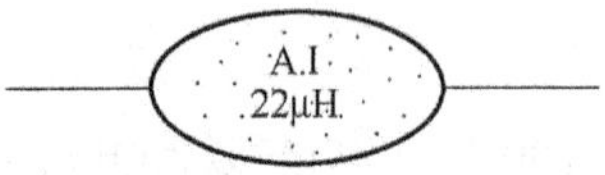

图 2-10 电感器的直标法举例

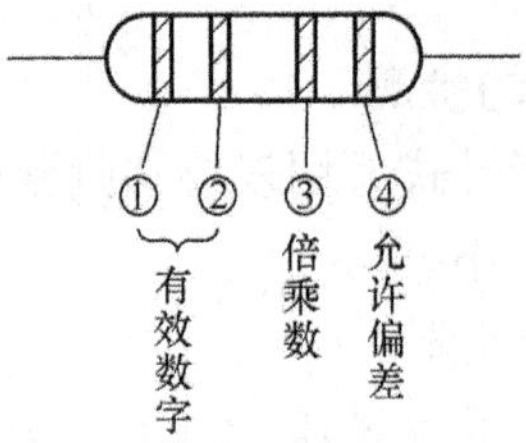

图 2-11 电感器的色标法举例

2）万用表检测

用万用表的 R×1 挡测量电感器线圈的阻值。线圈的匝数多、线径细，阻值就大一些，反之相反。对于有抽头的线圈，各引出脚之间都有一定的阻值，若测得其阻值为无穷大，则说明线圈已开路；若测得其阻值等于零，则说明线圈已短路。另外，线圈局部短路时的阻值比正常值小一些，局部断路时的阻值比正常值大一些。

技能训练

一、电阻器的识别与检测

1. 训练目标

熟悉电阻器的识别与质量检测。

2. 训练器材

带有指标法、文字符号法、数码法、色标法表示的各种电阻器若干、万用表一个。

3. 训练内容

（1）应用“操作分析”中电阻器的识读知识判读各电阻器的标称阻值和允许偏差，并用万用表实测各电阻器的阻值，把结果填入表 2-3 中。

表 2-3 电阻器的识别与测量

编号	外表标志内容	识别结果		万用表实测阻值	备注
		标称阻值	允许误差		
1					
2					
3					
4					
5					
6					
7					
8					
9					
10					

（2）电阻器的检测。根据给出的各类固定电阻器和热敏电阻器，由两位同学协作，选择几个电阻器用万用表进行检测，并将结果填入表 2-4、表 2-5 中。

①固定电阻器的检测，如表 2-4 所示。

表 2-4　固定电阻器的检测

编号	万用表型号	欧姆挡量程	调零否	标称值	实测值	误差比例	合格	不合格
1								
2								
3								

②热敏电阻器的检测，如表 2-5 所示。

表 2-5　热敏电阻器的检测

编号	万用表型号	欧姆挡量程	正常室温下的欧姆值	用手捏住加热 10s 后的欧姆值	用其他物理方法加热后的欧姆值	变化率	是否合格
1							
2							
3							

二、电容器的识别与检测

1. 训练目标

熟悉电容器的识别与质量检测；比较电容器容量的大小。

2. 训练器材

电解电容器、瓷片电容器若干，指针式万用表一个。

3. 训练内容

（1）应用“操作分析”中电容器的识读知识判读各电容器的标称容量，把结果填入表 2-6 中。

表 2-6　电容器的识别

编　　号	外表标志内容	识别结果		备　　注
		标称容量	耐　压　值	
1				
2				
3				
4				
5				
6				
7				
8				
9				
10				

（2）用纸带把容量大小不一的电解电容器标称值遮挡住，并标上编号，然后用指针式万用

表测其漏电电阻，同时观察表针的摆动情况，由此判断电解电容器的极性和比较其容量的大小，并把结果填入表 2-7 中。

表 2-7　电容器容量的比较和极性的判断

电容器编号	漏电电阻	表针摆动情况	容量由大到小排序	负极标号
1				
2				
3				
4				
5				

（3）电容器的检测。根据测试的情况填写表 2-8。

表 2-8　电容器的检测

电容器类别	万用表挡位	万用表是否调零	漏电电阻	测量中遇到的问题	是否合格
陶瓷电容器 0.1μF					
纸介电容器 1μF					
电解电容器 100μF					
电解电容器 1000μF					

三、电感器的识别与检测

1. 训练目标

熟悉电感器的识别与质量检测。

2. 训练器材

色环电感器、普通电感器若干，万用表一个。

3. 训练内容

（1）应用“操作分析”中电感器的识读知识判读各电感器的标称容量，把结果填入表 2-9 中。

表 2-9　电感器的识别

编号	外表标志内容	识别结果		备注
		标称感量	允许误差	
1				
2				
3				
4				
5				
6				
7				
8				
9				
10				

（2）电感器的检测。根据测试的情况填写表 2-10。

表 2-10　电感器的检测

编　　号	电感器型号	电　感　量	直流电阻值	是 否 合 格	备　　注
1					
2					
3					

技能评价

任务检测与评估

检测内容	分　值	评分标准	学生自评	教师评估
电阻器的识别与检测	25	识错一个扣 2 分；测错一个扣 3 分		
电容器的识别与检测	35	识错一个扣 2 分；比较容量大小错一处扣 2 分；判别电解电容器极性，错误一次扣 2 分；测错一个扣 3 分		
电感器的识别与检测	20	识错一个扣 2 分；测错一个扣 3 分		
安全操作	10	不按照规定操作、损坏仪器，扣 4～10 分		
现场管理	10	结束后没有整理现场，扣 4～10 分		
合计	100			

知识链接

一、电阻器的用途、分类和主要参数

1. 电阻器的用途

物体对电流通过时的阻碍作用称为电阻，在电路中起电阻作用的元件称为电阻器，用 R 表示。在电路中，电阻器主要用于分压和分流，以起到稳定和调节电压、电流的作用，有时也作为消耗电能的负载电阻。

2. 电阻器的分类

电阻器按照制造电阻器的材料分为碳膜电阻器、金属膜电阻器、线绕电阻器、水泥电阻器等；按照电阻器的阻值是否变化分为固定电阻器、微调电位器、电位器等；按照电阻器的用途分为普通电阻器、熔断电阻器（保险电阻器）、压敏电阻器、热敏电阻器、光敏电阻器等。

部分电阻器的外形及电路符号如图 2-12 所示。

3. 电阻器的主要参数

1）标称阻值

电阻器上所标示的名义阻值称为标称阻值。常用的标称阻值有 E6、E12、E24 系列，如表 2-11 所示。

2）额定功率

额定功率是指在规定的环境温度下，电阻器所允许消耗的最大功率，它是电阻器的一个重要参数。各种功率的电阻器在电路图中采用不同的符号标示，如图 2-13 所示。

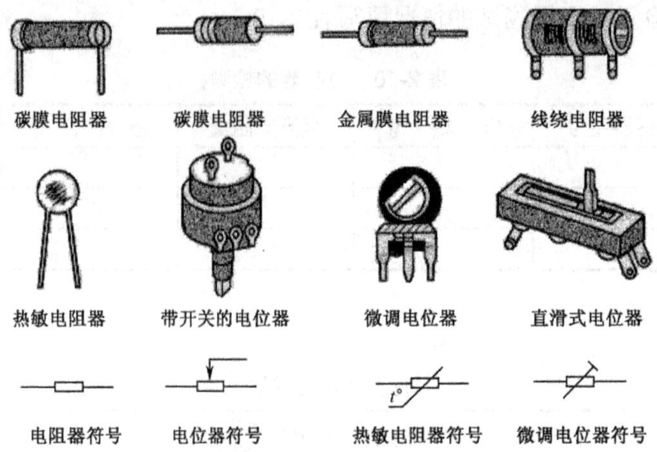

图 2-12　部分电阻器的外形及电路符号

表 2-11　常用电阻器的标称阻值系列

系　　列	偏　　差	电阻器的标称阻值系列
E24	Ⅰ级±5%	1.0；1.1；1.2；1.3；1.5；1.6；1.8；2.0；2.2；2.4；2.7；3.0；3.3；3.6；3.9；4.3；4.7；5.1；5.6；6.2；6.8；7.5；8.2；9.1
E12	Ⅱ级±10%	1.0；1.2；1.5；1.8；2.2；2.7；3.3；3.9；4.7；5.6；6.8；8.2
E6	Ⅲ级±20%	1.0；1.5；2.2；3.3；4.7；6.8

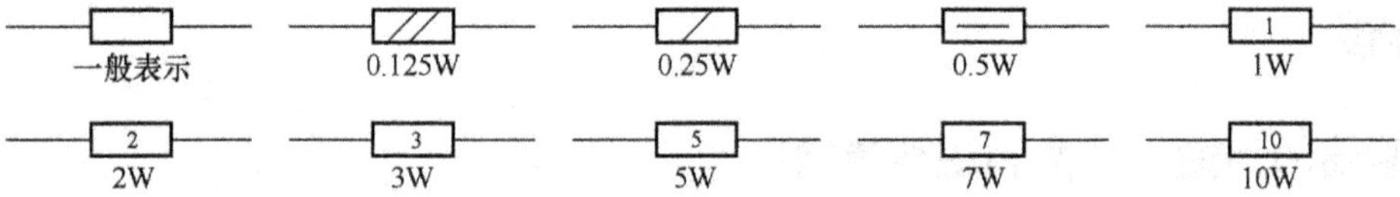

图 2-13　电阻器的额定功率符号标示

二、电容器的用途、分类和主要参数

1. 电容器的用途

电容器是一种储能元件，能把电能转换成电场能储存起来，其主要功能是通交流隔直流、滤波及谐振，在电路中用 C 表示。电容器的符号如图 2-14 所示。

图 2-14　电容器的符号

2. 电容器的分类

电容器按照结构分为固定电容器、可变电容器和半可变电容器（微调电容器）；按照绝缘介质分为空气介质电容器、云母电容器、瓷介电容器、涤纶电容器、聚苯乙烯电容器、金属化纸介电容器、电解电容器、玻璃釉电容器、独石电容器等。

常见电容器的外形如图 2-15 所示。

3. 电容器的主要参数

1）标称容量

电容器储存电荷的能力叫电容量，简称容量。其外壳上标出的容量值称为电容器的标称容量。常用的标称容量系列是 E6、E12、E24，其设置方式同表 2-11 所示的常用电阻器的标称阻值系列。

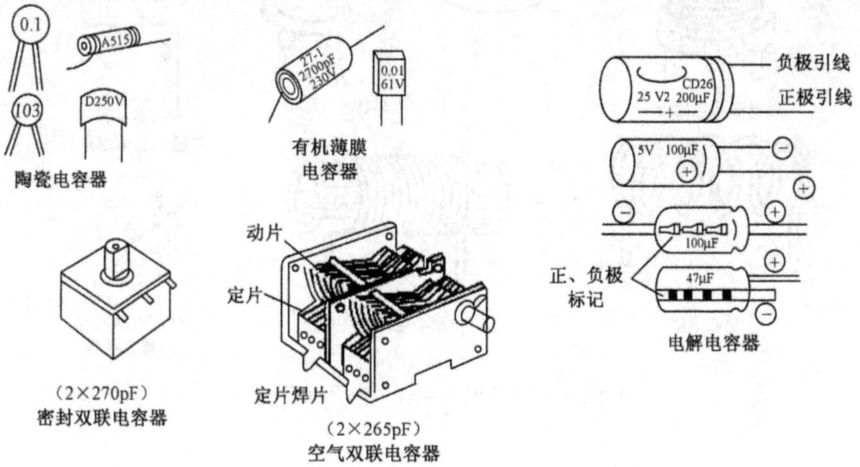

图 2-15 常见电容器的外形

2）额定电压

额定电压是指在规定的温度范围内，电容器在介质绝缘良好的前提下能够承受的最高电压值。这是一个主要参数，如果电容器的工作电压大于额定电压，则电容器将被击穿。

三、电感器的用途、分类和主要参数

1. 电感器的用途

电感器俗称电感或电感线圈，用 L 表示，在电路中起阻流、变压和传送信号的作用。电感器的应用范围很广，在调谐、振荡、耦合、匹配、滤波、陷波、延迟、补偿及偏转、聚焦等电路中是必不可少的。具有自感作用的电感器通常称为电感线圈，具有互感作用的电感器通常称为变压器。

2. 电感器的分类

电感器按电感形式分为固定电感、可调电感；按导磁体性质分为空心线圈、铁氧体线圈、铁芯线圈、铜芯线圈；按工作性质分为天线线圈、振荡线圈、扼流线圈、陷波线圈、偏转线圈；按线绕结构分为单层线圈、多层线圈、蜂房式线圈。

常见电感器的外形和符号如图 2-16 所示。

3. 电感器的主要参数

1）品质因数

品质因数是指电感线圈在某一频率的交流电压下工作时所呈现的感抗与电感线圈的总损耗电阻的比值，用 Q 表示。Q 值越高，表明电感线圈的功率损耗越小，效率越高；反之相反。

2）标称电流

标称电流是指电感线圈允许通过的额定电流（mA），常用 A、B、C、D、E 来分别表示 50mA、

150 mA、300 mA、700 mA、1600 mA。实际应用时，通过电感器的电流不能超过标称电流。

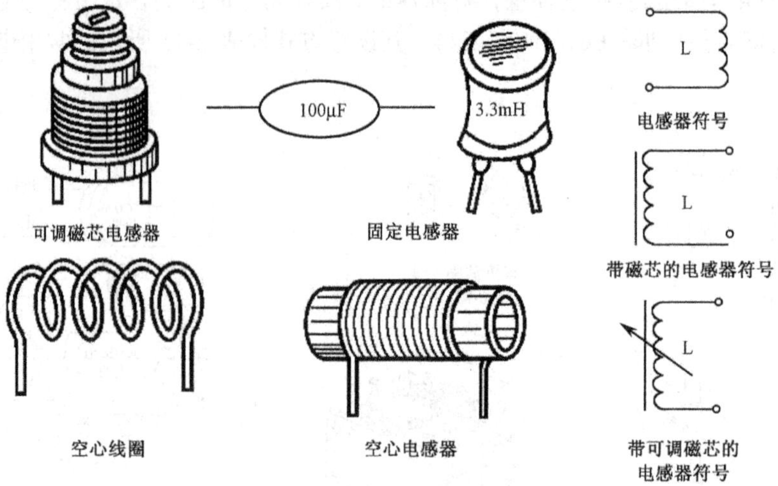

图 2-16　常见电感器的外形和符号

知识拓展

电阻器和电容器的选用

1. 电阻器的选用

（1）选用电阻器的额定功率值应高于其在电路工作中的实际功率值的 0.5～1 倍。

（2）应考虑温度系数对电路工作的影响，同时根据电路特点来选择正、负温度系数的电阻器。

（3）电阻器的允许偏差、非线性及噪声应符合电路要求。

（4）应考虑工作环境与可靠性、经济性。

2. 电容器的选用

（1）额定电压。所选电容器的额定电压一般是在线电容器工作电压的 1.5～2 倍。

（2）标称容量和精度。大多数情况下，对电容器的容量要求并不严格，容量相差一些值是无关紧要的；但在振荡回路、滤波、延时电路及音调电路中，对电容器的容量的要求则非常精确，电容器的容量及其误差应满足电路要求。

（3）使用场合。应根据电路的要求合理选用电容器，如云母电容器和瓷介电容器一般用在高频或高电压电路中。在特殊场合，还要考虑电容器的工作温度范围、温度系数等参数。

任务二　半导体器件的识读与检测

半导体器件是组成各种电子线路的基础，包括分立元件和集成电路。分立元件最为常见的是二极管、三极管等。

任务分析

掌握半导体器件的识读和检测方法，这也是从事电子行业人员最基本的技能。请按要求在4节课内完成以下任务。

（1）熟悉二极管、三极管的种类和常见外形。

（2）检测二极管、三极管性能的好坏。

（3）判断二极管、三极管的引脚极性。

教学方式

教学步骤	时间安排	教学方式（供参考）
阅读教材	课余	自学、查资料、相互讨论，重点阅读“操作分析”和“知识链接”
技能训练	2课时	对二极管、三极管的实训内容，由学生边学边练，同时教师示范操作
操作分析和知识链接的讲授	2课时	在操作分析的讲授中，结合实物或多媒体课件演示；对知识链接的讲授多以案例为主
评估检测		教师与学生共同完成任务的检测与评估，并能对问题进行分析与处理

操作分析

一、二极管的识读和检测

1. 二极管引脚极性的表示方法

二极管的外形通常有引脚极性标记，常见的有以下几种。

（1）在二极管的负极有一条色环标记，如图2-17（a）所示。

（2）在二极管外壳的一端标有一个色点，表示二极管的正极，另一端则为负极，如图2-17（b）所示。

（3）在二极管的外壳上直接印有二极管的电路符号，由此判断二极管的极性，如图2-17（c）所示。

（4）对于发光二极管，因其呈透明状，所以管壳内的电极清晰可见。其内部电极较宽大的一个为负极，较窄小的一个为正极。新的发光二极管往往是一个脚长，一个脚短，一般长脚为正极，短脚为负极，如图2-17（d）所示。

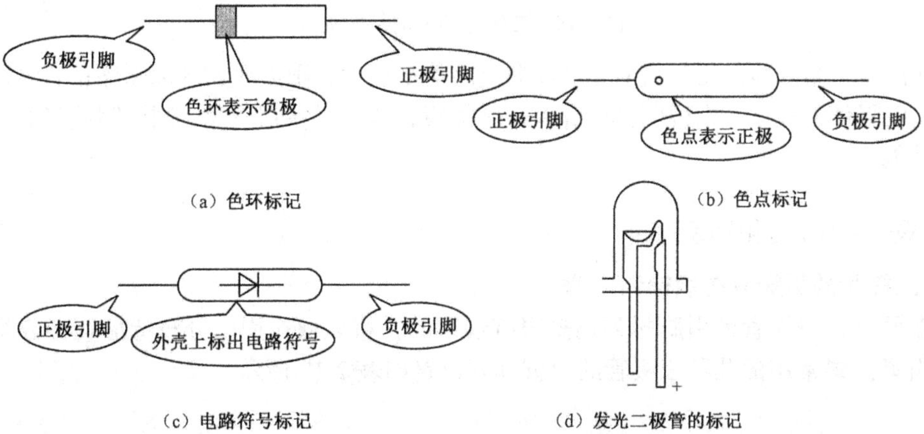

图2-17 二极管引脚示意图

2. 二极管的检测

（1）指针式万用表挡位的选择。对于一般小功率管宜使用欧姆挡的 R×100，R×1k 挡，而不宜使用 R×1 和 R×10k 挡。前者由于万用表内阻最小，通过二极管的正向电流较大，可能烧毁管子；后者由于万用表电池的电压较高，加在二极管两端的反向电压也较高，易击穿管子。对于大功率管，可选欧姆挡的 R×1 挡。

（2）测量步骤。二极管的正向特性测试如图 2-18 所示。用万用表测量时，将黑表笔接二极管的正极，红表笔接二极管的负极，此时的阻值一般在 100～500Ω之间。当红、黑表笔对调后，阻值应在几百千欧以上。

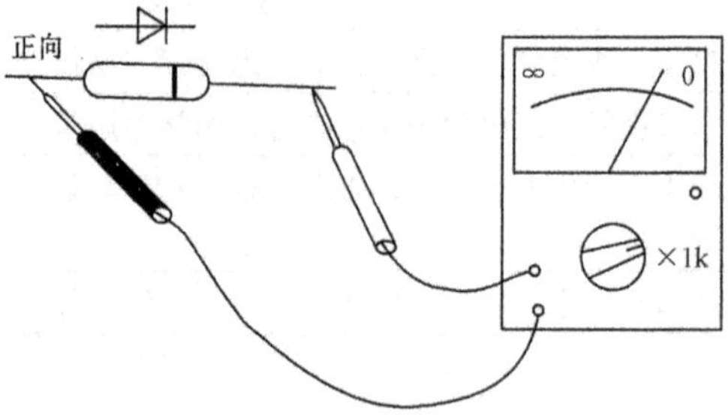

图 2-18　二极管的正向特性测试

如果不知道二极管的正、负极，也可用上述方法进行判断。测量中，当万用表的欧姆挡显示阻值很小时，该阻值即为二极管的正向电阻，此时黑表笔所接触的电极为二极管的正极，另一端为负极。如果显示阻值很大，则红表笔相连的一端为正极，另一端为负极。

二极管的反向特性测试如图 2-19 所示。

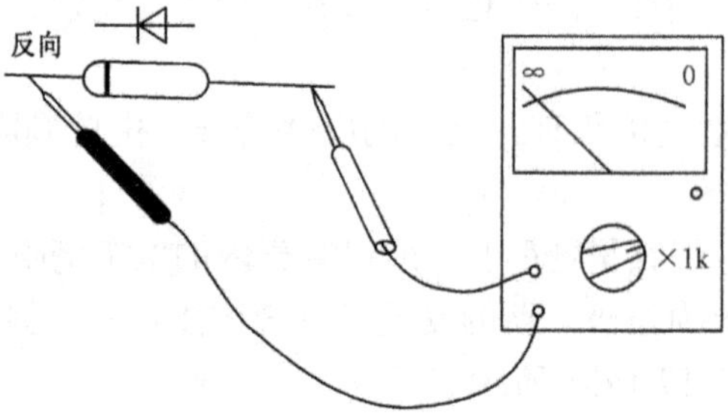

图 2-19　二极管的反向特性测试

（3）测试分析。若测得二极管正、反向电阻值都很大，则说明其内部断路；若测得二极管正、反向电阻值都很小，则说明其内部有短路故障；若两者差别不大，则说明此管失去了单向导电的功能。

二、三极管的识读和检测

1. 三极管的引脚分布规律和识读

一般而言，三极管的引脚排列还是很有规律的，可以通过引脚分布特征直接分辨三极管的 3 个引脚。最常用的几种三极管的引脚排列位置如表 2-12 所示。

注意事项：

有些三极管的引脚排列位置因其品种、型号及功能等不同而异，特别是塑封管的引脚排列有很多形式，使用者很难一一记清。使用者在使用时若不知其引脚排列，应查阅产品手册或相关资料，不可凭想象推测，否则极易出错。

表 2-12　几种三极管的引脚排列位置

封装形式	外　形	引脚排列	说　明
引脚呈等腰三角形排列（金属管壳）	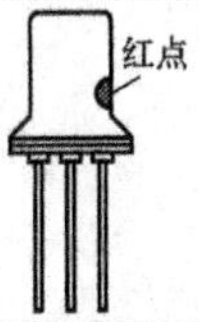	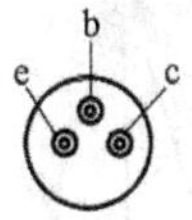	只有一个色点（红色）标记，则等腰三角形顶点是基极，有红色点的一边是集电极，另一边是发射极
	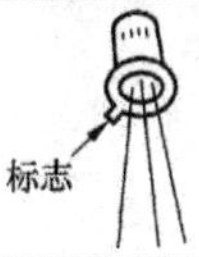	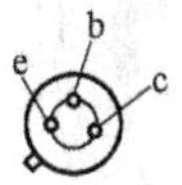	有管帽标记，则等腰三角形顶点是基极，管帽边沿凸出的一边为发射极，另一边为集电极
	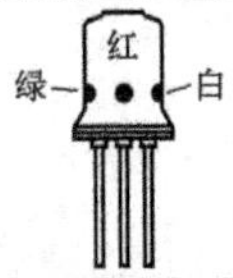	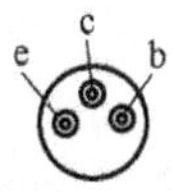	壳体上有绿、红、白三色点标记，则与红点标记相对应的为集电极，与白点相对应的为基极，与绿点相对应的为发射极
引脚呈等腰三角形排列（金属管壳）	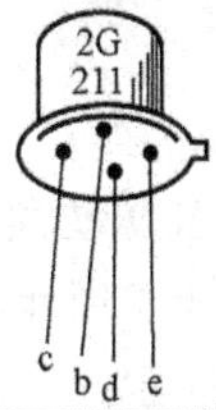	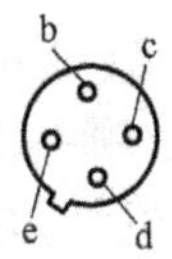	有四个引脚的，一端 d 与外壳相连，可用万用表测得，其在电路中接地，起屏蔽作用。例如，电视机的高放管，查出 d 端后，引脚排列如同前面的有管帽标记类型
引脚呈直线排列（塑封管壳）		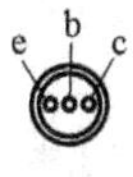	引脚排列成一条直线且距离相等，则靠近管壳红点的为发射极，中间为基极，剩下的是集电极
	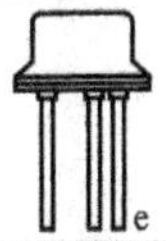	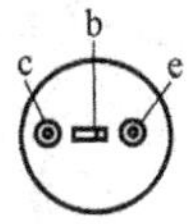	引脚排列成直线但距离不相等，则距离较近的两脚之中，靠近管壳的那一脚为发射极，中间的为基极，剩下的是集电极
	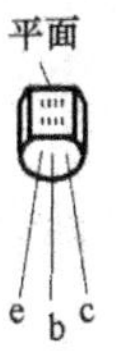	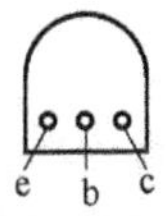	可把平面朝向自己，引脚朝下，则从左至右依次为发射极、基极、集电极
金属外壳大功率管	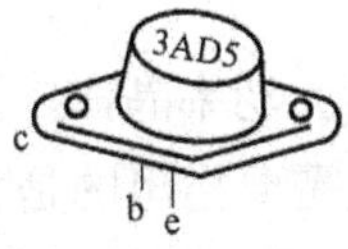	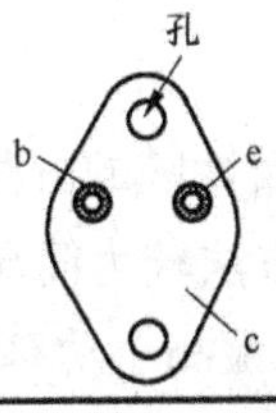	管底朝向自己，中心线上方左侧为基极，右侧为发射极，金属外壳为集电极

2. 用万用表检测中、小功率三极管

如果不知道三极管的型号及管子的引脚排列，可按以下方法进行检测判断。

1）判定基极

判定三极管基极的检测示意图如图 2-20 所示。万用表采用 R×1k 挡。先用黑表笔接某一引脚，红表笔分别接另外两引脚，测得两个电阻值。再将黑表笔换接另一引脚，重复以上步骤，直至测得两个电阻值都很小，这时黑表笔所接的是基极 b，此三极管为 NPN 型。若黑、红表笔对换，即红表笔接基极 b，则三极管为 PNP 型。

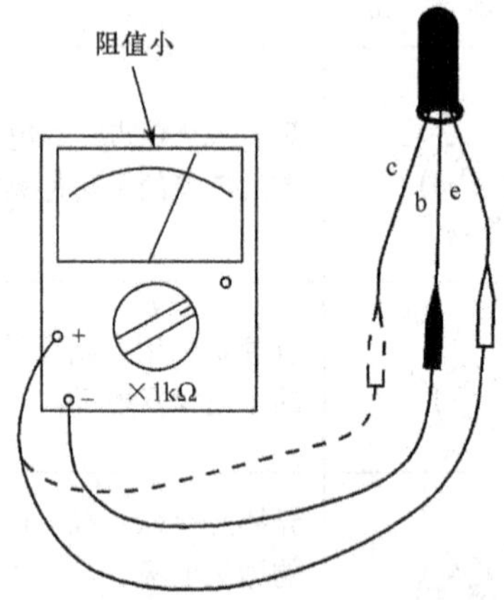

图 2-20　判定三极管基极的检测示意图

2）判定集电极和发射极

NPN 型三极管的集电极、发射极检测示意图如图 2-21 所示。

按图 2-21（a）分别假设另两个引脚为 e、c 或 c、e，哪一次指针向右摆动大，则哪一次假设正确。在实际工作中，人们往往用手指来代替基极电阻，如图 2-21（b）所示。

对于 PNP 型三极管，把黑、红表笔互换后再按上述方法进行检测即可。

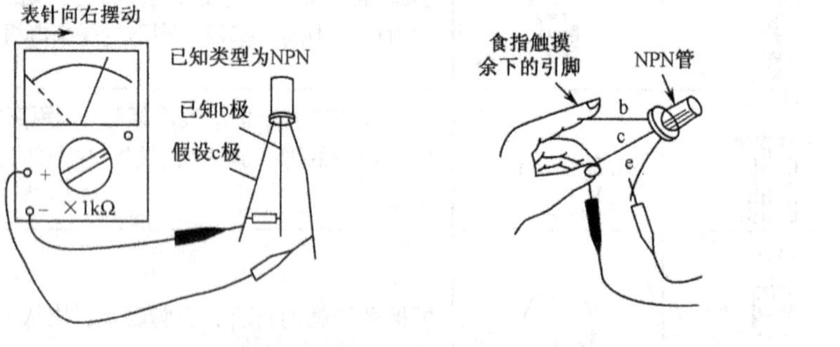

（a）基极与假设的集电极之间连接电阻　　（b）用手指代替基极与假设的集电极之间的电阻

图 2-21　NPN 型三极管的集电极、发射极检测示意图

3. 大功率晶体三极管的检测

利用万用表检测中、小功率三极管的极性、管型及性能的方法对大功率晶体三极管基本适用，因为其金属外壳为已知（集电极），所以其判别方法较为简单。需要指出的是，由于大功率晶体三极管的体积大，极间电阻相对较小，所以若像检测小功率三极管极间的正向电阻那样，

使用万用表的R×1k挡，必然使得指针趋向于零，这种情况与极间短路一样，会使检测者难以判断。为了防止误判，在检测大功率晶体三极管的PN结的正向电阻时，应使用R×1挡，同时，测量前万用表应调零。

4. 三极管的质量检测

正常情况下，三极管的be结、bc结的正向阻值小，反向阻值大。若测得正、反向阻值为无穷大，则说明管子内部已断路；若测得正、反向阻值为零，则说明管子内部已短路，管子已损坏。

技能训练

二极管和三极管的识别与检测

1. 训练目标

（1）检测二极管、三极管性能的好坏。

（2）用万用表判别三极管的电极。

2. 训练器材

不同类型的二极管10个、NPN和PNP型三极管各5个、指针式万用表一个。

3. 训练内容

（1）按照二极管和三极管的编号顺序逐个从外表标志判断各引脚名称，将结果填入表2-13中。

（2）用指针式万用表再次逐个检测各个管子的极性，若与上述判断不一致，请分析原因，重新判断或检测，并将最后结果填入表2-13中。

（3）依据检测结果，判断二极管、三极管的质量好坏。

表2-13 二极管、三极管检测记录表

编号	类型	引脚排列		质量判断	备注	编号	类型	引脚排列		质量判断	备注
		外表标志判断	检测结果					外表标志判断	检测结果		
1						11					
2						12					
3						13					
4						14					
5						15					
6						16					
7						17					
8						18					
9						19					
10						20					

技能评价

任务检测与评估

检测内容	分　　值	评分标准	学生自评	教师评估
二极管正、反向电阻测试、万用表挡位的选择、极性和质量判断	30	每个二极管正、反向电阻测试不正确扣 2 分；每次万用表挡位选择不正确扣 1 分；极性判断不正确扣 3 分；质量判断不正确扣 2 分		
三极管引脚判断、万用表挡位的选择及检测各极间电阻测量、质量判断	50	引脚判断错误一次扣 3 分；每次万用表挡位选择不正确扣 1 分；质量判断不正确每只扣 3 分		
安全操作	10	不按照规定操作、损坏仪器，扣 4～10 分		
现场管理	10	结束后没有整理现场，扣 4～10 分		
合计	100			

知识链接

一、二极管的分类和用途

二极管的符号用 VD 表示，其主要特性是单向导电性。二极管种类繁多，按用途分为整流、检波、稳压、阻尼、开关、发光和光敏二极管等；按所用材料分为锗二极管、硅二极管和砷化镓二极管；按工作原理分为隧道二极管、变容二极管、稳压二极管等。二极管的图形符号如图 2-22 所示。

图 2-22　二极管的图形符号

二极管常用于检波、整流、开关、隔离、保护、限幅、稳压、变容、发光、调制电路中。

二、三极管的分类和用途

三极管用 VT 表示，按 PN 结组合分为 NPN 型和 PNP 型；按材料分为锗晶体三极管和硅晶体三极管；按工作频率分为高频管和低频管；按功率分为大功率管、中功率管和小功率管。三极管的图形符号如图 2-23 所示。

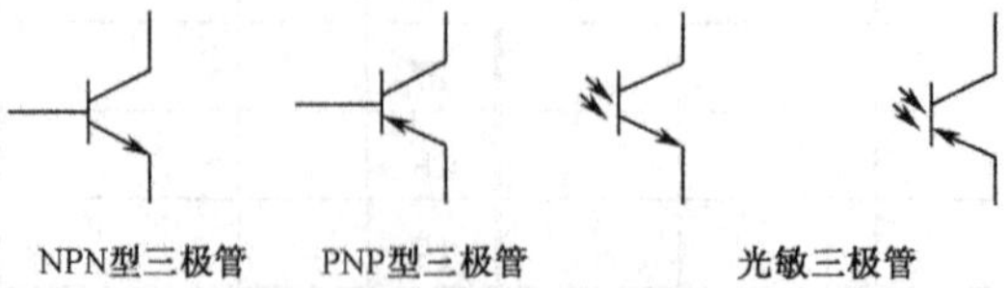

图 2-23　三极管的图形符号

三极管最主要的功能是电流放大和开关作用。

知识拓展

集成电路

集成电路的英文缩写为IC，是在电子管、晶体管的基础上发展起来的一种新型电子器件。集成电路是在一块微小半导体基料上，制作出许多极其微小的电阻器、电容器及晶体管等电路元器件，并将它们相互连接起来，从而形成的一个完整的电路。它从外观上看已经分不出来各种元器件和连线的界线。它从设计、制造、检测到使用均作为一个整体来处理，代替了传统的分立元器件。

集成电路的引脚排列是使用时的一个实际问题，一旦出错，轻则返工，重则损坏集成电路。常用的集成电路的外壳封装和引脚排列方法如下。

1. 圆形金属外壳封装

圆形金属外壳封装的引脚排序如图2-24所示。其排序方法为：将引脚朝上，从管键开始，顺时针排序。

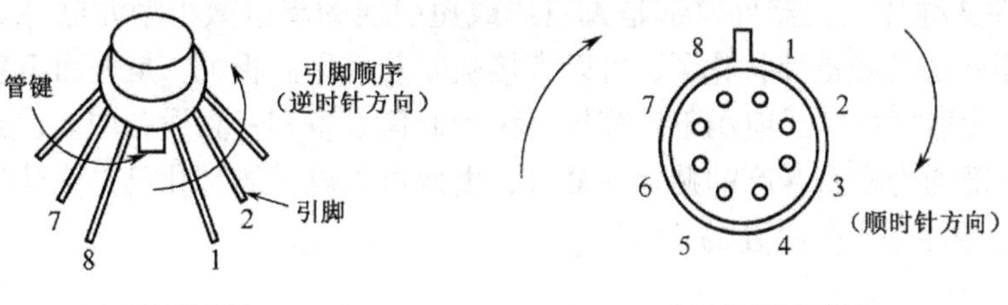

（a）引脚外形图　　（b）顺时针排序图

图2-24　圆形金属外壳封装的引脚排序

2. 双列直插式封装

集成电路引脚朝下，以缺口或色点等标记为参考点，其引脚编号按逆时针方向排序，如图2-25所示。

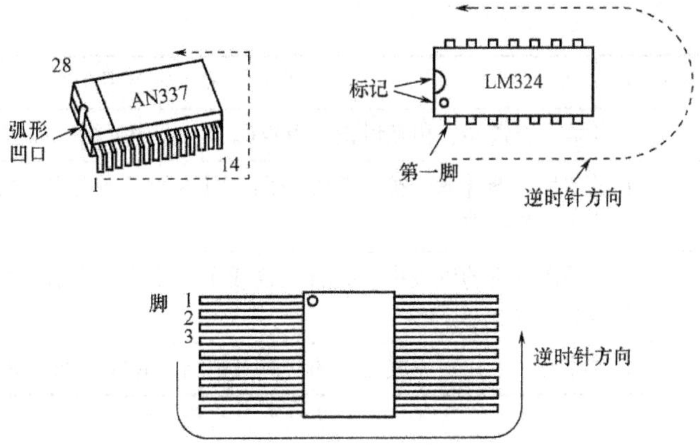

图2-25　双列直插式封装的引脚排序

3. 单列直插式封装

单列直插式封装的形式很多，如图2-26所示。识别其引脚时应使引脚向下，面对型号或定位标记，自定位标记一侧的头一只引脚开始数起，依次为1、2、3……脚。这一类集成电路上常用的定位标记为色点、凹坑、色带、缺角、线条等。

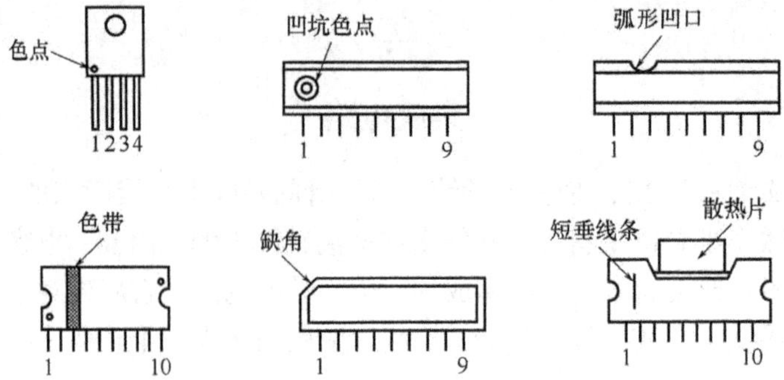

图 2-26 单列直插式封装的引脚排序

任务三 贴片元器件的识读与检测

贴片元器件又称片状元器件，都是无引线或短引线的新型微小型元器件。现在几乎全部的传统电子元器件都已经被片状化了，可以直接被安装在印制板上，是表面组装技术的专用器件。目前，贴片元器件被广泛应用于计算机、移动通信设备和音频设备中。拆开手机、彩电的高频头等，其内部均为密密麻麻的贴片元器件，由此可见电子微型化已是大势所趋。因此，识读和检测贴片元器件是十分必要的。

任务分析

（1）分拣不同种类的贴片元器件。

（2）识别贴片元器件的极性。

（3）测量贴片元器件。

教学方式

教学步骤	时间安排	教学方式（供参考）
阅读教材	课余	自学、查资料、相互讨论，重点阅读“操作分析”和“知识链接”
技能训练	2 课时	对贴片元器件的分拣、极性识别、测量的实训内容，由学生边学边练，同时教师示范操作
操作分析和知识链接的讲授	2 课时	在操作分析的讲授中，结合实物或多媒体课件演示；对知识链接的讲授多以案例为主
评估检测		教师与学生共同完成任务的检测与评估，并能对问题进行分析与处理

操作分析

一、贴片元器件的种类

贴片元器件的种类如表 2-14 所示。

表 2-14 贴片元器件的种类

<table>
<tr><th>名　称</th><th>外 形 图</th><th>说　明</th></tr>
<tr><td>贴片电阻器</td><td>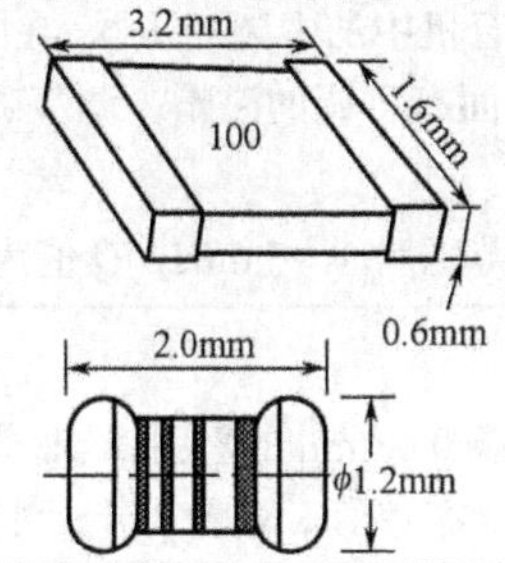</td><td>其阻值一般直接标志在电阻的其中一面，黑底白字。通常用三位数表示，前两位数字表示阻值的有效数，第三位表示有效数后零的个数。例如，100 表示 10Ω，102 表示 1kΩ。当阻值小于 10Ω 时，以×R×表示，即将 R 看成小数点，如 8R1 表示 8.1Ω。起跨接作用的 0Ω 贴片电阻，无数字和色环标志，一般用红色或绿色表示，以示区别，其额定电流为 2A，最大浪涌冲击电流为 10A</td></tr>
<tr><td>贴片电位器</td><td>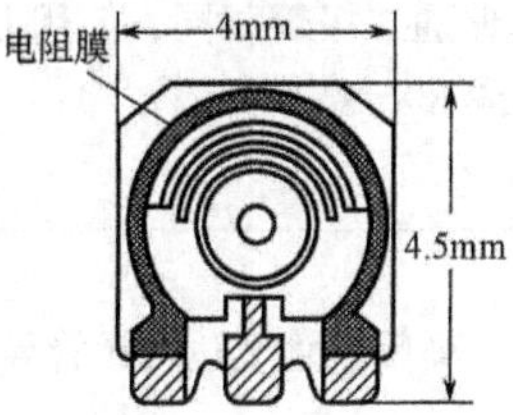</td><td>体积小，一般为 4mm×5mm×2.5mm
质量轻，仅为 0.1～0.2g
阻值范围大，为 10Ω～2MΩ
高频特性好，使用频率可超过 100MHz
额定功率一般有 1/20W、1/10W、1/8W、1/5W、1/4W 和 1/2W 6 种
最大电刷电流为 100mA</td></tr>
<tr><td>矩形贴片电容器</td><td>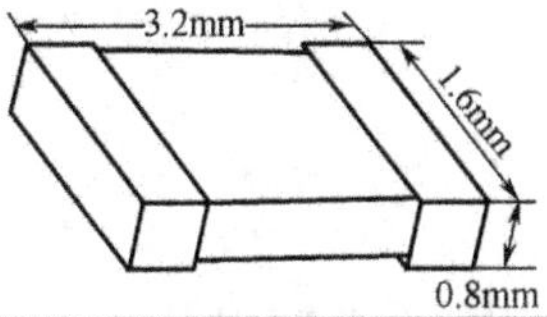</td><td>矩形贴片电容器的容量标法与贴片电阻器相同，其容量范围为 1～4700pF，耐压从 25～2000V 不等
矩形贴片电容器都没有印刷标志，贴装时无朝向性，购买或维修时应特别注意</td></tr>
<tr><td>陶瓷微调贴片电容器</td><td>
无极性</td><td>其容量范围为 1～15pF，常用于电子钟表调节定时的快慢</td></tr>
<tr><td>贴片电解电容器</td><td>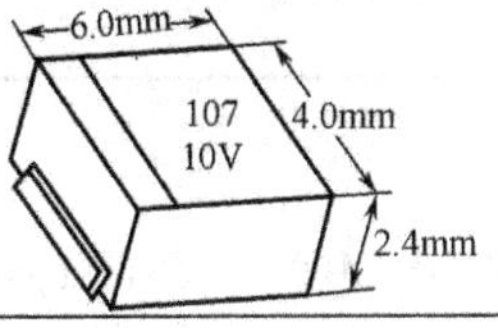</td><td>贴片电解电容器标志打在元器件上，有横标端为正极
107：表示 10×10^7pF＝100μF
10V：表示耐压值</td></tr>
<tr><td>贴片模压电感器</td><td>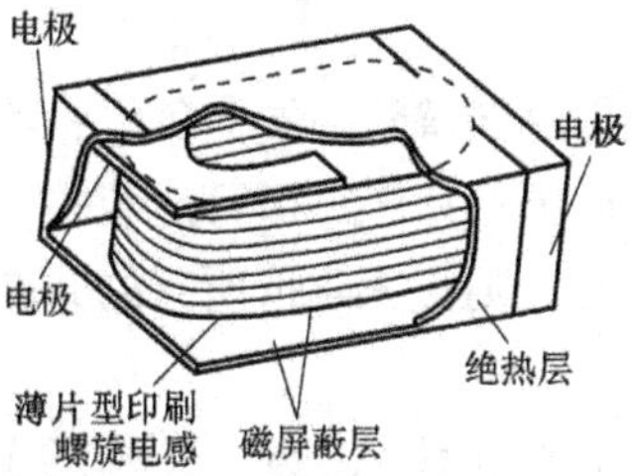</td><td>电感器内部采用薄片型印刷式导线，呈螺旋状，根据需要可将其叠在一起，其外部采用铁氧体磁屏蔽层，以防磁场外泄
贴片模压电感器规格
<table>
<tr><th>名　称</th><th>电感量</th><th>Q 值</th><th>电　流</th></tr>
<tr><td>3216（32×16）</td><td>0.05～33μH</td><td>30～50</td><td>50mA</td></tr>
<tr><td>3225（32×25）</td><td>1.5～330μH</td><td>50</td><td>50mA</td></tr>
</table></td></tr>
<tr><td>贴片线圈电感器</td><td>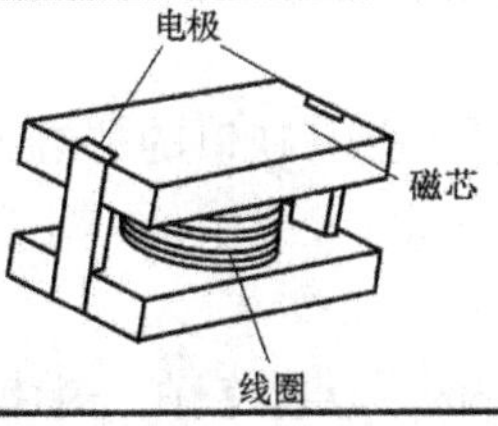</td><td>电感器内部采用高导磁性铁氧体磁芯，以提高电感量。其电感量范围为 0.1～1000μH，Q 值为 50～100；由于线圈的导线极细，所以在使用中应知道电流的大小，以免损坏电感</td></tr>
</table>

续表

名　称	外 形 图	说　明
贴片电感器	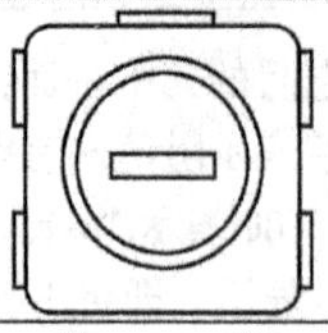	其内部结构类似于收音机中的中频变压器，在圆 I 字形铁氧体磁芯上绕上线圈，上面有可调的磁帽，调节磁帽就可以调节电感量的大小 贴片电感器的电感值范围为 1～5.6μH；Q 值为 40～130
贴片二极管	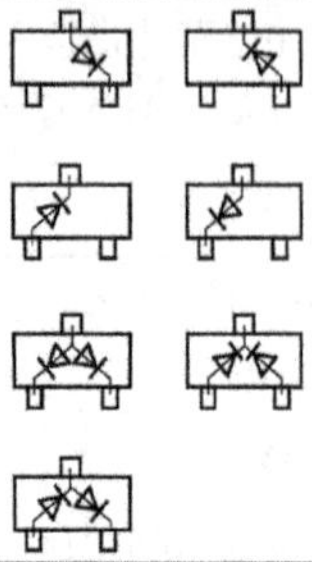	矩形贴片二极管有 3 条 0.65mm 的短引线。根据管内所含二极管的数量及连接方式，有单管、对管之分；对管中又分共阳、共阴和串接等方式 贴片二极管的检测与普通二极管相同，使用万用表测试时，测正、反向电阻宜选择 R×1k 挡
贴片三极管	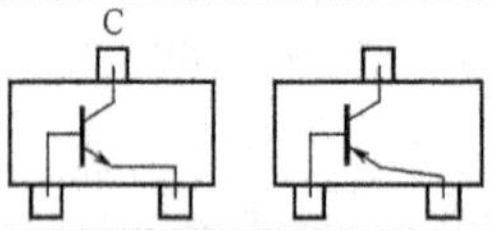	有普通管、超高频管、高反压管及达林顿管等多种类型
贴片小型集成电路	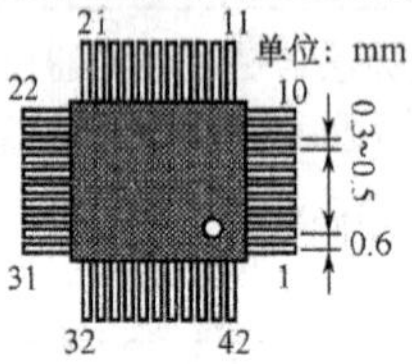 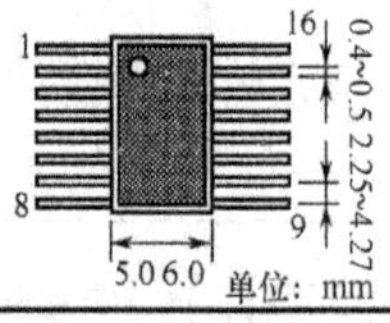	注意利用标志来确认引脚的排列方法

二、贴片元器件的极性识别

贴片二极管、三极管、铝电解电容器、钽电解电容器和集成电路（IC）均为有极性元器件，其极性识别的准确性对产品有着致命的影响。

1．贴片二极管

圆柱形玻璃管贴片封装的，红色玻璃管一端为正极，黑色玻璃管一端为负极；片式发光二极管封装的，一般在其表面用黑点或其他醒目颜色作为负极标记；片状二极管封装的，有白色横线的一端为负极。也有的在贴片二极管正面用正三角形做记号，则正三角形所指的方向为负极。

2．贴片三极管

贴片三极管的引脚位一般是固定的，不像插件的有 bce 和 ebc 之分，贴片的全部是 bce，其三角形尖向上，最左边的为 b 极，上边为 c 极，右边为 e 极。

3．贴片电解电容器

贴片钽电解电容器标有横杠的一端为正极或地盘（金属）上有缺口的那端为正极；贴片圆形铝电解电容器标有横杠的一端为负极。

4．贴片集成电路

贴片集成电路一般在其表面的一个角标注一个向下凹的小圆点，或在一端标示小缺口表示起点，其引脚排列为逆时针方向。

三、贴片元器件的测量

贴片元器件的测量与传统元件的测量基本一致，需要说明的是大多贴片电容元件由于电容量太小，所以用万用表测不出来，应用电容测试仪来进行测量。

技能训练

贴片元器件的识别与检测

一、训练目标

（1）识别贴片元器件的种类。

（2）对贴片元器件进行简单的检测。

二、训练器材

各种类型的贴片电阻器、电容器、电感器、二极管、三极管、集成块若干；万用表一个；电容测试仪一个。

三、训练内容

1．贴片电阻器的识别与测量

在贴片元器件中中找出 6 个电阻器元件，并按要求填写下表。

电阻器编号	形　状	颜　色	标称值	实测阻值	电阻器编号	形　状	颜　色	标称值	实测阻值
1					4				
2					5				
3					6				

2．贴片电容器的识别与测量

在贴片元器件中找出 6 个电容器元件，并按要求填写下表。

电容器编号	形　状	颜　色	极　性	容　量	电容器编号	形　状	颜　色	极　性	容　量
1					4				
2					5				
3					6				

3．贴片电感器的识别与测量

在贴片元器件中找出 6 个电感器元件，并按要求填写下表。

电感器编号	形　状	颜　色	标称值	检测质量	电感器编号	形　状	颜　色	标称值	检测质量
1					4				
2					5				
3					6				

4. 贴片二极管的识别与测量

在贴片元器件中找出 6 个二极管元件，并按要求填写下表。

二极管编号	形　状	颜　色	正负极	正向电阻	反向电阻	二极管编号	形　状	颜　色	正负极	正向电阻	反向电阻
1						4					
2						5					
3						6					

5. 贴片三极管的识别与测量

在贴片元器件中找出 6 个三极管元件，并按要求填写下表

三极管编号	形　状	颜　色	极　性	检测质量	三极管编号	形　状	颜　色	极　性	检测质量
1					4				
2					5				
3					6				

技能评价

任务检测与评估

检测内容	分　值	评分标准	学生自评	教师评估
贴片电阻器的识别与测量	15	挑选错误一个扣 2 分；标称值读错一个扣 1 分；实测值错误一个扣 1 分		
贴片电容器的识别与测量	15	挑选错误一个扣 2 分；极性判断错一个扣 1 分；容量读（测）错一个扣 1 分		
贴片电感器的识别与测量	10	挑选错误一个扣 2 分；标称值读错一个扣 1 分；检测质量错误一个扣 1 分		
贴片二极管的识别与测量	20	挑选错误一个扣 2 分；极性判断错一个扣 1 分；质量检测错一个扣 1 分		
贴片三极管的识别与测量	20	挑选错误一个扣 2 分；极性判断错一个扣 1 分；检测质量错误一个扣 1 分		
安全操作	10	不按照规定操作、损坏仪器，扣 4～10 分		
现场管理	10	结束后没有整理现场，扣 4～10 分		
合计	100			

知识链接

使用贴片元器件的注意事项

（1）要根据系统和电路的要求选择贴片元器件，并综合考虑供应商所能提供的规格、性能和价格等因素。例如，钽和铝电解电容器主要用于电容量大的场合；散装贴片元器件用于手工贴装场合，盒式包装的适合夹具式贴片机使用，编带包装的适合全自动贴片机使用。

（2）从厂家购买的贴片元器件库存时间一般不超过两年；对具有防潮要求的贴片元器件，

打开封装后应一周内使用完毕。

（3）操作人员拿取有极性的贴片元器件时应戴好防静电腕带；在运输、分料、检验、手工贴装等操作时尽量使用吸笔拿取；使用镊子时要注意不要碰伤贴片元器件的引脚，以防引脚翘曲变形。

项目小结

（1）电阻器的单位是欧姆，用Ω表示，另外还有千欧（kΩ）和兆欧（MΩ）。其标示方法有直标法、文字符号法、数码法、色标法。电阻器的质量常使用万用表来检测、判断。

（2）电容器的容量单位为法拉，用F表示，常用的有毫法（mF）、微法（μF）、纳法（nF）和皮法（pF）。其标示方法有直标法、不标单位的直接表示法、文字符号法、数码法、色标法。常常用普通的指针式万用表来判断电容器的质量、电解电容器的极性，还能够定性比较电解电容器的容量大小。

（3）电感器是一种储能元件，其单位为亨利，简称“亨”，用H表示。比亨小的是毫亨（mH），更小的是微亨（μH）。其标示方法有直标法和色标法。电感器的检测方法同电阻器的检测方法。

（4）电阻器在电路中主要用于分压和分流，以起到稳定和调节电压、电流的作用，有时也作为消耗电能的负载电阻。电阻器的分类方法有多种，按用途分为普通电阻器、熔断电阻器（保险电阻器）、压敏电阻器、热敏电阻器、光敏电阻器等。使用电阻器时应注意其额定功率。

（5）电容器的主要功能是通交流隔直流、滤波及谐振。使用电容器时应注意其额定电压。

（6）电感器在电路中起阻流、变压和传送信号的作用。

（7）二极管具有单向导电线性，三极管具有电流放大和开关作用，它们的引脚极性都有一定的规律。集成电路的英文缩写为IC，它代替了传统的分立元器件。二极管、三极管、集成电路都是极性元器件，使用时应注意它们的引脚的位置。

（8）贴片元器件是对传统电子元器件的片状化，因此其检测方法同传统的电子元器件。

思考与练习

1．试问怎样确认色环电阻的第一环？

2．将被测电阻估计为100kΩ，观察图2-27，找出问题并加以说明。

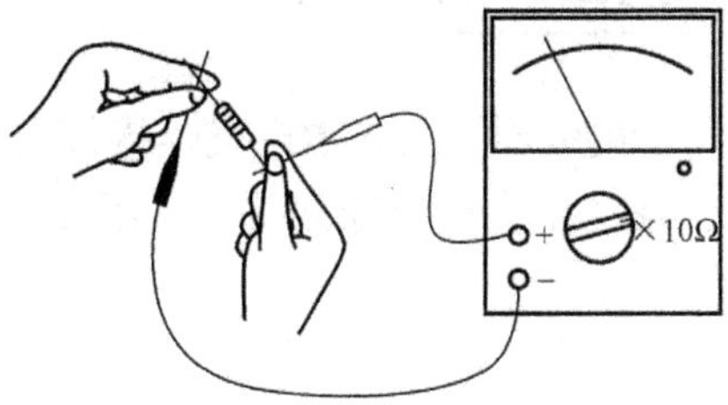

图2-27 电阻测量图

3．电阻器、电容器、电感器的主要技术参数有哪些？

4．如何判断电位器的质量好坏？

5．用万用表如何判断二极管、三极管的极性和性能优劣？

6．如何识别集成电路的引脚？

7．常用的贴片元器件有哪些？

项目三

常用电子材料的识别与加工

电子整机产品装配不仅需要使用电子元器件，还要用到各种电子材料。掌握常用电子材料的加工方法和工艺，了解各种电子材料的分类、特点和性能参数，对正确加工和合理使用常用电子材料，改善电子整机产品性能至关重要。本项目主要介绍电子整机生产中常用的导线、绝缘材料、紧固件、小五金杂片及一些辅助材料的加工方法和使用技能。

技能目标：

- 能够正确选用合适工具对导线进行加工处理，掌握其加工成型工艺。
- 掌握绝缘材料、紧固件、小五金杂片等的使用技能。

知识目标：

- 了解导线、绝缘材料、紧固件、小五金杂片及一些辅助材料的种类。
- 熟悉常用导线、绝缘材料、紧固件、小五金杂片及一些辅助材料的用途。

任务一　导线的加工与应用

导线是电子产品中必不可少的线材，大多数电气连接都是由各种规格的导线来实现的。有些电子整机产品的质量问题，往往是由于导线线头加工不良而引起的。

任务分析

导线加工一般有选材、剪裁、剥头、捻头、清洁、浸锡等工序。请按要求在 6 节课内完成绝缘导线和屏蔽电缆线的加工，以及线把的扎制。具体要求如下。

（1）在加工操作前，仔细阅读导线的加工工艺要求。

（2）按照图 3-11、图 3-12、图 3-13，对绝缘导线、屏蔽电缆线的端头进行加工。

（3）加工过程中应注意选用恰当的工具，不可损伤导线的绝缘层及其线芯。

（4）按照图 3-14、图 3-15，对线把进行扎制。

教学方式

教学步骤	时间安排	教学方式（供参考）
阅读教材	课余	自学、查资料、相互讨论，重点阅读“操作分析”和“知识链接”
技能训练	4 课时	对导线端头的加工实训内容，由学生边学边练，同时教师示范操作
操作分析和知识链接的讲授	2 课时	在操作分析的讲授中，结合实物或多媒体课件演示；对知识链接的讲授多以案例为主
评估检测		教师与学生共同完成任务的检测与评估，并能对问题进行分析与处理

操作分析

一、绝缘导线的加工

1. 选材

根据工艺文件的要求，选取型号、尺寸、颜色等完全符合条件的导线，并进行标号。

2. 剪裁

导线的剪裁加工应遵循先长后短的顺序，即先剪长导线，后剪短导线，这样可以节约线材。手工剪裁导线时要拉直后再剪，一般应用剪刀、钢丝钳、斜口钳等钳口工具按照工艺文件的导线加工表的要求进行剪裁。大批量生产用导线应用自动剪切机剪裁。

3. 剥头

剥头是将导线的两端去掉一段绝缘层面而露出芯线的过程。其目的是使导线首、尾端能够事先浸锡，以便同接点连接，并使接点处具有良好的导电性能。剥头时不应该损坏芯线（断股）。剥头长度应符合工艺文件对导线的加工要求，其常见尺寸有 2mm、5mm、8mm、10mm 等，实际尺寸视具体工艺要求而定。

1）剥头的一般原则

（1）导线和电缆外表有多层绝缘和护套。剥线时应由外向内剥去。剥线的长度也应按照最外层剥去长度最长，内层要短一些的层次进行，最内层的长度最短。经过剥头后的单芯线和有护套的三芯线如图 3-1 所示。

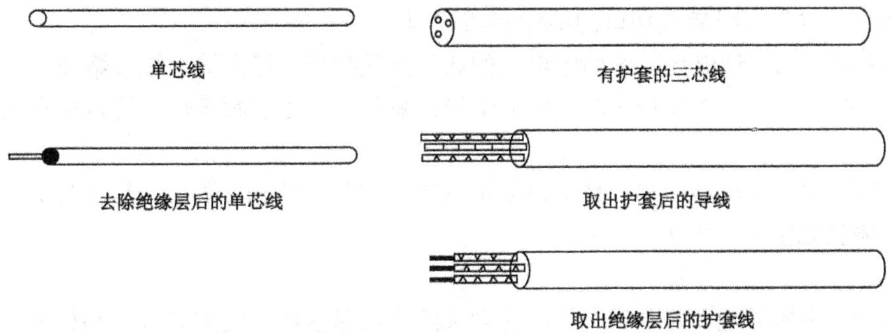

图 3-1　导线的剥头过程

（2）使用和调节所有剥头工具时，要注意不使刀具刃口切割到导线芯线。

（3）剥头时不要损伤芯线表面的镀层，以保持可焊性和连接的可靠性。

2）剥头方法

常用的剥头方法有刃剪法和热剪法两种。

（1）刃剪法。常用的工具有自动剥线钳、剪刀和钢丝钳等。使用剥线钳比较方便，其具体操作步骤如下：

一手握着待测导线，另一手握着钳柄 → 按照规定长度把导线插入钳内相应的刃口内 → 右手用力压紧剥线钳，刀刃切入绝缘层 → 右手松开剥线钳，夹爪夹着导线，绝缘层脱离 → 拉出剥下的绝缘层

注意事项：

使用剥线钳时要选择好对应的钳口，钳口过大剥不下线皮，而钳口过小会伤到线；用力要均匀，过大容易损坏钳子。

使用剪刀、钢丝钳剥导线头时，应根据线头所需长度用刃口轻切绝缘层，并在切口处多次弯曲导线，靠弯曲时的张力撕破残余的绝缘层。

对于规格较大的导线，也可以用电工刀剖削绝缘层。其具体方法如图 3-2 所示。

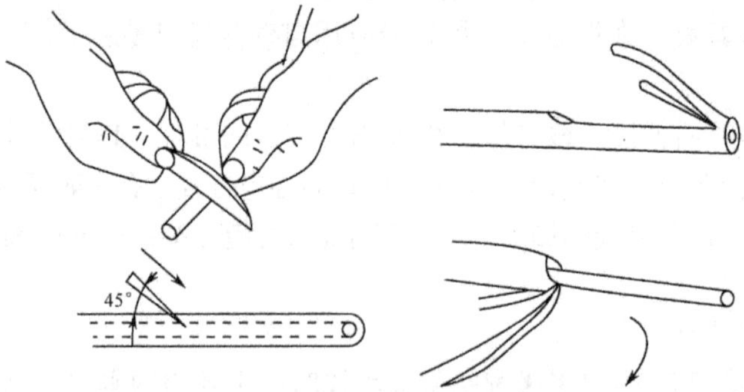

图 3-2　用电工刀剖削绝缘层的方法

从图中可以看到，在导线规定的长度处，先用刃口以 45°倾斜角切入导线绝缘层，然后使刀面与线芯保持 15°左右的角度，再用力向外削出一条缺口，将绝缘层剥离线芯，最后将导线反方向扳转，用电工刀将导线切口的绝缘层切齐即可。

（2）热剪法。利用通电热阻丝如电烙铁的热量加热导线，待四周绝缘层熔断后即可剥去绝缘层。该方法操作简单，不损伤芯线，但由于绝缘材料会产生有毒气体，所以应在通风条件下操作。

此外，对于漆包线可用一张折叠的细砂纸包在规定的剥线长度处，轻轻地打磨漆膜，重复几次，直到漆膜完全除去为止。

4. 捻头

捻头是针对多股导线而言的，这是因为剥去绝缘层后多股导线的芯线容易松开，如不经处理就上锡加工，线头直径会变大，影响装接使用。捻头时，应按芯线原来的合股方向扭紧。捻头的角度一般为 30°～45°，如图 3-3 所示。

5. 清洁

普通导线的端头在浸锡前应进行清洁处理，以便去除芯线表面的氧化层。对较粗的单股芯

线可采用刮、砂的方法，对较细的多股芯线应采用化学方法处理。

图 3-3 多股芯线的捻头角度

6. 浸锡

导线经过剥头、捻头和清洁工序后，应及时浸锡，以防氧化。浸锡后线芯表面光洁、均匀，不允许有毛刺；绝缘层不能起泡、烫焦或破裂等。

二、屏蔽电缆线的加工

屏蔽电缆线是指单股或多股绝缘导线外层套上一层由铜或铝制作的金属屏蔽层后的导线，它可以抑制外界环境的电磁场干扰。在电子产品整机装配中，常用屏蔽电缆线连接单元电路间的信号。

1. 屏蔽电缆线的抽头工艺

屏蔽电缆线的加工除包含一般导线的加工工艺外，还需要将金属屏蔽层与线芯分开，俗称屏蔽层的抽头。

抽头时应先剥离金属屏蔽层。注意剥离的长度不宜过大，否则会影响屏蔽效果。剥离的长度应根据工作电压而定，如 600V 以下电压时的抽头长度取 10～20mm。工作电压越高，抽头长度越长。抽头的具体操作工艺如下。

（1）如图 3-4（a）所示，将金属屏蔽层的铜网放松，用划针在铜网适当距离处挑出一个小孔，并用镊子把小孔扩大。

（2）弯曲金属屏蔽层，从孔中取出芯线，如图 3-4（b）所示。

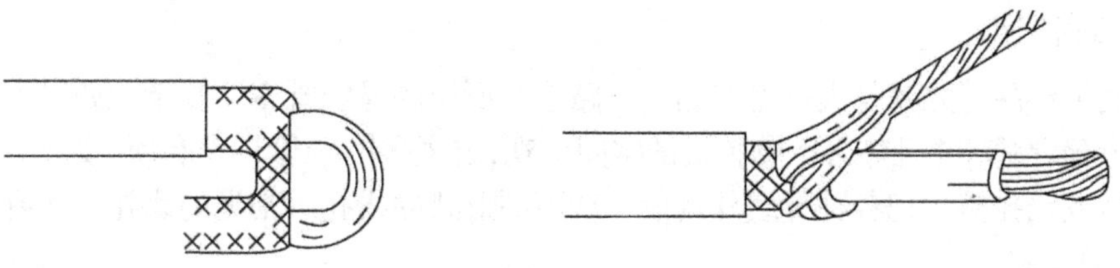

（a）挑孔并放大　　（b）取芯线

图 3-4 屏蔽电缆线的抽头示意图

2. 屏蔽电缆线的端头加工

屏蔽电缆线的端头加工方法分为不接地线端头加工和接地线端头加工两种。

（1）屏蔽电缆线不接地线端头加工。如图 3-5 所示。其中，图（a）所示为按照工艺要求截取一段屏蔽电缆线；图（b）所示为用热剪法或刃剪法剥去屏蔽电缆线外绝缘层；图（c）所示为剪去一段金属屏蔽网线并剥头；图（d）所示为将余下一段金属屏蔽网线翻转过来；图（e）所示为套上热缩套管并加热使套管收紧。

（2）屏蔽电缆线接地线端头加工。如图 3-6 所示。其中图（a）所示为按照工艺要求截取一段屏蔽电缆线；图（b）所示为用热剪法或刃剪法剥去屏蔽电缆线外绝缘层；图（c）所示为从金属屏蔽网线中抽出带绝缘层的芯线并剥头；图（d）所示为将金属屏蔽网线剪齐、拧紧、浸锡；图（e）所示为在金属屏蔽网线端头焊接或压接上接线端子。两图中的 L_1 表示芯线显露的长度；L_2表示金属屏蔽层剥离的长度。

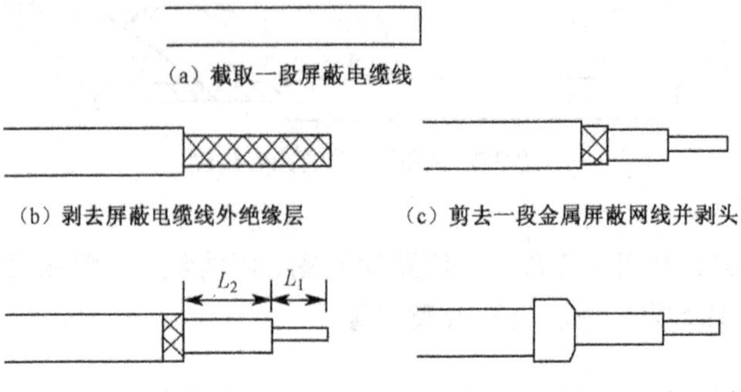

（a）截取一段屏蔽电缆线

（b）剥去屏蔽电缆线外绝缘层　（c）剪去一段金属屏蔽网线并剥头

（d）翻转余下一段金属屏蔽网线　（e）套上热缩套管并加热使套管收紧

图 3-5　屏蔽电缆线不接地线端头加工

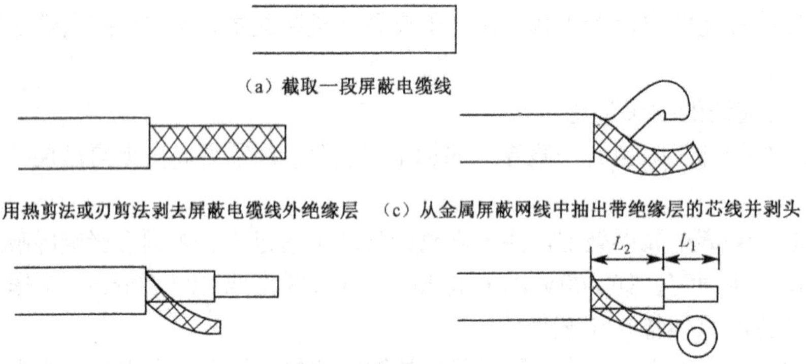

（a）截取一段屏蔽电缆线

（b）用热剪法或刃剪法剥去屏蔽电缆线外绝缘层　（c）从金属屏蔽网线中抽出带绝缘层的芯线并剥头

（d）将金属屏蔽网线剪齐、拧紧、浸锡　（e）在金属屏蔽网线端头焊接或压接上接线端子

图 3-6　屏蔽电缆线接地线端头加工

三、线扎的制作

一件电子产品，尤其是大中型产品，电路连接所用的导线既多又复杂，如果不加以整理，就会显得十分混乱，并且势必影响整机的空间美观，给检测、维修带来麻烦。为解决这个问题，常常用线绳或线扎搭扣把各种导线扎制成各种不同形状的线扎。常见的线扎工艺有以下几种。

1. 线绳绑扎

绑扎线束的线绳有棉线、亚麻线、尼龙线等。绑扎前应先把它们放在温度不高的石蜡中浸一下，以增加绑扎的涩性，使线扣不易松脱。线绳绑扎示意图如图 3-7 所示。其中图（a）所示是起始线扣的结扣方法，即先绕一圈，拉紧再绕第二圈。第二圈与第一圈靠紧；图（b）所示为绕一圈后的结扣方法；图（c）所示为绕二圈后的结扣方法；图（d）所示为终端线扣的绕法，即先绕一个中间线扣，再绕一圈固定扣。

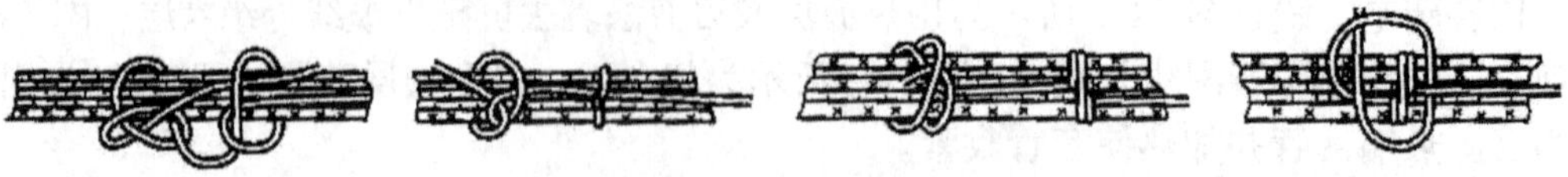

（a）起始线扣的结扣方法　（b）线一圈后的结扣方法　（c）绕二圈后的结扣方法　（d）终端线扣的绕法

图 3-7　线绳绑扎示意图

2. 线扣绑扎

线扣绑扎比较简单易行，但只能一次性使用。线扣有多种式样，如图 3-8 所示。

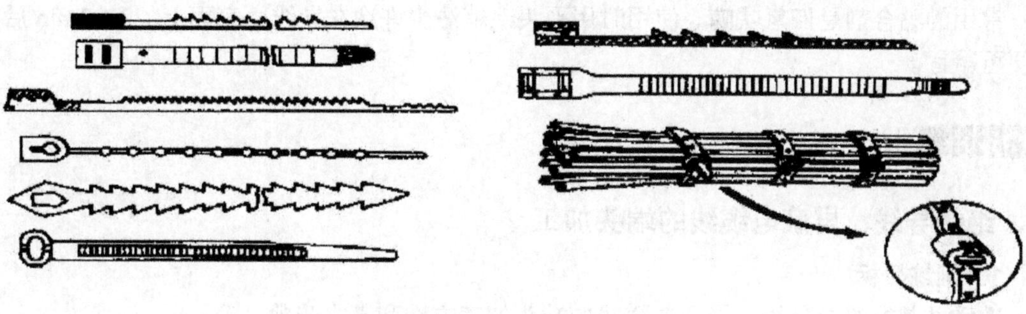

图 3-8　线扣式样及绑扎示意图

注意事项：

用线扣绑扎时，可以手工拉紧，也可以用专业工具拉紧，但不能过紧，以免损坏线扣锁。在适当拉紧后剪去多余长度就完成了一个线扣的绑扎。

3. 装套管

套管可以不用绑扎而将数股导线约束成线扎，如图 3-9 所示。

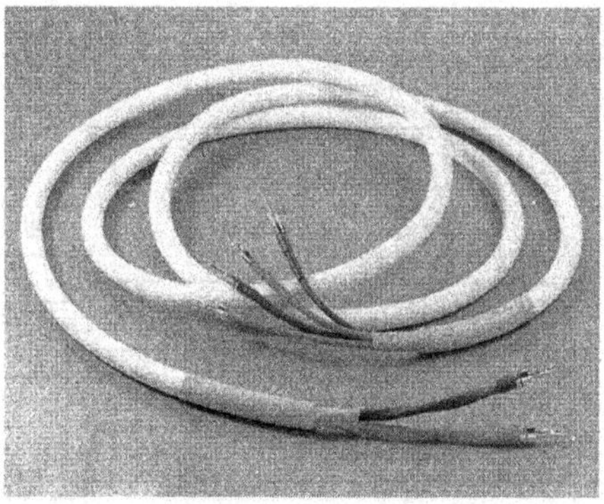

图 3-9　装套管

常用的套管有热缩套管、可换套管和拉链套管三种。其中热缩套管的使用方法最简单，只要选择相应直径的热缩套管，按照工艺要求剪切成一定长度，将导线一一穿过套管，整理导线束后，加热即成为一定形式的线扎。

4. 黏合剂粘合

导线很少时，可用黏合剂将导线粘合成线束，如图 3-10 所示。

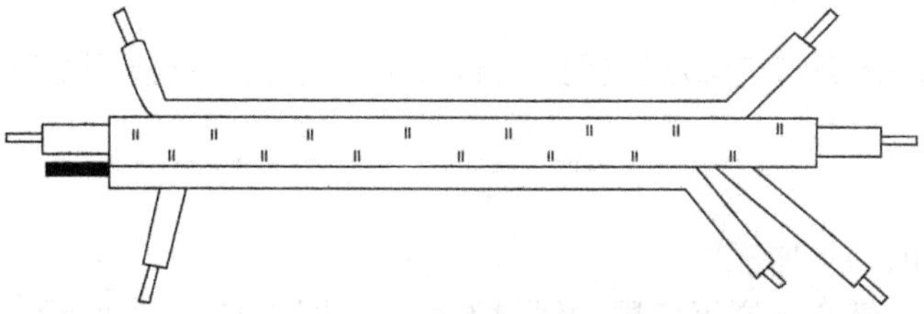

图 3-10　导线粘合示意图

常用的黏合剂是四氢呋喃。使用时用平头毛笔沾少许涂在导线束表面上，2～3min 后黏合剂便可凝固。

技能训练

一、绝缘导线、屏蔽电缆线的端头加工

1. 训练目标

熟悉并掌握绝缘导线、屏蔽电缆线的端头加工方法和基本步骤。

2. 训练器材

适量的多股普通绝缘导线、屏蔽电缆线；剥线钳、剪刀、电工刀、烙铁、松香、焊锡、镊子等。

3. 训练内容

1）绝缘导线的端头加工

（1）截取 100mm 长的多股绝缘导线 5 段，如图 3-11（a）所示。

（2）用刃剪法分别剥去导线两端的绝缘层 5mm 和 10mm，如图 3-11（b）所示。

（3）按要求将导电芯线边捻紧边拉直，如图 3-11（c）所示。

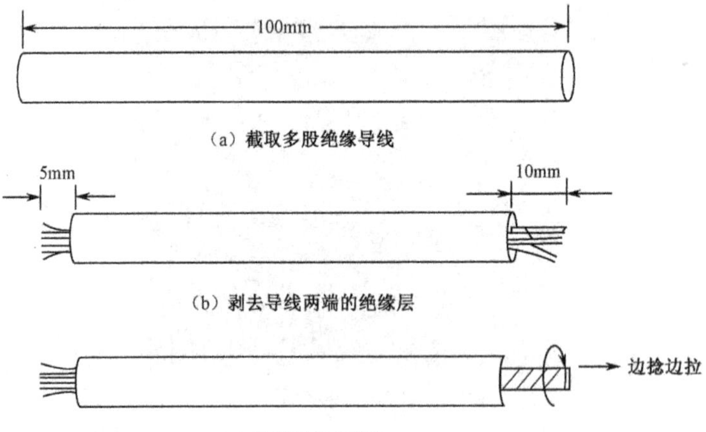

（a）截取多股绝缘导线

（b）剥去导线两端的绝缘层

（c）捻紧并拉直芯线

图 3-11　绝缘导线的剥头、捻紧示意图

（4）将捻紧的芯线放在松香表面，待电烙铁加热后蘸上焊锡，适当用力将烙铁头压在芯线表面，然后慢慢移动烙铁头，并转动导线，重复几次，使芯线表面均匀浸锡，如图 3-12 所示。

注意事项：

浸锡面与绝缘层应保持 2mm 距离，且锡不能浸到绝缘层上。

2）屏蔽电缆线的端头加工

（1）截取 150mm 带有金属屏蔽层的线材 5 段，如图 3-13（a）所示。

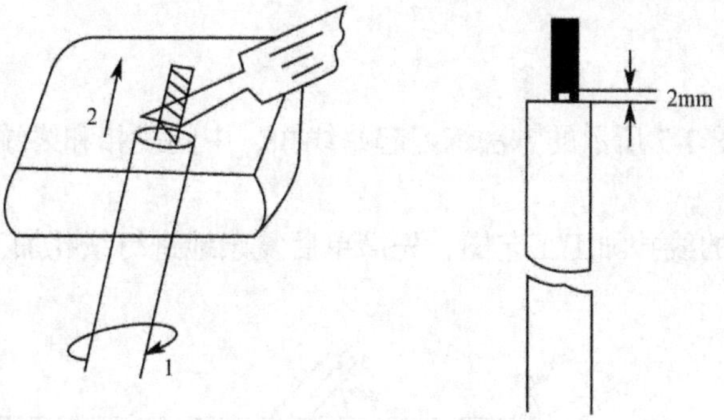

图 3-12 绝缘导线的浸锡示意图

（2）用刃剪法分别去掉导线两端的绝缘层 20mm 和 30mm，如图 3-13（b）所示。

（3）从金属编织套中抽出芯线，如图 3-13（c）所示。操作时可用镊子在金属编织套上拨开一个小孔，弯曲金属屏蔽层，从孔中取出芯线。

（4）对芯线端头分别剥头 10mm 和 15mm，如图 3-13（d）所示。若用刃剪法，应先形成横向切口，然后边拉边转动芯线绝缘层，最后既可将导电芯线捻紧又可拉直，如图 3-13（e）所示。

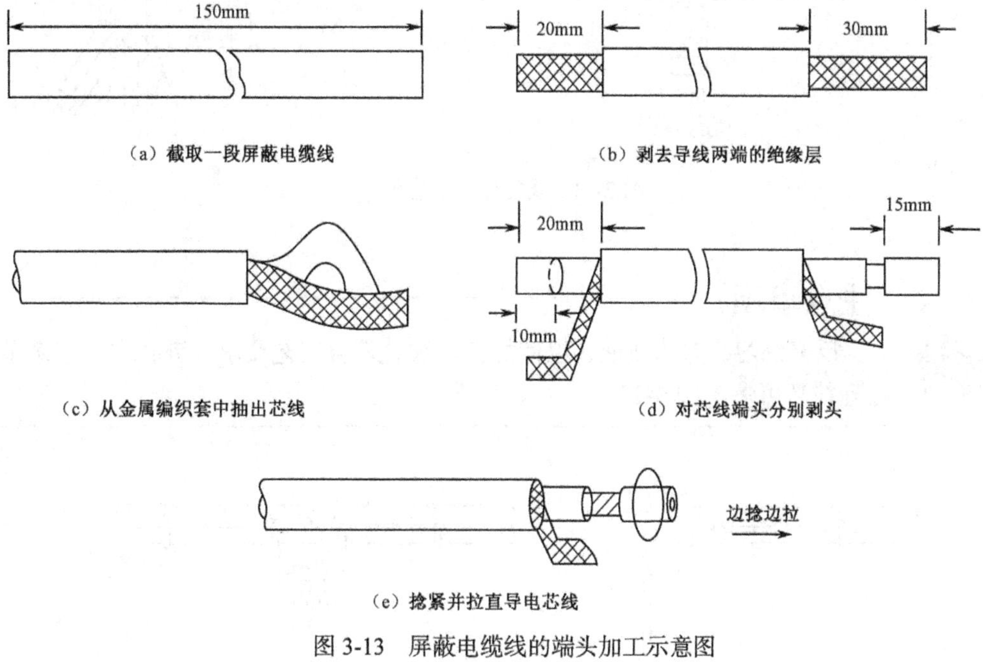

（a）截取一段屏蔽电缆线　（b）剥去导线两端的绝缘层

（c）从金属编织套中抽出芯线　（d）对芯线端头分别剥头

（e）捻紧并拉直导电芯线

图 3-13 屏蔽电缆线的端头加工示意图

（5）将金属编织套捻紧成线状，并对捻紧的导电芯线、编织线浸锡。

二、线把扎制

1. 训练目标

熟悉并掌握线绳绑扎的方法和基本步骤。

2. 训练器材

剪刀、镊子、绑扎线绳、焊片、竹竿（筷子）、导线

3. 训练内容

1）模拟练习

先利用竹竿按照图 3-7 所示的方法练习起始线扣、中间线扣和终端线扣的系法。

2）实训操作

依据图 3-14 提供的线扎加工工艺图，先简单后复杂地进行线扎加工的练习。

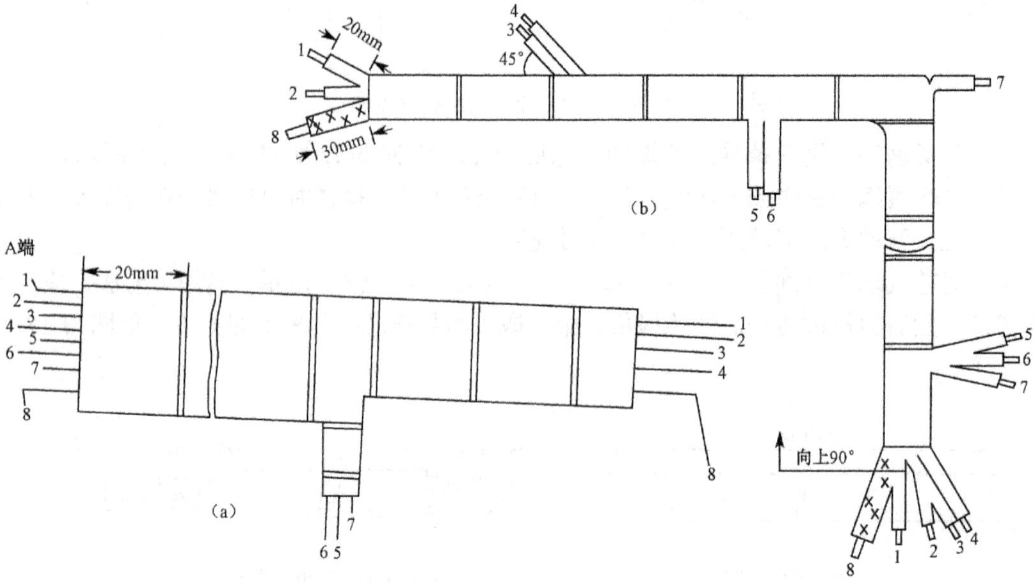

图 3-14　线扎加工工艺图

注意事项：

反复练习，熟练技能，以使加工的线扎符合工艺要求。绑扎中一些细节的处理技巧可参考图 3-15。

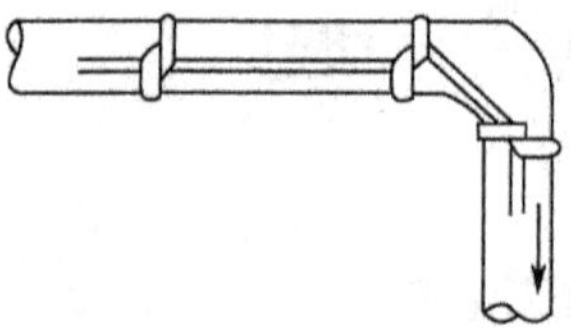

（a）线扎拐角处的系法

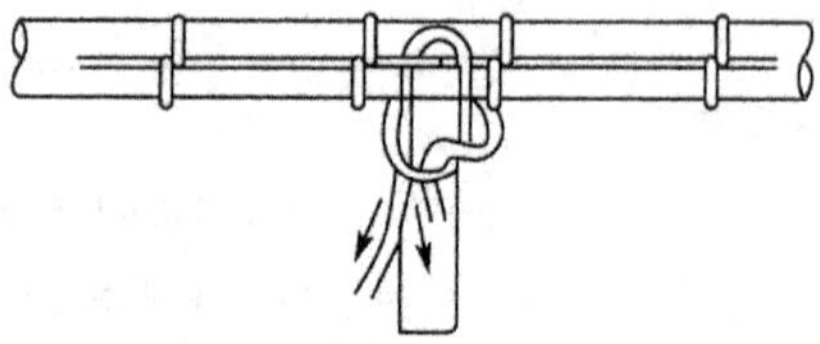

（b）支路扎线起头的方法

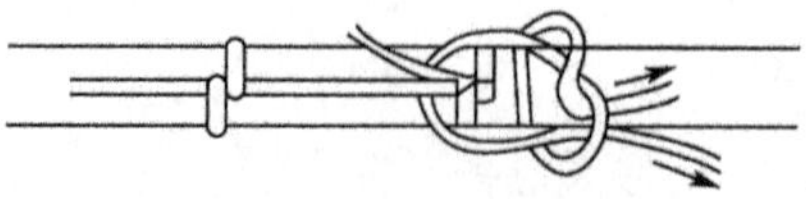

（c）中途扎线不够时的处理方法

图 3-15　线扎细节处理示意图

技能评价

任务检测与评估

检测内容	分　值	评分标准	学生自评	教师评估
工具使用	10	各种工具用途不明确，扣 4～10 分；各种工具使用方法不正确，扣 4～10 分		
导线的剪裁	10	全长允许误差为 5%～10%，出现负误差，每根扣 2 分		
剥头	20	绝缘层破裂，每根扣 2 分；损伤芯线扣 3 分；线头超长扣 2 分		
捻头	10	松散、断股，每根扣 3 分		
浸锡	10	浸锡不光滑，每头扣 1 分；烙铁伤绝缘层扣 4～10 分		
线把扎制	20	扎线松散，每处扣 2 分；不符合工艺要求，扣 4～10 分		
安全操作	10	不按照规定操作、损坏仪器，扣 4～10 分		
现场管理	10	结束后没有整理现场，扣 4～10 分		
合计	100			

知识链接

一、导线的分类

导线是能够导电的金属线，是电能的传输载体，大多数由铜、铝等高导金属制成圆形截面，少数按照特殊要求制成矩形或其他形状的截面。电子产品中使用的几乎都是铜线。

电子产品中常用的导线有以下几种。

1. 裸线

裸线是指没有绝缘层的单股或多股铜线，大部分作为电线电缆的导电线芯使用，少部分则直接使用。

2. 电磁线

电磁线是指有绝缘层的铜线，其绝缘方式有在铜线表面涂漆或外缠纱、丝等，主要用于绕制电机、变压器、电感线圈等的绕组，因此也称为绕组线。

3. 绝缘线

绝缘线是指在裸线表面裹以不同种类的绝缘材料，主要用于电子产品的电气连接。它根据用途和导线结构分为固定敷设电线、绝缘软电线和屏蔽线。

4. 排线

排线也称为扁平电缆，一般用于数字电路中。已安装接插头的排线如图 3-16 所示。

排线与插头和插座的尺寸、导线数一一对应，并且不用焊接就能实现可靠的连接，也不容易产生导线错位。目前使用较多的排线，单根导线为 7mm×0.1mm，外皮为聚氯乙烯。

5. 电线电缆

电线电缆主要由芯线、绝缘层、屏蔽层、护套等部分组成，其结构示意图如图 3-17 所示。

图 3-16　已安装接插头的排线

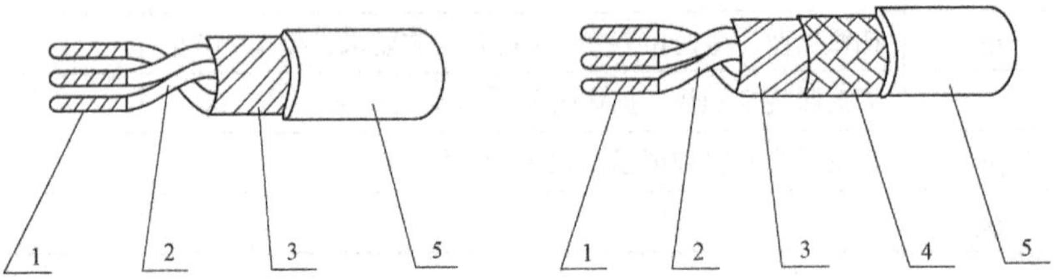

1—镀锡铜丝芯线；2—聚氯乙烯绝缘；3—薄膜绕包；4—镀锡铜丝编织；5—聚氯乙烯护套

图 3-17　电线电缆的结构示意图

（1）芯线。芯线又称导体。在电子设备中，其材料为铜丝或铜绞丝。

（2）绝缘层。绝缘层用于隔离相邻导体或防止导体之间发生接触，要求有良好的绝缘性能和适当的机械物理性能。

（3）屏蔽层。屏蔽层用于抑制电路内外电场的干扰。屏蔽层一般用金属带丝包或用细金属绕制而成，也有采用多层复合屏蔽、镀膜屏蔽和管状导体的。

（4）护套。护套是包裹在电线电缆和屏蔽外表面的保护层，起防潮和机械保护作用。其常用的材料有聚氯乙烯管（带）、尼龙编织套等。

二、常用导线的命名方法和用途

（1）常用导线的命名方法如表 3-1 所示，射频电缆的命名方法如表 3-2 所示。

表 3-1　常用导线的命名方法

分类		绝缘		护套		派生	
符号	意义	符号	意义	符号	意义	符号	意义
A	安全线缆	V	聚氯乙烯	V	聚氯乙烯	P	屏蔽
B	布电线	F	氟塑料	H	橡套	R	软
F	飞机用低压线	Y	聚乙烯	B	编织套	S	双绞
R	日用电器用软线	X	橡皮	L	腊克	B	平行
Y	一般工业移动电器用线	ST B	天然丝 聚丙烯	N	尼龙套	D	带型
T	天线	SE	双丝包	SK	尼龙丝	T	特种

表 3-2 射频电缆的命名方法

分类		绝缘		护套		派生	
符号	意义	符号	意义	符号	意义	符号	意义
S	射频同轴电缆	Y	聚乙烯实芯	V	聚氯乙烯	P	屏蔽
SE	射频对称电缆	YF	发泡聚乙烯半空气	F	氟塑料	Z	综合式
ST	特种射频电缆	YK	纵孔聚乙烯半空气	B	玻璃丝编织浸有硅漆	D	镀铜屏蔽层
SJ	强力射频电缆	X	橡皮				
SG	高压射频电缆	D	聚乙烯空气	H	橡套		
SZ	延迟射频电缆	F	氟塑料实芯	VZ	阻燃聚氯乙烯		
SS	电视电缆	U	氟塑料空气	Y	聚乙烯		

（2）常用导线的用途如表 3-3～表 3-6 所示。

表 3-3 常用裸线的用途

分类	名称	型号	主要用途
裸单线	圆铝线（硬、半硬、软） 圆铜线（硬、软） 镀锡软圆铜单线	LY，LYB，LR TY，TR TRX	供电线电缆及电气设备制品用（电机、变压器等），硬圆铜线可用于电力及通用架空线路
裸绞线	铝绞线 铜芯铝绞线	LT LGJ, LGJQ, LGJJ	供高、低压输出线路用
软接线	铜电刷线（裸、软裸） 纤维编软电刷线（铜、软铜）	TS，TSR TSX，TSXR	供电机、电器线路连接电刷用
	裸铜软绞线	TRJ，TRJ—124	供移动电器、连接线用
型线	扁铜线（硬、软） 铜带（硬、软） 铜母线（硬、软） 铝母线（硬、软）	TBY，TBR TDY，TDR TMY，TMR LMY，LMB	供电机、电器、安装配电设备及其他电工方面用
	空心导线（铜，铝）	TBRK，LBRK	供水内冷电机、变压器用，作为绕组线圈的导体

表 3-4 常用电磁线的用途

分类	名称	型号	主要用途
漆包线	油性漆包线	Q	中高频线圈及仪表、电器的线圈
	缩醛漆包铜线（圆、扁）	QQ—1～3，QQB	普通中小电机绕组、油浸变压器线圈、电器仪表用线圈
	聚氨酯漆包圆铜线	QA—1～2	要求 Q 值稳定的高频线圈、电视用线圈和仪表用微细线圈
	聚酯漆包扁铜线	QZ—1～2	中小型电器和仪表用线圈
	改性聚酯亚胺漆包圆、扁铜线	QZY—1～2，QZYHB	高温电机、制冷电机绕组，干式变压器线圈、仪表用线圈
	耐冷冻漆包圆铜线	QF	空调设备和制冷设备电机的绕组

续表

分类	名称	型号	主要用途
绕包线	纸包铜线（圆、扁）	Z，ZB	油浸变压器线圈
	双玻璃丝包铜线（圆、扁）	SBEC，SBECB	中、大型电机的绕组
	聚酰胺薄膜绕包线	Y，YB	高温电机和特种场合用电机的绕组
特种电磁线	换位导线	QQLBH	大型变压器线圈
	聚乙烯绝缘尼龙护套湿式潜水电机绕组线	QYN，SYN	潜水电机的绕组

表 3-5　常用通信电缆的用途

名称	型号	主要用途
橡皮广播电缆	SBPH	用于无线广播、录音和留声机设备，固定安装或移动式电气设备的连接。使用温度：－50～＋50℃
橡皮软电缆	YHR	
橡皮安装电缆	SBH，SBHP	
聚氯乙烯绝缘同轴射频电缆	SYV	用做固定式无线电装置。使用温度：－40～＋60℃
空气-聚乙烯绝缘同轴射频电缆	SIV—7	
耐高温射频电缆	SFB	用做耐高温的无线电设备连接线，可传输高频信号。使用温度：－55～＋250℃
铠装强力射频电缆	SJYYP	适用做传输高频电能。使用温度：－40～＋60℃
双芯高频电缆	SBVD	适用做电视接收天线引线（馈线）。使用温度：－40～＋60℃
聚氯乙烯安装电缆	AVV	适用于野外线路及仪表的固定安装。使用温度：－40～＋60℃

表 3-6　常用绝缘电线电缆的用途

分类	名称	型号	主要用途
固定敷设电线	橡皮绝缘电线	BXW，BLXW，BXY，BLXY	适用于交流500V以下的电气设备和照明装置的固定敷设。长期工作温度不超过65℃
	聚氯乙烯绝缘电路	BV，BLV，BVR，BLVV，BV—105	适用于交流电压450/750V及以下的动力装置的固定敷设
绝缘软电线	聚氯乙烯绝缘软电线	RV，RVB（平行连接软线），RVS（双绞线），RWB，RV—105	适用于交流额定电压450/750V及以下的家用电器、小型电动工具、仪器仪表及动力照明等装置。长期工作温度低于50℃，RV—105低于105℃
	橡皮绝缘编织软电线	RXS，RX，RXH	适用于交流额定电压300V及以下的室内照明灯具、家用电器和工具等。长期工作温度不超过65℃
	橡皮绝缘平软型电线	RXB	适用于各种移动式的额定电压250V及以下的电气设备、无线电设备及照明灯具等。长期工作温度不超过60℃
户外用聚氯乙烯绝缘电线	铜芯聚氯乙烯电线 铅芯聚氯乙烯绝缘电线	BVW BLVW	适用于交流额定电压450/750V以下的户外架空固定敷设电线。长期允许工作温度为－20℃～＋70℃

续表

分类	名称	型号	主要用途
铜芯聚氯乙烯绝缘安装电线	聚氯乙烯绝缘安装电线	AV	适用于交流电压250V以下或直流电压500V以下的弱电流仪表或电信设备电路的连接，使用温度为−60℃～+70℃
	聚氯乙烯绝缘软电线	AVR	
	聚氯乙烯屏蔽绝缘安装软线	AVRP	
	纤维聚氯乙烯绝缘安装线	ASTV，ASTVR，ASTVRP	适用做电气设备、仪表内部及仪表之间的固定安装用线。使用温度为−40℃～+60℃
专用绝缘电线	绝缘低压电线	QVR，QFR	供汽车、拖拉机中电器、仪表连接及低压电线之用
	绝缘高压电线	QGV，QGXV，QGVY	适用做汽车、拖拉机等发动机、高压点火器的连接线
	航空导线与特殊安装线	FVL，FVLP，FVN，FVNP	适用于飞机上的低压线的安装
电力电缆	油浸纸绝缘电缆	ZLL，ZL，ZLQ，ZLLF，ZLQQ，ZLDF，ZLCY	1～35kV级，用于在电网中传输电能
	塑料绝缘电缆	VLV，VV，YLV	110kV级，防腐性能好
		YJLV	6～220kV级
	橡皮绝缘电缆		0.5～35kV级，用做发电厂、变电站等的连接线
	气体绝缘电缆 新型电缆（低湿超导）		220～500kV级电网中使用

知识拓展

导线的选用

导线的选用要从电路条件、环境条件、机械条件等方面综合考虑。

1. 电路条件

（1）允许电流。导线在常温下工作的电流值要小于允许的电流值。

（2）导线电阻的压降。导线较长时要考虑导线电阻对电压的影响。

（3）额定电压。使用时，电路的最大电压要低于额定电压。

（4）使用频率。应对不同的频率选用不同的线材，且要考虑高频信号的集肤效应。

（5）特性阻抗。在高频时应特别注意阻抗匹配，否则会产生反射波，破坏传输的信号。特性阻抗有50Ω和75Ω两种，国际上优选50Ω。

（6）信号电平和屏蔽。当信号电平较小时易受噪声信号的干扰，因此常采用屏蔽线来克服。

2. 环境条件

（1）温度。温度会使导线绝缘层变软、变硬而造成短路，因此，所选导线应满足环境温度的要求。

（2）耐电化性。一般情况下，导线不要与化学物质、日光直接接触。

3. 机械条件

所选导线应具备抗拉伸、耐磨和柔软性，且具备质量轻、抗振动等特性。

除此之外，选用导线时还应考虑其安全性，防止火灾和人身事故的发生。易燃材料不能用做导线的敷层。为了整机装配及维修方便，导线绝缘套管的颜色选用要符合习惯、便于识别。通常导线颜色的选择如表 3-7 所示。

表 3-7　导线颜色的选择

电路种类		导线颜色	电路种类		导线颜色
交流线路/接线地址		白、灰/绿、绿底黄纹、黑	指示灯		青
直流线路	+	红、白底红纹、棕	显像管电极	灯丝	青
	0	黑、紫		阴极	绿
	−	青、白底青纹		加速极	红
晶体管	发射极	红、棕		帘栅极	橙、黄
	基极	黄、橙		聚焦极	橙、红
	集电极	青、绿	立体声	右声道	红、橙
				左声道	白、灰

任务二　绝缘材料的加工与应用

具有高电阻率、能够隔离相邻导体或防止导体间发生接触的材料称为绝缘材料，又称电介质。它不仅具有较高的绝缘电阻和耐压强度，还具有良好的耐热性、导热性、防霉耐潮性及较高的机械强度和可加工性等特点。

任务分析

绝缘材料常常与导线配合使用，主要用于导线的包扎、衬垫、护套等。请按要求在 1 节课内完成绝缘材料的应用方法的练习。具体要求如下。

（1）在加工操作前，仔细阅读绝缘材料的加工操作分析。

（2）按照电缆接头热缩套管封合的技术要求，应用热缩套管对电缆接头封合。

（3）加工过程中应注意选用恰当的工具，不可损伤导线的绝缘层。

教学方式

教学步骤	时间安排	教学方式（供参考）
阅读教材	课余	自学、查资料、相互讨论，重点阅读“操作分析”和“知识链接”
技能训练	1 课时	对绝缘材料的加工实训内容，由学生边学边练，同时教师示范操作
操作分析和知识链接的讲授	1 课时	在操作分析的讲授中，结合实物或多媒体课件演示；对知识链接的讲授多以案例为主
评估检测		教师与学生共同完成任务的检测与评估，并能对问题进行分析与处理

操作分析

热缩套管的使用

绝缘材料有好多种，都用于电器的绝缘保护，其使用方法也很简单。其中热缩套管应用较普遍。下面以电线接头的绝缘封合为例介绍热缩套管的使用方法。

第一步：选择大小适合的热缩套管。热缩套管的直径一般要比电线的直径大 1.5～2.0 倍，否则线的接头处会塞不进去，但也不要过大，如图 3-18（a）所示。

第二步：选取热缩套管的适合长度，不要太短，然后将热缩套管套进电线中，如图 3-18（b）所示。

第三步：线头接好后，可以用吹风机对着热缩套管吹热风，或是用打火机点火加热，直到热缩套管完全收缩即可，如图 3-18（c）所示。

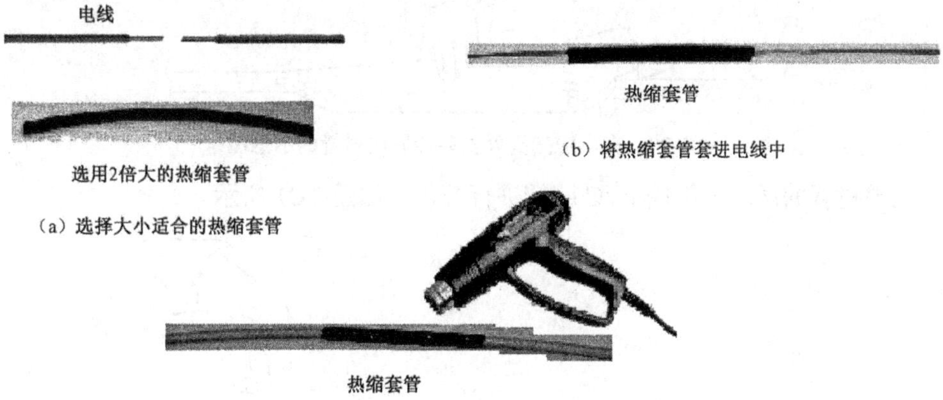

（a）选择大小适合的热缩套管

（b）将热缩套管套进电线中

（c）加热使热缩套管完全收缩

图 3-18　热缩套管的使用方法

技能训练

电缆接头热缩套管封装训练

1. 训练目标

掌握热缩套管的封装操作方法及标准要求；正确使用喷灯。

2. 训练器材

电缆线、热缩套管、喷灯、剥线钳、尖嘴钳、电缆屏蔽线、PVC 胶带。

3. 训练内容

1）全塑电缆接续套管及其封合的技术要求

由于全塑电缆线路的外界环境复杂、多变，外界影响因素较多，所以既要考虑经常性因素，如夏季烈日照射、严冬的低温和冰凌、风雨和气温变化及潮气水分带来的影响，又要考虑突发现象，如雷电、台风、地震的影响和电力烧伤、直流管线的泄漏腐蚀等影响。根据电缆线路的维护经验，电缆线路的故障大部分发生在电缆接头封合处，因此选用合适的封合材料和方式正确进行全塑电缆接头封合对设计、施工和维护工作具有极其重要的意义。

2）全塑电缆接续套管及其封合的步骤

（1）电缆芯线接续完毕后，在电缆接头处安装专用屏蔽线，如图 3-19 所示。

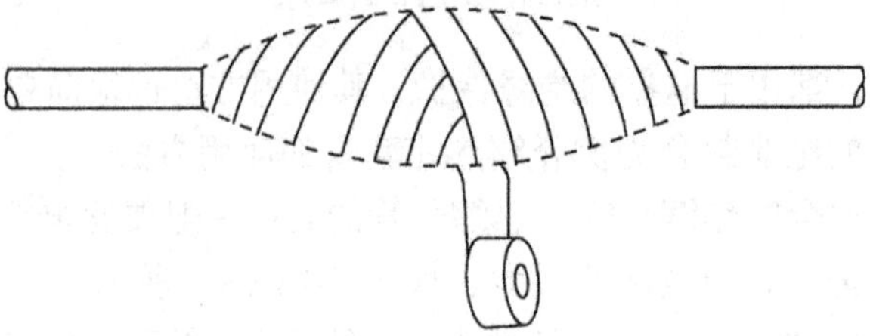

图 3-19　在电缆接头处安装专用屏蔽线的示意图

（2）在电缆接头处安装金属内衬管，并把纵剖面拼缝用铝箔条或用 PVC 胶带粘接固定，如图 3-20 所示。

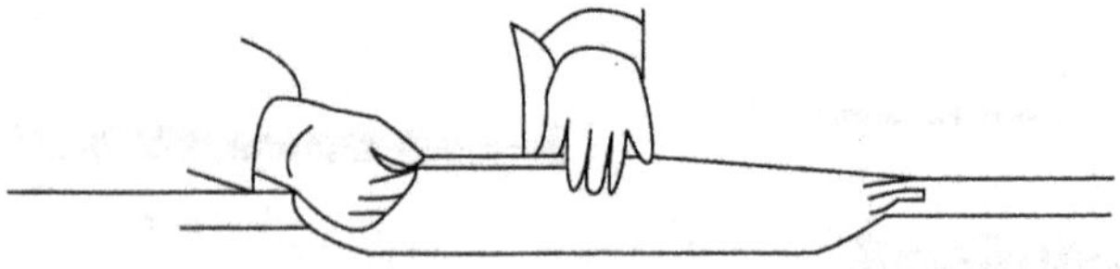

图 3-20　在电缆接头处安装金属内衬管的示意图

（3）把内衬管的两端全部用 PVC 胶带进行缠包，如图 3-21 所示。

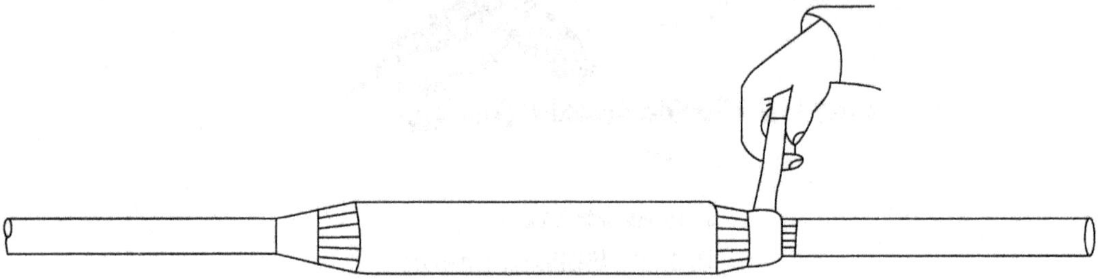

图 3-21　用 PVC 胶带缠包内衬管的示意图

（4）用清洁剂清洁内衬管的两端电缆外护套，长度为 200mm，如图 3-22 所示。

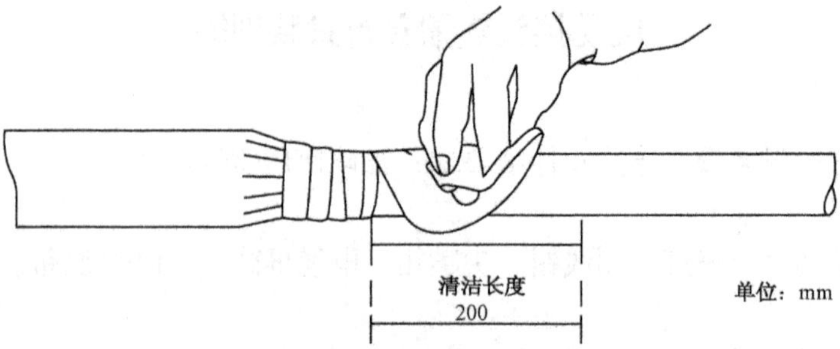

图 3-22　清洁内衬管两端电缆外护套的示意图

（5）用砂布条打磨电缆清洁部位，如图 3-23 所示。

（6）在热缩套管两侧向内侧 20mm 处的电缆护套划上标记，把隔热铝箔贴缠在电缆所划的标记外部，如图 3-24 所示。

（7）将热缩套管居中装在接头上，如遇有分支电缆时，应装上分歧夹，如图 3-25 所示。

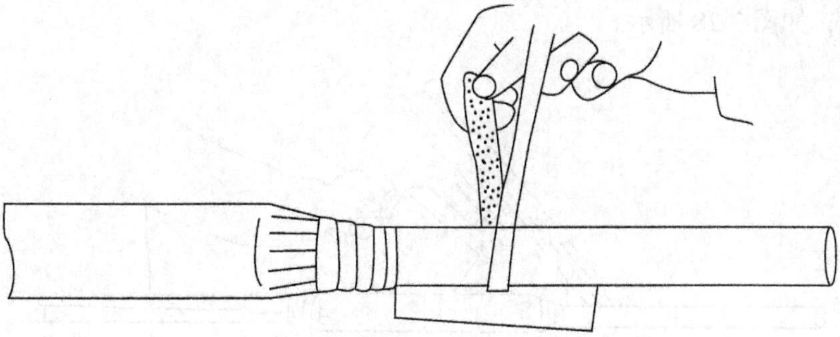

图 3-23 用砂布条打磨电缆清洁部位的示意图

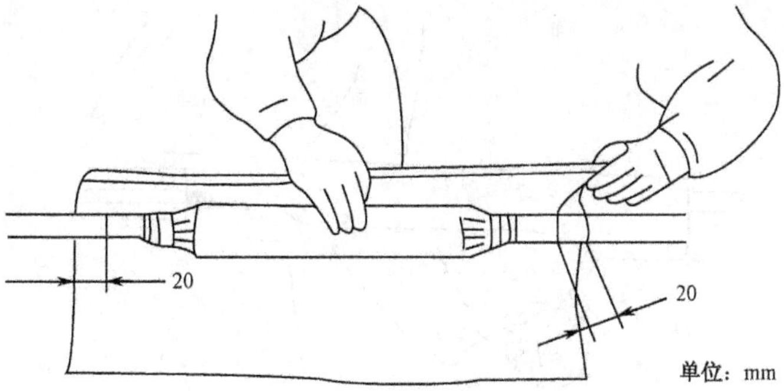

图 3-24 用隔热铝箔贴缠电缆的示意图

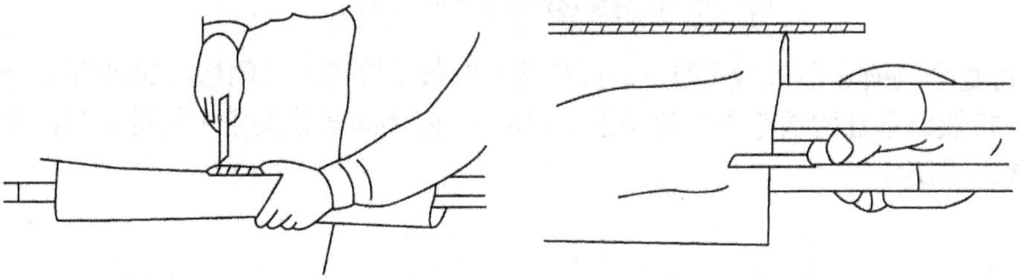

图 3-25 电缆套装热缩套管的示意图

（8）在分歧电缆一端，距热缩套管 150mm 处用扎线永久绑扎固定后，方可进行加温烘烤，如图 3-26 所示。

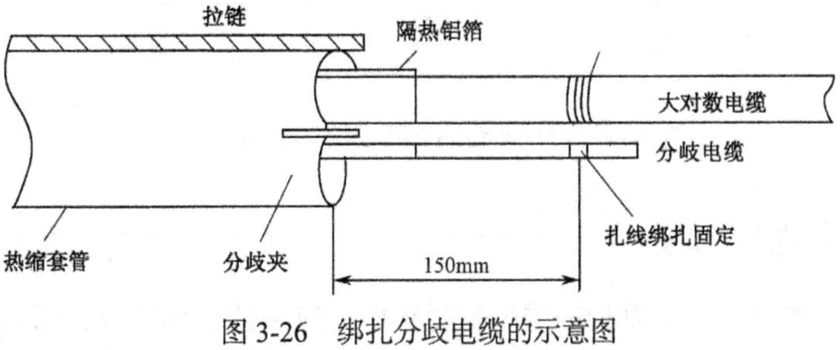

图 3-26 绑扎分歧电缆的示意图

（9）用喷灯首先对热缩套管夹条（拉链）两侧进行加热，使热缩套管夹条（拉链）两侧先收缩，然后再从热缩套管中下方加热，如图 3-27 所示。

（10）待热缩套管下方加温收缩后，喷灯向两端（先从任一端）圆周移动加热，温度指示漆均应变色，直至完全收缩，再把喷灯移到另一端，仍然是圆周移动加热，直至整个热缩套管收缩成型为止，如图 3-28 所示。

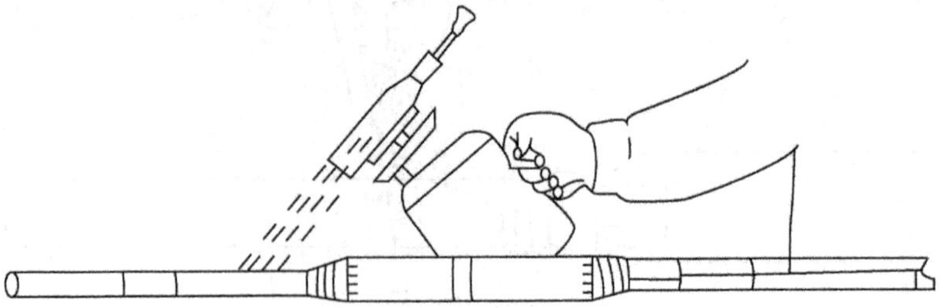

图 3-27　喷灯加热热缩套管的示意图（一）

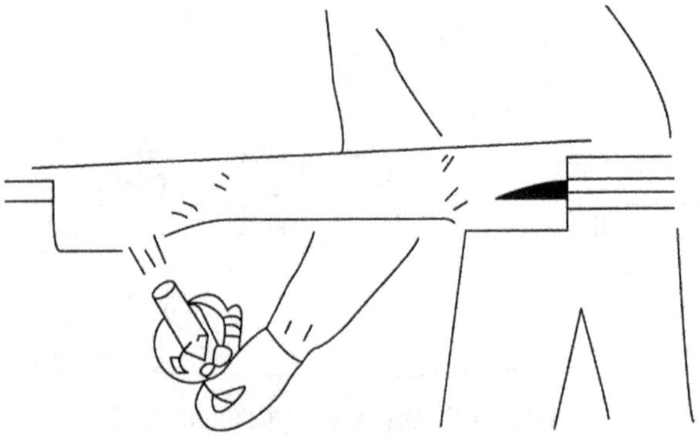

图 3-28　喷灯加热热缩套管的示意图（二）

（11）待整个热缩套管加热成型后，再对整个夹条（拉链）两侧均匀加热约 1min，然后用锤子柄轻敲打热缩套管两端弯头处的夹条（拉链），使热缩套管夹条（拉链）与内衬管紧密黏合，如图 3-29 所示。

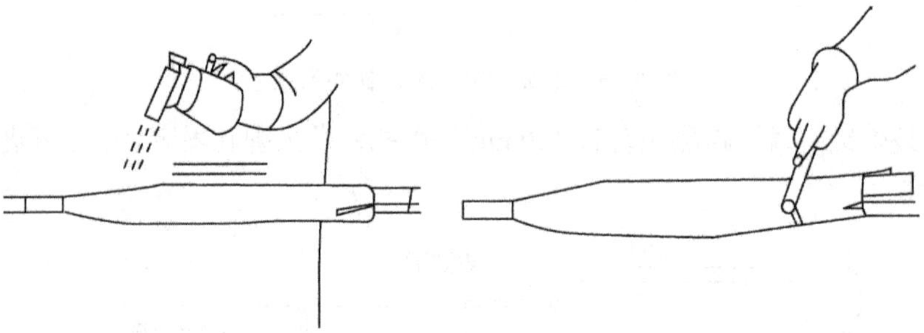

图 3-29　喷灯加热热缩套管的示意图（三）

注意事项：

整个热缩套管加热成型的过程中，应平整、无折皱、无烧焦现象，温度指示漆均应变色，套管两端应有少量热熔胶流出；如果指示色点没有完全变色，或套管两端无热熔胶流出，应再次用喷灯（中等火焰）对整个热缩套管进行加热，直到达到要求为止。

技能评价

任务检测与评估

检测内容	分　值	评分标准	学生自评	教师评估
工具使用	10	各种工具用途不明确，扣4～10分；各种工具使用方法不正确，扣4～10分		
材料剪切	10	全长允许误差为 5%～10%，出现负误差，每项扣2分		
热缩套管的套装	10	不符合工艺要求，每处扣2分		
喷灯使用	30	使用不熟练扣 10 分，对热缩套管加热不符合工艺要求，每处扣4分		
热缩套管封装成型	20	封装的热缩套管不平整，每处扣 1～2 分；有烧焦现象，每处扣3～5分		
安全操作	10	不按照规定操作、损坏仪器，扣4～10分		
现场管理	10	结束后没有整理现场，扣4～10分		
合计	100			

知识链接

一、绝缘材料的分类

1. 按化学性质不同分

（1）有机绝缘材料。有机绝缘材料有树脂、棉纱、纸、麻、蚕丝、人造丝等，大多用来制造绝缘漆、绕组导线的被覆绝缘物等。其特点是密度小、易加工、柔软，但耐热性不高、化学稳定性差、容易老化。

（2）无机绝缘材料。无机绝缘材料有云母、石棉、陶瓷、玻璃、大理石、硫磺等，主要用做电机、电器的绕组绝缘、开关底板和绝缘子的制造材料等。其特点与有机绝缘材料相反。

（3）混合绝缘材料。混合绝缘材料是以上两种材料经加工后制成的各种成型绝缘材料，一般用做电器底座、外壳等。

2. 按物质形态分

（1）气体绝缘材料，如空气、氮气、氢气、六氟化硫等。

（2）液体绝缘材料，如电容油、变压器油、开关油、硅油等。

（3）固体绝缘材料，如电容器纸、聚苯乙烯、云母、陶瓷、玻璃等。

3. 按用途分

绝缘材料按用途分为介质材料，如陶瓷、玻璃、塑料膜、云母、电容器纸等；装置材料，如装置陶瓷、酚醛树脂等；浸渍材料和涂覆材料等。

二、绝缘材料的主要性能

1. 绝缘电阻

绝缘材料的电阻率很高，但在一定的电压作用下，总会有极微弱的漏电流流过。绝缘电阻是其最基本的绝缘性能指标，可用兆欧表测定。

2. 耐压强度

绝缘材料在电场强度增大到某一极限值时，会使绝缘层击穿，从而失去绝缘性能。在电子产品中，绝缘材料必须满足耐压要求。

3. 机械强度

绝缘材料的机械强度一般是指抗张强度，即每平方厘米所能够承受的拉力。不同用途的绝缘材料对机械强度的要求不同。

4. 耐热等级

耐热等级是指绝缘材料允许的最高工作温度，以保证电工产品的使用寿命，避免使用时温度过高而加速绝缘材料的老化。

绝缘材料的耐热等级可分为 7 级，如表 3-8 所示。

表 3-8　绝缘材料的耐热等级

级别代码	最高温度（℃）	主要材料	级别代码	最高温度（℃）	主要材料
Y	90	棉丝、丝、纸	F	155	树脂黏合剂或浸渍的无机材料
A	105	棉丝、丝、纸经浸渍	H	180	有机硅、树脂、漆及无机材料
E	120	有机薄膜、有机磁漆	C	>200	硅塑料、聚氯乙烯、云母、陶瓷等材料的组合
B	130	云母、玻璃纤维、石棉			

三、绝缘材料的用途

绝缘材料在电子产品中有着广泛的应用，主要有以下几个方面的应用。

1. 介质材料

介质材料用做电容器的介质，要求介电常数大、损耗小。

2. 装置和结构材料

装置和结构材料用做开关、接线柱、线圈骨架、印制电路板及一些机械结构件，要求有较高的机械强度。对高频应用的材料还要求其介质损耗和介电常数小，以减少耗损和分布电容。

3. 浸渍、灌封材料

浸渍、灌封材料要求有良好的电性能及黏度小、化学稳定性高、吸水性小、阻燃性好、无毒等。

4. 涂覆材料

涂覆材料要求有良好的附着性。

常用绝缘材料的主要用途可参考表 3-9。使用时应根据产品的电气性能和环境条件要求，合理选用绝缘材料。

表 3-9　常用绝缘材料的主要用途

名　　称	牌　　号	特性及用途
电缆纸	K—08，K—12，K—17	适用于 35kV 的电力电缆、控制电缆、通信电缆及其他电缆绝缘纸
电容器纸	DR-Ⅲ	在电子设备中用于变压器的层间绝缘
黄漆布与黄漆绸	2010（平放），2210	适用于一般电机、电器的衬垫或线圈绝缘

续表

名　　称	牌　　号	特性及用途
黄漆管	2710	有一定的弹性，适用于电器仪表、无线电器件和其他电器装置的导线连接保护和绝缘
环氧玻璃漆布		适用于包扎环氧树脂浇注的特种电器线圈
软聚氯乙烯		用于电器绝缘及保护，颜色有灰、白、天蓝、紫、红、橙、棕、黄、绿等
聚四氟乙烯电容器薄膜、聚四氟乙烯电容器绝缘薄膜	SMF—1 SMF—3	用于电容器及电气仪表中的绝缘，适用温度为－60℃～＋25℃
酚醛层压纸板	3021，3023	3023 具有低的介质耗损，适用于无线电电信
酚醛层压布板	3025	有较高的机械性能和一定的介电性能，适用于在电气设备中作为绝缘结构零部件
环氧酚醛玻璃布板	3240	有较高的机械性能、介电性能和耐水性，适用于在潮湿环境下作为电气设备结构零部件

任务三　其他材料的选择与应用

电子产品整机装配过程中常用的材料除了前述的线材、绝缘材料外，还有紧固件、小五金杂件和磁性材料等。

任务分析

小五金杂件等是电子产品中不可缺少的辅助材料。请按要求在 1 节课内完成这些材料的应用方法的练习。具体要求如下。

（1）在加工操作前，仔细阅读本任务的“操作分析”。

（2）按照紧固件和小五金杂件等的工艺要求，拆装电视机后盖和大功率管与散热片的连接。

（3）加工过程中应注意选用恰当的工具，不可损伤元器件和其他材料。

教学方式

教学步骤	时间安排	教学方式（供参考）
阅读教材	课余	自学、查资料、相互讨论，重点阅读“操作分析”和“知识链接”
技能训练	1 课时	对这些辅助材料的选取与使用，由学生边学边练，同时教师示范操作
操作分析和知识链接的讲授	1`课时	在操作分析的讲授中，结合实物或多媒体课件演示；对知识链接的讲授多以案例为主
评估检测		教师与学生共同完成任务的检测与评估，并能对问题进行分析与处理

操作分析

一、紧固件的连接工艺

在电子产品整机装配中，部件的连接、部件的组装、部分元器件的固定及锁紧、定位等常常用到金属标准零件，如螺钉、垫圈、铆钉及销钉等。

1. 连接工艺

用螺钉、螺母及垫圈将各种元器件和零件、部件、整件之间紧固地安装在整机各个位置上的过程称为螺钉连接安装工艺。螺钉连接要紧固，安装要按工艺顺序进行，被安装件的形状方向或电子元器件的标称值方向应符合图纸的规定。当安装部位全是金属件时，应使用钢垫圈；用两个螺钉安装元器件时，应将安装件摆正位置后再对两个螺钉进行均匀紧固，绝对不能把其中一个拧紧后再安装另一个；用四个螺钉安装元器件时，可先按对角线的顺序分别半紧固，然后再均匀拧紧。

2. 防止连接松动的措施

（1）利用两个螺母互锁，常在机箱接线板上使用。

（2）用弹簧垫圈制止螺钉松动，常用于紧固部位为金属的元器件。

（3）靠加弹簧垫圈止动，同时在螺孔内涂紧固漆。

（4）靠橡皮垫圈起止动作用。

（5）靠加工开口的销钉止动，多用于有特殊要求器件的大螺母上。

二、粘接工艺

用黏合剂将零件、材料或元器件粘连在一起的过程，称为粘接。粘接的简单工艺过程为：黏合剂的合理选用→粘接表面的清理→调胶→涂胶→黏合→固化（加温或加压）。

工艺过程中的每道工序、每项工作的质量都直接影响到粘接质量，特别是黏合剂的选用，往往还需要经过多次试验才能最后确定。粘接前对粘接物品的表面要进行认真清理，而且经过清理的表面还必须在规定的时间内进行粘接。不同种类、型号黏合剂的调胶、涂胶、黏合、固化，各有不同的规定和要求，粘接时应严格按照粘接工艺规定进行。

技能训练

紧固件和小五金杂片的应用

1. 训练目标

熟练掌握紧固件的连接工艺；认识小五金杂片，并掌握其应用方法。

2. 训练器材

废旧彩色电视机、螺丝刀、香蕉水、Q98—1胶水、小瓷盘、玻璃棒、电烙铁。

3. 训练内容

（1）按照工艺要求，选择合适的螺丝刀把电视机后盖打开。拆卸螺钉时，先按对角线的顺序分别半松螺钉，然后再均匀卸掉。

注意事项：

拆卸的螺钉要放在一个盒子内，以免丢失。

（2）卸掉后盖后，把电路主板上的挂钩松脱，慢慢移出主板。然后仔细寻找并观察散热片、压片或卡子（线夹）等。再用螺丝刀和电烙铁把行输出管、电源开关管、场输出管等与散热片拆离。

注意事项：

行输出管等与散热片间往往用云母或陶瓷绝缘片隔离，有的引脚上还套有陶瓷或橡胶材料进行绝缘保护。

（3）首先清洁卸下的螺钉、螺母，然后按照连接工艺，重新把行输出管、电源开关管、场输出管等固定到散热片上。

（4）为了防止螺钉的松动，应把香蕉水与黏合剂 Q98—1 胶水按 1∶9 的比例在瓷盘内搅拌均匀后，在螺钉或螺母的下端滴入 1～2 滴。

（5）把电路板恢复原状，按照连接工艺重新把电视机后盖装配紧固。

技能评价

任务检测与评估

检测内容	分 值	评分标准	学生自评	教师评估
工具使用	10	各种工具用途不明确，扣 4～10 分；各种工具使用方法不正确，扣 4～10 分		
拆卸电视机后盖	10	不符合工艺要求，扣 4～10 分		
寻找观察散热片、压片等	20	每少找到一个扣 3 分		
元器件与散热片的拆离和固定	20	少拆离一个或少固定一个扣 2 分；拆离或固定时不符合工艺要求，每处扣 2 分		
调制和使用黏合剂	10	不符合工艺要求，扣 4～10 分		
固定电视机后盖	10	不符合工艺要求，扣 4～10 分		
安全操作	10	不按照规定操作、损坏仪器，扣 4～10 分		
现场管理	10	结束后没有整理现场，扣 4～10 分		
合计	100			

知识链接

一、紧固件

1. 螺钉

螺钉的种类很多，目前广泛使用的是自攻螺钉和十字槽平圆头螺钉，如图 3-30 所示。

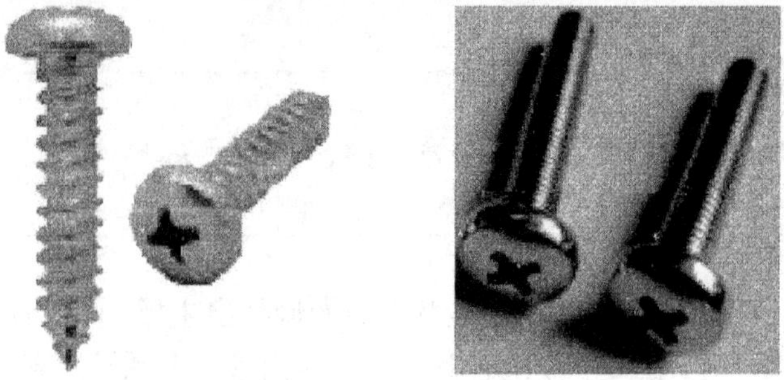

（a）自攻螺钉　　（b）十字槽平圆头螺钉

图 3-30　十字槽螺钉

2. 垫圈

常用垫圈的图形和名称如图 3-31 所示。

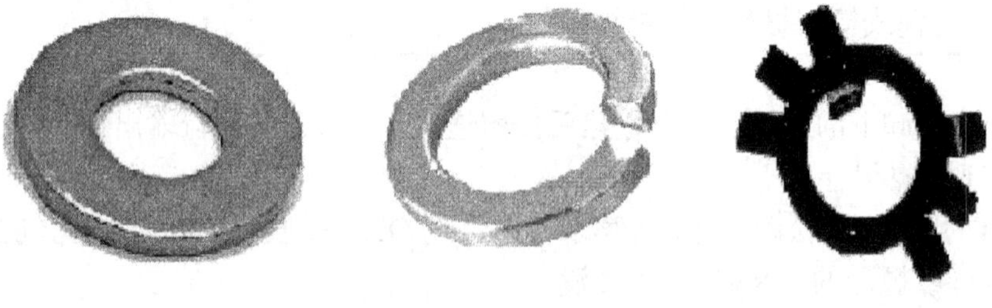

（a）圆垫圈　　（b）弹簧垫圈　　（c）止动垫圈

图 3-31　常用垫圈的图形和名称

3. 铆钉和销钉

铆钉和销钉的形状和名称如图 3-32 所示。

（a）空心铆钉　　（b）平圆头铆钉　　（c）灯头铆钉　　（d）圆柱销钉

图 3-32　铆钉和销钉的形状和名称

二、小五金杂件

1. 散热器

为使功率消耗较大的元器件所产生的热量尽快释放出去，降低元器件的温度，常常在元器件上固定金属翼片，称为散热器。目前，散热器常用散热较好的铝铜等金属制造而成。常见的散热器如图 3-33 所示。

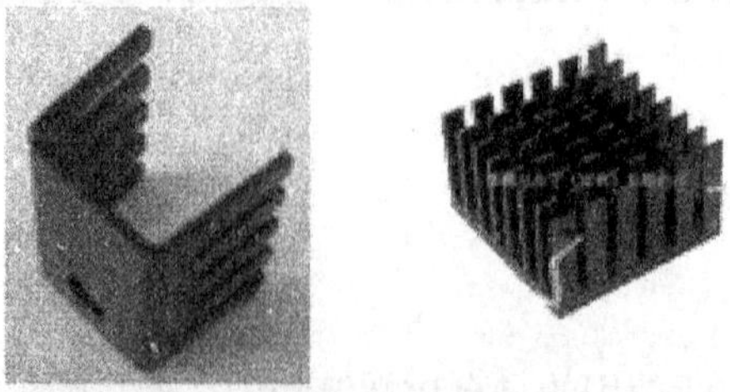

图 3-33　常见的散热器

2. 压片和卡子

压片和卡子主要用来把导线束、电缆和零部件固定在整机的机壳、底板等处，防止在震动时脱落，并使导线布局整齐美观。常用的压片和卡子如图 3-34 所示。

用塑料制成的尼龙扎紧链常用在电子设备中捆扎线束。

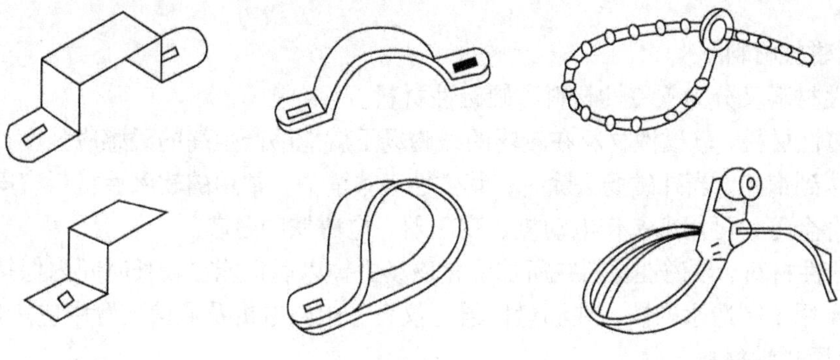

（a）方形　（b）圆形　（c）尼龙扎紧链

图 3-34 常用的压片和卡子

三、黏合剂

黏合剂简称胶，用于同类或不同类材料的胶接。常用黏合剂的特性和应用如表 3-10 所示。

表 3-10 常用黏合剂的特性和应用

牌号名称	组　分	固化条件	应　用
101 乌得当胶	甲乙双组分	室温时为 5～6h，100℃时为 1.5～2h，130℃时为 30min	纸张、皮面、木材，一般材料，金属的胶合
XY—401 橡胶	单组分立体胶：丁（烷）基酚甲醛树脂	室温时为 24h，80～90℃时为 2h	橡胶之间，橡胶与金属、玻璃、木材的胶合
501、502 瞬干胶	单组分	室温下仅为几秒至几分钟	金属、陶瓷、玻璃、塑料（除聚乙烯、聚四氟乙烯外），橡胶本身及相互间的胶合
Q98—1 硝基胶	单组分	常温时为 24h	织物、木材、纸的胶合；镀层补涂覆
G98—1 过氯乙烯胶	单组份，过氯乙烯树脂	常温时为 24h	聚氯乙烯自身及其与金属、织物之间的胶合
白胶水	单组份，聚醋酸乙烯树脂	常温时为 24h	织物、木材、纸、皮革自身或相互间的胶合
X98—1 缩醛胶	单组份	60℃时为 8h，80～100℃时为 2～4h	金属、陶瓷、玻璃、塑料（除聚氯乙烯、聚乙烯外）自身及相互间的胶合
压敏胶	单组份，氯丁橡胶	室温时无固化期	轻质金属、纸、塑料薄膜、标牌的胶合
204 耐高温胶	单组份，酚醛-缩醛-有机硅	180℃时为 2h	各种金属、玻璃钢、耐热酚醛板自身及相互间的胶合
环氧胶	多组分，环氧树脂为基体	不同固化剂的不同比例有不同固化条件	柔韧型用于橡胶与塑料；刚性型多作为结构胶使用，用于金属、玻璃、陶瓷、胶木的胶合

知识拓展

一、磁性材料

电子产品整机装配也常常用到磁性材料。它按电阻率高低分为金属磁性材料和非金属磁性材料。

1. 金属磁性材料

金属磁性材料又分为软磁性材料和硬磁性材料。

（1）软磁性材料。软磁性材料在较弱的外磁场下就能够产生高的磁感应强度，并随外磁场的增强很快达到饱和。当外磁场去除时，其磁性基本消失。常用的软磁性材料有电工纯铁、硅钢板、铁镍合金等，可用来制作电动机、变压器、电磁铁的磁芯。

（2）硬磁性材料。硬磁性材料在所加磁化磁场去掉以后仍能在较长时间内保持强而稳定的磁性。它主要用于制造永磁铁，在测量仪器、仪表、永磁电机及通信装置中应用广泛。

2. 非金属磁性材料

非金属磁性材料是一种铁磁性能的金属氧化物，其电阻率很高，密度小，防锈防腐性能好，具有较高的介电性能，在高频电路中常使用。

常见非金属磁性件及其应用如表 3-11 所示。

表 3-11　常见非金属磁性件及其应用

名　称	外　形	应 用 举 例	名　称	外　形	应 用 举 例
螺纹磁芯		中周磁芯、可调电感磁芯、震荡线圈磁芯	偏转	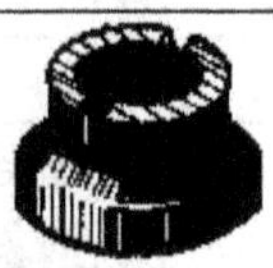	电视机偏转线圈磁芯
帽形		收音机或电视机伴音中周磁芯、可调电感磁帽	双孔		电视机天线阻抗匹配变压器磁芯
工形		收音机中周磁芯、电视机线性校正线圈的磁芯	环形		中周变压器或脉冲变压器磁芯、固定电感磁芯
E形		变压器磁芯、直流变换器磁芯	棒形	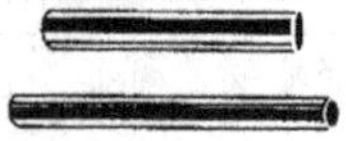	收音机接收天线磁棒、固定电感磁芯
U形		电视机输出变压器磁芯			

二、铆装工艺

用铆钉将各种元器件和零件或部件连在一起的过程称为铆装。铆装常用的工具有手锤、压紧冲头、垫模等。当铆钉头镦铆成半圆形时，铆钉孔要与铆钉直径配合适当，此时应先将铆钉放到孔内，再将铆钉头放到垫模上，将压紧冲头放到铆钉上，压紧两个被铆装件，然后拿下压紧冲头，改用半圆形冲头镦铆露出的铆钉端。开始时不要用力过大，最后用力砸几下即可紧固。当铆钉头镦铆成沉头时，应先将铆钉放在被铆装孔内，将铆钉头放在垫模上，用压紧冲头压紧两个被铆装件，然后用平冲头镦成型。当铆装空心铆钉时，应先将装上了空心铆钉的被铆装件放在平垫模上，用压紧冲头压紧，然后用尖头冲头将铆钉扩成喇叭状，再用冲头砸紧。

项目小结

（1）导线加工一般有选材、剪裁、剥头、捻头、清洁、浸锡等工序；电缆线的加工除包含一般导线的加工工艺外，还要将金属屏蔽层与线芯分开，俗称屏蔽层的抽头；绑扎线束的线绳有棉线、亚麻线、尼龙线、线扣等；常用的套管有热缩套管、可换套管和拉链套管三种；当导线很少时，可用黏合剂将导线粘合成线束。

（2）导线分为裸线、电磁线、绝缘线、排线、电线电缆，它们是电能或电磁信号的传输线，其基本结构由导体、绝缘层、屏蔽层、护套组成。不同的导线有不同的用途，选用导线时要考虑电路条件、环境条件、机械条件等。

（3）绝缘材料是指具有高电阻率、能够隔离相邻导体或防止导体间发生接触的材料，又称电介质。它不仅具有较高的绝缘电阻和耐压强度，还具有良好的耐热性、导热性、防霉耐潮性及较高的机械强度和可加工性等特点。

（4）热缩套管的使用选择要求为大小适合、长度适合。用吹风机或打火机加热热缩套管后，应平整、无折皱、无烧焦现象；电缆接头封合时要安装屏蔽线、金属内衬套管，而热缩套管套装在最外层。

（5）绝缘材料按化学性质不同分为有机绝缘材料、无机绝缘材料、混合绝缘材料；按物质形态分为气体绝缘材料、液体绝缘材料、固体绝缘材料；按用途分为介质材料、装置材料、浸渍材料和涂覆材料。

（6）在电子产品整机装配中，常用的紧固件有螺钉、垫圈、铆钉、销钉等；小五金杂件有散热器、压片、卡子等；另外还有黏合剂。

（7）磁性材料按其电阻率高低分为金属磁性材料和非金属磁性材料。

思考与练习

1. 电子产品装配中，常用线材有哪些？其作用如何？
2. 简述导线的加工工序。
3. 什么是绝缘材料？分为哪几类？其主要性能指标有哪些？
4. 紧固件的连接有何工艺要求？
5. 举例说明黏合剂的用途。
6. 简述磁性材料的分类与用途。

项目四

印制电路板的设计与制作

印制电路板也称为印刷电路板，简称印制板。印制电路板由绝缘底板、连接导线、焊盘三部分组成，具有导电线路和绝缘底板的双重作用，是一种电子设备中极其重要的组装部件。采用印制电路板的优点很多，主要包括：它可以实现电路中各个元器件的电气连接，代替复杂的布线，减少了传统方式下的接线工作量，简化了电子产品的装配、焊接、调试工作；缩小了整机体积，降低了产品成本，提高了电子设备的质量和可靠性；具有良好的产品一致性，可以采用标准化设计，有利于在生产过程中实现机械化和自动化；将整块经过装配调试的印制电路板作为一个备件，便于整机产品的互换和维修。由于具有以上优点，所以印制电路板已经广泛应用于各种收音机、录音机、电视机、通信设备、计算机、仪器仪表等电子产品的生产制造中。

技能目标：

- 掌握简单印制电路板的设计步骤和设计要求。
- 能手工设计简单的印制板电路。
- 了解贴片元器件的印制电路板的设计要求。
- 掌握描图法制作印制电路板的方法。

知识目标：

- 了解印制电路板的基本知识。
- 熟悉印制电路板的设计过程和制作过程。
- 掌握手工制作印制电路板的过程。
- 了解印制电路板的 CAD 软件。

任务一　简单印制电路板的设计

印制电路板的设计，是根据设计人员的意图，将电路原理图转换成印制电路板图的过程。它包括选择印制电路板材质、确定整机结构；考虑电气、机械、元器件的安装方式、位置和尺寸；决定印制导线的宽度、间距和焊盘的直径、孔径；设计印制插头或连接器的结构；根据电路要求设计布线草图；准备印制电路板生产必需的全部资料和数据。

印制电路板的设计通常有两种方式：一种是人工设计，另一种是计算机辅助设计。无论采取哪种方式，都必须符合原理图的电气连接和产品电气性能、机械性能方面的要求，并要考虑印制电路板加工工艺和电子装配工艺的基本要求。

任务分析

（1）了解印制电路板的种类和作用。

（2）了解设计印制电路板需要考虑的主要因素。

（3）掌握设计印制电路板的步骤。

（4）掌握印制电路板常用的设计规则。

（5）了解印制电路板的设计要求和注意事项。

教学方式

教学步骤	时间安排	教学方式（供参考）
阅读教材	课余	查资料、相互讨论，重点阅读“操作分析”和“知识链接”
技能训练	2 课时	根据电路图设计一个简单的印制电路板电路
操作分析和知识链接的讲授	2 课时	在操作分析的讲授中，结合实物或多媒体课件演示；对知识链接的讲授多以案例为主
评估检测		教师与学生共同完成任务的检测与评估，并能对问题进行分析与处理

操作分析

一、设计印制电路板需要考虑的因素

因为印制电路板最终将用于具体的电子产品，所以应根据产品的实际情况来考虑印制电路板的设计目标。在设计印制电路板时通常需要考虑下列四个方面的因素。

1. 正确性

准确实现电路原理图的连接关系，避免出现“短路”和“断路”这两个简单而致命的错误，这是设计印制电路板最基本、最重要的要求。

2. 可靠性

印制电路板的可靠性是影响电子整机产品可靠性的一个重要因素，这是印制电路板设计中较高的一个要求。连接正确的印制电路板不一定可靠性好，如板材选择不合理，板材及安装固定不正确，元器件布局不当，这些都可能导致 PCB 不能可靠地工作。从可靠性的角度讲，印制电路板的结构越简单，使用元器件越少，板层数越少，可靠性越高。

3. 合理性

一个印制电路板组件，从印制电路板的制造、检验、装配、调试到整机装配、调试直到维修，都与印制电路板设计的合理与否息息相关。例如，板子形状选得不好则加工困难；引线孔太小则装配困难；没留测试点则调试困难；板外连接选择不当则维修困难等。每一个困难都可能导致成本增加，工时延长，而每一个造成困难的原因都源于设计者的失误。没有绝对合理的设计，只有不断合理化的过程。这需要设计者在实践中不断总结、积累经验。

4. 经济性

印制电路板的经济性与上述几方面内容密切相关。可以从生产制造的角度，根据成本分析来选择覆铜板的板材、质量、规格和印制电路板的工艺技术。对于相同的制板面积来说，双面板的制造成本是单面板的3～4倍，而多层板至少要贵到20倍以上。通常希望印制电路板的制造成本在整机成本中只占有很小的比例。

二、简单印制电路板的设计步骤

1. 选定印制电路板的材料、厚度、板面尺寸

（1）确定板材。印制电路板的基板材料不同，其机械性能与电气性能也有很大的差别。目前，国内常见覆铜板的种类有覆铜酚醛纸质层压板、覆铜环氧纸质层压板、覆铜环氧玻璃布层压板等。

确定板材的主要依据是整机的性能要求、使用条件及销售价格，同时还必须考虑性能价格比。

对于印制电路板的种类，一般应该选用单面板或双面板。分立元器件的引线少，排列位置便于灵活变换，其电路常用单面板。双面板多用于采用集成电路较多的电路。

在印制电路板的选材中，不仅要了解覆铜板的性能指标，还要熟悉产品的特点，只有这样才可能在确定板材时获得良好的性能价格比。

（2）印制电路板的形状。印制电路板的形状由整机结构和内部空间的大小决定。其外形应该尽量简单，一般为矩形，应避免采用异形板。

（3）印制电路板的尺寸。印制电路板的尺寸应该接近标准系列值，要由整机的内部结构和板上元器件的数量、尺寸及安装、排列方式来决定。元器件之间要留有一定间距，特别是在高压电路中，更应该留有足够的间距；要注意发热元器件安装的散热片占用面积的尺寸；印制电路板的净面积确定以后，还要向外扩出5～10mm，便于印制电路板在整机中的安装固定。

（4）印制电路板的厚度。在确定印制电路板的厚度时，主要考虑元器件的承重和振动冲击等因素。如果印制电路板的尺寸过大或印制电路板上的元器件过重，都应该适当增加其厚度或采取加固措施，否则印制电路板容易产生翘曲。按照电子行业的行业标准，覆铜板材的标准厚度有0.2mm、0.5mm、（0.7mm）、0.8mm、（1.5mm）、1.6mm、2.4mm、3.2mm、6.4mm等。当印制电路板对外通过插座连线时，插座槽的间隙一般为1.5mm，如图4-1所示。板材过厚则插不进去，过薄则容易造成接触不良。

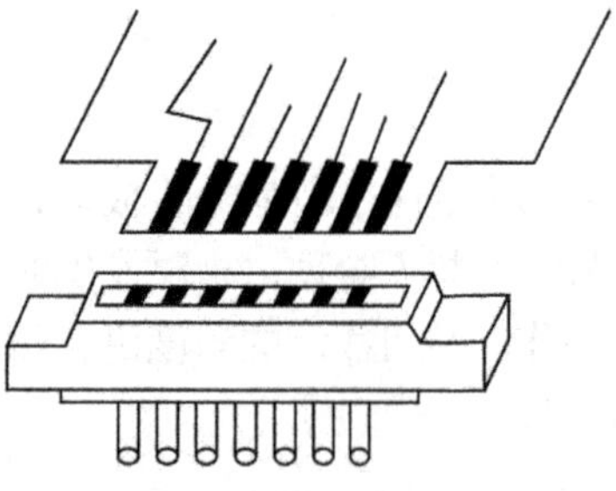

图4-1 印制电路板对外通过插座连线

2. 印制电路板尺寸图的设计

对于元器件较多或要求较高的手工印制电路板，可以借助坐标纸来帮助设计。可以借助坐标格来正确地表达印制电路板上的印制图的位置。在设计绘制电路板尺寸图时，应根据电路原理图绘制，并考虑元器件布局和布线的要求，即哪些元器件在板内，哪些元器件需要加固、散热、屏蔽，需要多大尺寸；哪些元器件在板外、需要多少板外连线、引出端的位置如何等。

（1）典型元器器件的尺寸。典型元器件是指全部要安装的元器件中在几何尺寸上具有代表性的元器件，它是布置元器件时的基本单元。估计完典型元器件的尺寸后，再估计一下其他大

元器件的尺寸，这样就可以估算出整个印制电路板需要多大尺寸。在估算印制电路板的尺寸时，阻容元件、晶体管等应尽量使用标准的跨接接法，这样有利于元器件的成型。

（2）如果使用坐标纸，各元器件的安装孔的圆心应在坐标格的交点上。

如果原理图的元器件较少，则可以直接绘制印刷图草图。

3. 根据原理图绘制印刷图草图

（1）选定排版方向及主要元器件的位置。排版方向是指印制电路板上电路从前级向后级电路总的走向，如从左到右或从右至左，这是绘制印制电路板和布线首先要解决的问题。在设计印制电路板时，要给电路板设计统一的电源线和地线，它们与晶体管最好保持一个最佳的位置，并且它们之间的引线要尽量短。

当排版的方向确定以后，应首先确定单元电路及其主要元件，如集成电路、晶体管等的布局，其次是特殊元器件的布局、对外连接的方式和位置等，最后是体积较小的阻容元件的布局。

（2）绘制不交叉单线草图。原理图的绘制一般以信号流经过程及反映元器件在图中的作用为原则，因此原理图中的交叉现象很多，这对读图毫无影响。但在印制电路板中，交叉现象是绝对不允许的，因此在排版时，首先要绘制不交叉单线草图。线路交叉问题可以通过重新排列元器件的位置和方向来解决，也可以通过元器件引脚间的空间来解决，如图 4-2 所示。在复杂的电路中，有时完全不交叉也是不现实的，此时可用“飞线”解决。

飞线就是指在设计印制电路板遇到交叉情况时，可在交叉处切断一根线，从板的元件面用一根短接线连接。但这种飞线过多会影响印制电路板的质量，因此只有在不得已的情况下才偶尔使用。在设计简单的印制电路板时，一般用不到飞线，而复杂的印制电路板设计目前几乎都是通过计算机辅助设计（CAD）来完成的。

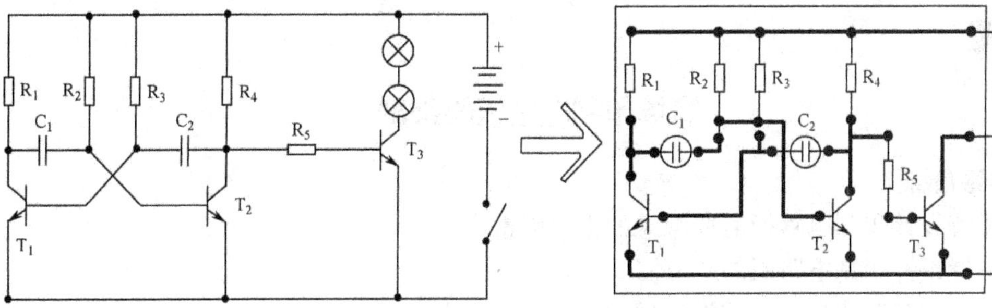

图 4-2 绘制不交叉单线草图

（3）绘制印刷图草图。根据简单的不交叉草图，按照元器件的大小，在方格纸上绘出的图称为印刷图草图。它包括元器件实际引脚的位置、有关外接引线的焊盘位置、导线的位置、印制电路板的尺寸和有关安装孔等，它是绘制各种正式图纸的主要依据。

绘制印刷图草图的过程如图 4-3 所示。

4. 正式印制电路板的设计

根据绘制出的排版设计草图绘制正式的印制电路板图。在设计正式印制电路板图时，首先要考虑元器件的封装，元器件的封装可以从元器件手册中查找，也可以根据实物测量。应根据得到的元器件的实际封装修改草图中的元器件的位置和方向，并进一步确定元器件的外轮廓，以保证给组装留有充分的余量。对于有精度的封装（如集成电路、电解电容等），一定要注意其精度，否则会给将来的组装带来很大麻烦，甚至设计出来的印制电路板没法使用，同时还要注意附加元器件的尺寸大小，如大功率管的散热片等。对于没有尺寸要求的，应尽量使元器件均匀排列。其次根据草图的设计确定焊盘的大小和印制导线的宽度和走向。在设计简单印制电路板时，印制导线不要做得太细，否则将来在做板时极易出现断线。然后再根据印制电路板的尺寸和安装孔的尺寸确定印制电路板的最后外轮廓。最后根据 1：1 的比例将所设计的印制电路板图绘出备用即可。

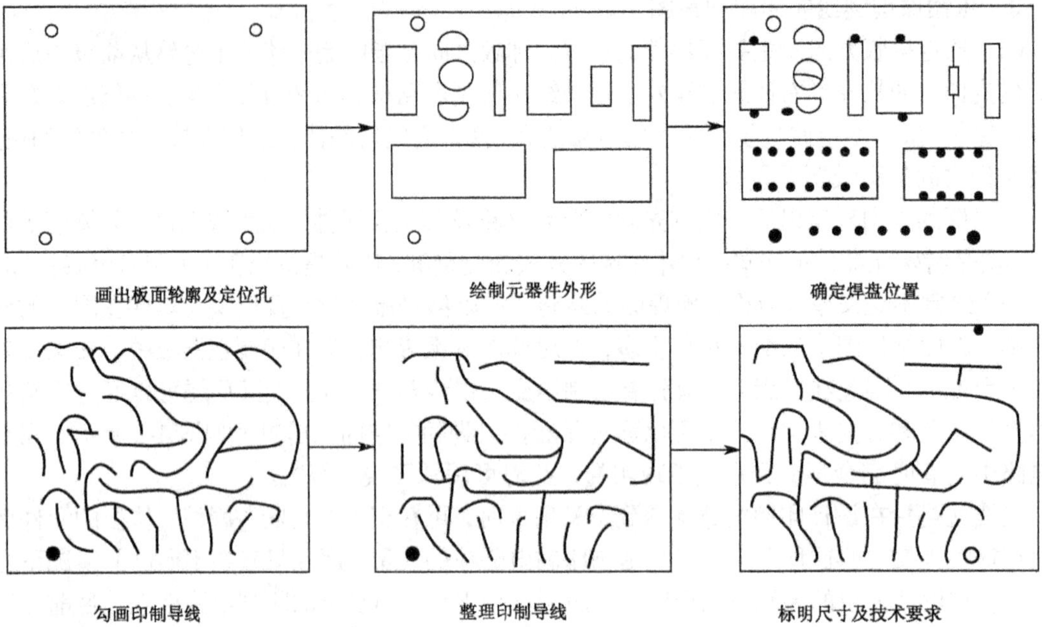

图 4-3　绘制印刷图草图的过程

技能训练

简单印制电路板的绘制

1. 训练目标

（1）了解设计印制电路板需要考虑的主要因素。

（2）掌握设计印制电路板的步骤。

（3）掌握印制电路板常用的设计规则。

2. 训练器材

（1）工具：铅笔、橡皮、三角板、坐标纸。

（2）器材：设计好的稳压电源电路图一份。

3. 训练内容

（1）选定印制电路板的材料、厚度和板面尺寸。

（2）测量元器件的尺寸。

（3）由原理图绘制印制电路板图。

4. 训练步骤

（1）识读原理图，读懂电路图的电气连接方式。

（2）选择印制电路板。

（3）对照原理图，绘制印制电路板的草图。

（4）测量元器件的外观尺寸。

（5）绘制 1：1 的正式印制电路板图。

技能评价

任务检测与评估

检测内容	分　值	评分标准	学生自评	教师评估
识读原理图	10	能正确识读原理图得 10 分；部分读不懂视情况扣 3～7 分		
选择合适的板材	10	能选择合适的板材得 10 分		
绘制印制电路板草图	25	少一个元器件扣 5 分；连接错误一处扣 5 分		
元器件尺寸的测量	10	一个元器件尺寸错误扣 5 分		
正式印制电路板的绘图	30	每处错误扣 5 分		
安全操作	5	不遵守课堂秩序扣 3～5 分		
现场管理	10	结束后没有整理现场，扣 4～10 分		
合计	100			

知识链接

一、印制电路板的作用和种类

印制电路板，又称印刷电路板、印刷线路板，简称印制板，英文简称为 PCB（Printed Circuit Board）或 PWB（Printed Wiring Board）。它以绝缘板为基材，切成一定尺寸，其上至少附有一个导电图形，并布有孔（如元件孔、紧固孔、金属化孔等），用来代替以往装置电子元器件的底盘，并实现电子元器件之间的相互连接。由于这种板是采用电子印刷术制作的，故被称为“印刷”电路板。习惯称“印制电路板”为“印制电路”是不确切的，因为在印制电路板上并没有“印制元件”，而仅有布线。印制电路板是重要的电子部件，是电子元器件的支撑体。

1. 印制电路板的作用

（1）提供各种电子元器件的固定、装配的机械支撑。

（2）实现各种电子元器件之间的电气连接。

（3）提供阻焊图形和丝印图形。

2. 印制电路板的种类

1）单面印制电路板

在 PCB 上，若元器件集中在其中的一面，印制导线集中在另一面，则这种 PCB 叫做单面印制电路板。因为单面印制电路板在设计线路时有许多严格的限制（因为只有一面，布线不能交叉而必须绕独自的路径），所以它适合一些要求不高或简单的制作电路。单面印制电路板如图 4-4 所示。

2）双面印制电路板

若绝缘基板两面均敷有铜箔，则可在基板的两面制成印制电路。也就是说，这种电路板的两面都有布线，不过要想用上两面的导线，必须在两面间有适当的电路连接才行，连接两面间电路的桥梁叫做导孔。导孔是在 PCB 上充满或涂上金属的小孔，它可以与两面的导线相连接。因为双面印制电路板的面积比单面印制电路板的面积大了一倍，而且布线可以相互交错，布线密集度较高，所以能减小产品的体积。它更适合用在比较复杂的电路上，如计算机的主板、电子仪器。双面印制电路板如图 4-5 所示。

单面 PCB 表面

单面 PCB 底面

图 4-4　单面印制电路板

双面 PCB 表面

双面 PCB 底面

图 4-5　双面印制电路板

3）柔性印制电路板

柔性印制电路板是以聚酰亚胺或聚酯薄膜为基材制成的一种具有高度可靠性，绝佳可挠性的印刷电路板，简称软板或 FPC。它具有配线密度高、质量轻、厚度薄、配线空间限制较少、灵活度高等优点，完全符合电子产品轻、薄、短、小的发展趋势。柔性印制电路板主要使用在手机、笔记本电脑、PDA、数码相机、LCM 等很多产品上。柔性印制电路板如图 4-6 所示。

4）多层印制电路板

在绝缘基板上制成三层以上的电路印制电路板称为多层印制电路板。它由几层较薄的单面印制电路板或双面印制电路板粘合而成。层与层之间可以通过埋孔和盲孔进行电路连接。多层印制电路板适合超级计算机和大型电路使用。多层印制电路板如图 4-7 所示。

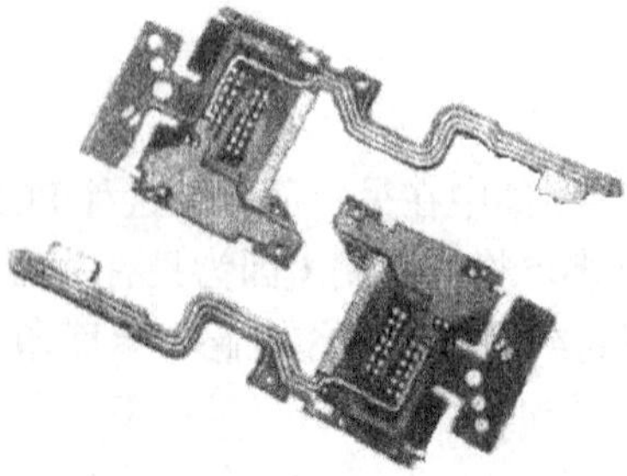

图 4-6　柔性印制电路板

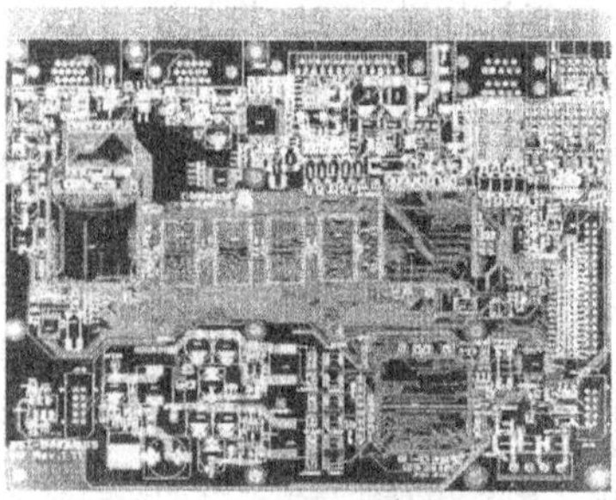

图 4-7　多层印制电路板

3. 采用印制电路板的主要优点

（1）由于印制电路板的图形具有重复性（再现性）和一致性，所以减少了布线和装配的差错，节省了设备的维修、调试和检查时间。

（2）设计上可以标准化，利于互换。

（3）布线密度高，体积小，质量轻，利于电子设备的小型化。

（4）利于机械化、自动化生产，提高了劳动生产率，降低了电子设备的造价。

二、印制电路板的设计要求

要使电子电路获得最佳性能，印制电路板的设计应遵循以下要求。

1. 布局要求

首先，要考虑印制电路板的尺寸大小。当印制电路板的尺寸过大时，印制线条长，阻抗增加，抗噪声能力下降，成本也增加；若其尺寸过小，则散热不好，且邻近线条易受干扰。在确定印制电路板的尺寸后，再确定特殊元器件的位置。最后，根据电路的功能单元，对电路的全部元器件进行布局。

在确定特殊元器件的位置时要遵守以下原则。

（1）尽可能缩短高频元器件之间的连线，设法减少它们的分布参数和相互间的电磁干扰；易受干扰的元器件不能相互挨得太近，输入和输出元器件应尽量远离。

（2）某些元器件或导线之间可能有较高的电位差，因此应加大它们之间的距离，以免放电引出意外短路；带高电压的元器件应尽量布置在调试时手不易触及的地方。

（3）质量超过 15g 的元器件应当用支架加以固定，然后焊接；那些又大又重、发热量多的元器件，不宜装在印制电路板上，而应装在整机的机箱底板上，且应考虑散热问题；热敏元器件应远离发热元器件。

（4）对于电位器、可调电感线圈、可变电容器、微动开关等可调元器件的布局，应考虑整机的结构要求：若是机内调节，应放在印制电路板上方便调节的地方；若是机外调节，其位置要与调节旋钮在机箱面板上的位置相适应。

（5）应留出印制电路板定位孔及固定支架所占用的位置。

根据电路的功能单元，对电路的全部元器件进行布局时，要符合以下原则。

（1）按照电路的流程安排各个功能电路单元的位置，使布局便于信号流通，并使信号尽可能保持一致的方向。

（2）以每个功能电路的核心元器件为中心，围绕它来进行布局。元器件应均匀、整齐、紧凑地排列在印制电路板上，且应尽量减少和缩短各元器件之间的引线和连接。

（3）在高频下工作的电路，要考虑元器件之间的分布参数。一般的电路应尽可能使元器件平行排列，这样不但美观，而且装焊容易，易于批量生产。

（4）位于印制电路板边缘的元器件，离印制电路板边缘的距离一般不小于 2mm。印制电路板的最佳形状为矩形，其长宽比为 3∶2 或 4∶3。当印制电路板面尺寸大于 200mm×150mm 时，应考虑印制电路板所受的机械强度。

2. 布线要求

布线的原则如下。

（1）输入、输出端用的导线应尽量避免相邻平行，最好加线间地线，以免发生反馈耦合。

（2）印制导线的最小宽度主要由导线与绝缘基板间的黏附强度和流过它们的电流值决定。当铜箔厚度为 0.05mm、宽度为 1～15mm 时，通过 2A 的电流，其温度不会高于 3℃，因此，导线宽度为 1.5mm 可满足要求。对于集成电路，尤其是数字电路，通常选 0.02～0.3mm 的导线宽度。当然，只要允许，应尽可能使用宽线，尤其是电源线和地线。导线的最小间距主要由最坏情况下的线间绝缘电阻和击穿电压决定。对于集成电路，尤其是数字电路，只要工艺允许，可使导线的间距小至 5～8mm。

（3）印制导线拐弯处一般取圆弧形，而直角或夹角在高频电路中会影响电气性能。此外，应尽量避免使用大面积铜箔，否则当其长时间受热时，易发生铜箔膨胀和脱落现象。必须用大面积铜箔时，最好用栅格状，这样有利于排除铜箔与基板间黏合剂受热产生的挥发性气体。

设计印制导线图形时可参考图 4-8。

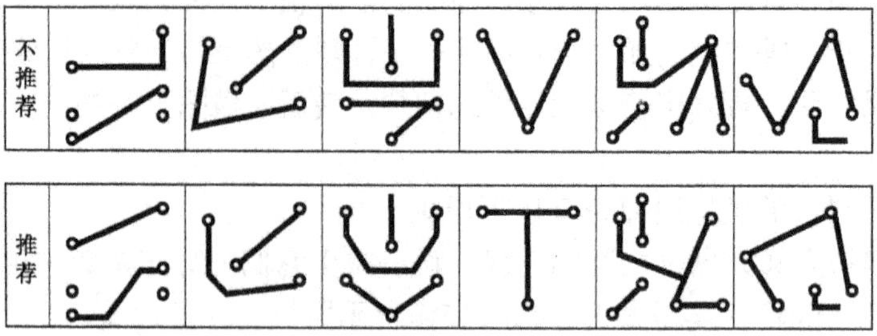

图 4-8　布线原则的推荐图形和不推荐图形

3. 焊盘的种类与要求

1）焊盘的种类

（1）岛形焊盘，如图 4-9（a）所示。焊盘与焊盘之间的连线合为一体，犹如水上小岛，因此称为岛形焊盘。岛形焊盘常用于元器件的不规则排列，特别是当元器件采用立式不规则固定时更为普遍。岛形焊盘适用于元器件的密集固定，可大量减少印制导线的长度与数量，并能在一定程度上抑制分布参数对电路造成的影响。焊盘与印制导线合为一体后，铜箔的面积加大，焊盘和印制导线的抗剥强度增加，能降低覆铜板的档次，降低产品成本。

（2）圆形焊盘，如图 4-9（b）所示。焊盘与引线孔是同心圆。焊盘的外径一般为孔径的 2～3 倍。设计时，如果板面的密度允许，焊盘就不宜过小，因为太小的焊盘在焊接时容易脱落。在同一块板上，除个别大元器件需要大孔以外，一般焊盘的外径应取为一致，这样不仅美观，而且容易绘制。圆形焊盘多在元器件规则排列方式中使用，双面印制电路板也多采用圆形焊盘。

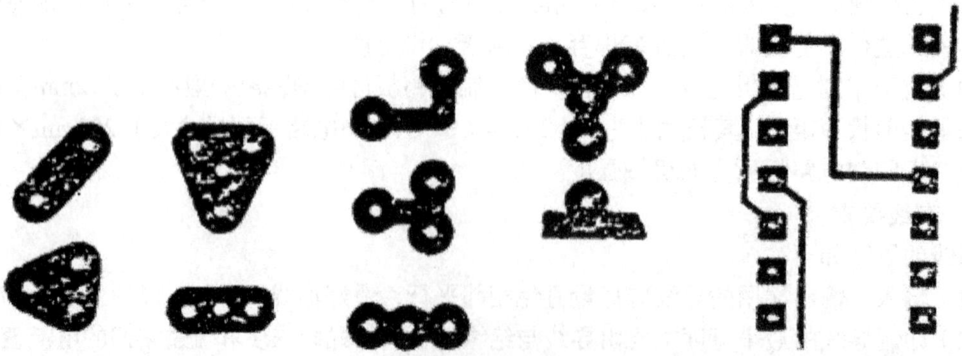

（a）岛形焊盘　（b）圆形焊盘　（c）方形焊盘

图 4-9　焊盘的种类

（3）方形焊盘，如图 4-9（c）所示。当印制电路板上的元器件体积大，数量少且线路简单时，多采用方形焊盘。这种形式的焊盘设计制作简单，精度要求低，容易实现。在一些手工制作的印制电路板中常采用这种方式，因为只需用刀刻断或刻掉一部分铜箔即可。在一些大电流的印制电路板上也多采用这种形式，因为它可以获得大的载流量。

2）焊盘的设计要求

焊盘中心孔要比元器件引线直径稍大一些。但焊盘太大易形成虚焊。焊盘的外径 D 一般不小于$(d+1.2)$mm，其中 d 为引线孔径。对于高密度的数字电路，焊盘最小直径可取$(d+1.0)$mm。

4. 电路的抗干扰要求

印制电路板的抗干扰设计与具体电路有着密切的关系，这里仅就几项常用措施做一些说明。

1）电源线的设计

应根据印制电路板电流的大小，尽量加粗电源线宽度，减少环路电阻。同时，应使电源线、地线的走向和数据传递的方向一致，这样有助于增强抗噪声能力。

2）地线的设计

地线设计的原则有以下几个。

（1）数字“地”与模拟“地”分开。若印制电路板上既有逻辑电路又有线性电路，则应使它们尽量分开。低频电路的“地”应尽量采用单点并联接“地”，实际布线有困难时可部分串联后再并联接“地”。高频电路宜采用多点串联接“地”，且地线应短而粗，高频元器件周围应尽量采用栅格状大面积地箔。

（2）接地线应尽量加粗。若接地线用过细的线条，则接地电位会随电流的变化而变化，使抗噪性能降低。因此应将接地线加粗，使它能通过三倍于印制电路板上的允许电流。如果有可能，接地线应在 2mm 以上。

（3）接地线构成闭环路。由数字电路组成的印制电路板，其接地电路布成闭环路大多能提高抗噪声能力。

5. 印制电路板图设计中应注意的几点

1）布线方向

从焊接面看，组件的排列方位应尽可能与原理图相一致，布线方向最好与电路图走线方向相一致。因为生产过程中通常需要在焊接面进行各种参数的检测，故这样做便于生产中的检查、调试及检修。

2）各组件的排列

分布要合理和均匀，力求整齐、美观、结构严谨。

3）电阻、二极管的放置方式

（1）平放。在电路组件数量不多，而且电路板尺寸较大的情况下，采用平放较好。平放 1/4W 以下的电阻时，两个焊盘的间距一般取 4/10 英寸；平放 1/2W 的电阻时，两个焊盘的间距一般取 5/10 英寸。平放二极管时，如 1N400X 系列整流管，两个焊盘的间距一般取 3/10 英寸，而 1N540X 系列整流管一般取 4～5/10 英寸。

（2）竖放。在电路组件数较多，而且电路板尺寸不大的情况下，一般采用竖放，竖放时两个焊盘的间距一般取 1～2/10 英寸。

4）电位器、IC 座的放置原则

（1）电位器。在稳压器中，电位器用来调节输出电压，因此设计电位器时应满足顺时针调节时输出电压升高，逆时针调节时输出电压降低的要求；在可调恒流充电器中，电位器用来调节充电电流值的大小，因此设计电位器时应满足顺时针调节时电流增大的要求。

电位器的安放位置应当满足整机结构安装及面板布局的要求，因此应尽可能将其放置在印制电路板的边缘，旋转柄朝外。

（2）IC 座。设计印制电路板图时，在使用 IC 座的场合下，一定要特别注意 IC 座上定位槽放置的方位是否正确，并注意各个 IC 脚位是否正确，如第 1 脚只能位于 IC 座的右下角或者左上角，而且紧靠定位槽（从焊接面看）。

5）进出接线端的布置

（1）相关联的两引线端不要距离太大，一般为 2～3/10 英寸较合适。

（2）进出接线端应尽可能集中在 1 至 2 个侧面，不要太过离散。

6）引脚排列顺序的设计

设计布线图时要注意引脚排列顺序，且组件的引脚间距要合理。

7）导线设计

在保证电路性能要求的前提下，设计时应力求布线合理，少用外接跨线，并按一定的顺序要求布线，力求直观，便于安装和检修。而且在设计布线图时走线应尽量少拐弯，力求线条简单明了。

8）间距要求

布线条宽窄和线条间距要适中，电容器两焊盘间距应尽可能与电容引线脚的间距相符。

9）设计顺序

设计应按一定的顺序方向进行，如可以按照由左往右和由上而下的顺序进行。

知识拓展

印制电路板的 CAD 软件简介

一、印制电路板的计算机辅助设计（CAD）的优点

随着大规模、超大规模集成电路的应用，印制电路板的布线越来越紧密复杂。同时，对各种类型印制电路板的需求也越来越大，要求设计制造印制电路板的周期越来越短，质量越来越高。在这种情况下，用传统的手工方式设计和制造印制电路板已显得越来越难以适应目前的生产要求，因此，印制电路板的计算机辅助设计（CAD）应运而生。

印制电路板的计算机辅助设计（CAD）很大程度上避免了传统设计方法的缺点，大大缩短了设计周期，改进了产品质量。手工设计如图 4-10 所示。计算机辅助设计（CAD）如图 4-11 所示，比较两图，可以看出，CAD 精简了工艺标准检查，且修改时可以在同一图样上反复进行，从而缩短了制造环节，提高了工作效率。

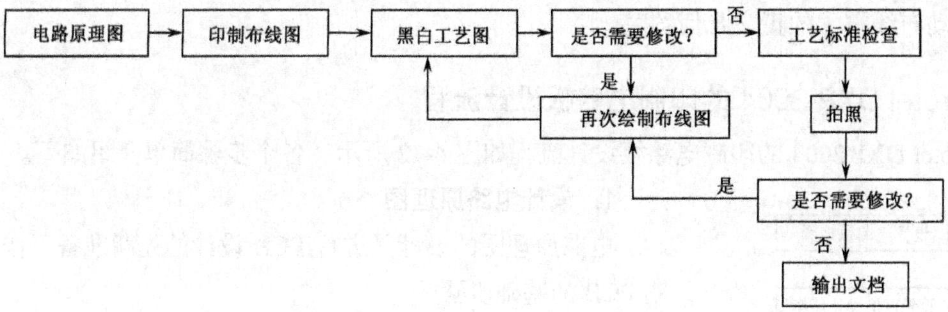

图 4-10　手工设计

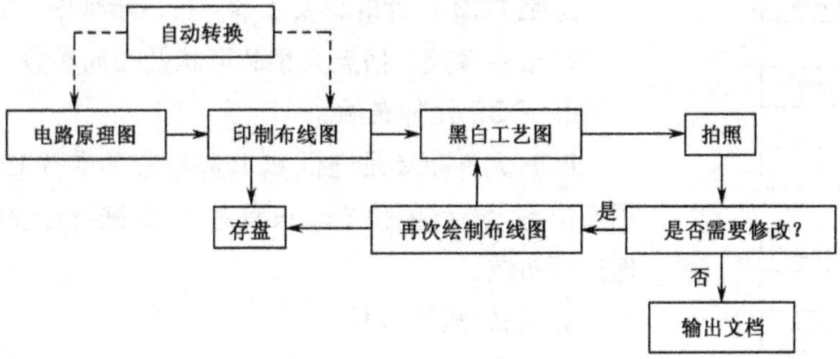

图 4-11　计算机辅助设计（CAD）

二、Protel DXP 2004 的主要性能和特点

近几年来，计算机技术取得了飞速发展，使得硬件的整体性能几乎成几何级增长，印制电路板的 CAD 软件也得到了极大发展，其种类也很多。国内市场上常用的软件有 Protel、ORCAD、Proteus 等，其中以 Protel 应用最为广泛。Protel 经历了从 Protel for DOS 到 Protel DXP 2004 的发展历程，Protel DXP 2004 充分发挥了计算机技术的优势，提供了一套完全集成的设计工具，这些工具能够让设计者很容易地从设计概念形成 PCB 设计。Protel DXP 2004 采用了一种新的方法进行 PCB 设计，使设计人员可以进行任何从概念到完成的任意 PCB 的设计而不受设计规格和复杂程度的束缚。Protel DXP 2004 的主要性能和特点如下。

1. 全新一代的 EDA 前端设计工具

Protel DXP 2004 建立在独特的设计浏览器集成平台上。设计浏览器允许 Protel DXP 2004 系统的各个模块交互工作在一起，就像操作单一的模块工具一样，界面统一。

2. 数模混合电路仿真功能

Protel DXP 2004 能够在原理图输入阶段进行信号完整性分析，有效避免了设计师在设计初级阶段存在的问题，极大提高了设计师的工作效率。

3. 支持 FPGA（现场可编程门阵列）设计

4. 支持 PLD（可编程逻辑器件）设计

5. 以“规则驱动”为核心，提供强大的 PCB 设计工具

Protel DXP 2004 的 PCB 设计系统为用户提供了一个图形化的人机交互设计平台和一系列完备的设计规则，以及强大且完全可控的参数化设计手段。

6. 先进的自动布线功能

Protel DXP 2004 有基于拓扑逻辑路径映射技术的自动布线器，完全摆脱了基于网络、基于

形状自动布线技术的正交几何约束。

三、Protel DXP 2004 的印制电路板设计流程

Protel DXP 2004 的印制电路板设计流程如图 4-12 所示，各个步骤简单介绍如下。

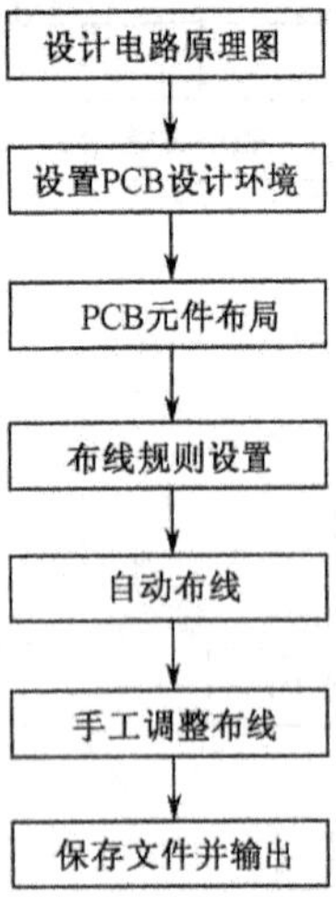

图 4-12　印制电路板设计流程

1. 设计电路原理图

电路原理图的设计是进行 PCB 设计的先期准备工作，是绘制 PCB 的基础步骤。

2. 设置 PCB 设计环境

这是 PCB 设计的重要步骤。在该步骤中，主要设置 PCB 的尺寸、板层参数、格点大小和形状及布局参数等。

3. PCB 元件布局

PCB 元件布局是进行 PCB 布线前的准备工作，主要包括合理安排各元器件的位置。只有对 PCB 进行合理布局，才能方便地进行布线。

4. 布线规则设置

该步骤主要设置 PCB 布线时遵循的各种规则。

5. 自动布线

自动布线采用无网格设计，如果设计合理并且布局恰当，系统会自动完成布线。对于简单的电路，系统的自动布线一般可以满足用户要求。

6. 手工调整布线

手工调整布线主要用于调整自动布线时的不合理因素。

7. 保存文件并输出

保存设计好的各种文件，包括 PCB 文件、元件清单文件等，然后打印结果并输出。用户还可以根据需要生成光绘文件或通过印制电路板雕刻机直接进行印制电路板制作。

如表 4-1 所示是以设计稳压电源印制电路板为例，用 Protel DXP 2004 设计 PCB 的过程。

表 4-1　用 Protel DXP 2004 设计 PCB 的过程

步　骤	操 作 说 明	图示操作过程
1	打开 Protel DXP 2004，新建 PCB 项目，如右图所示	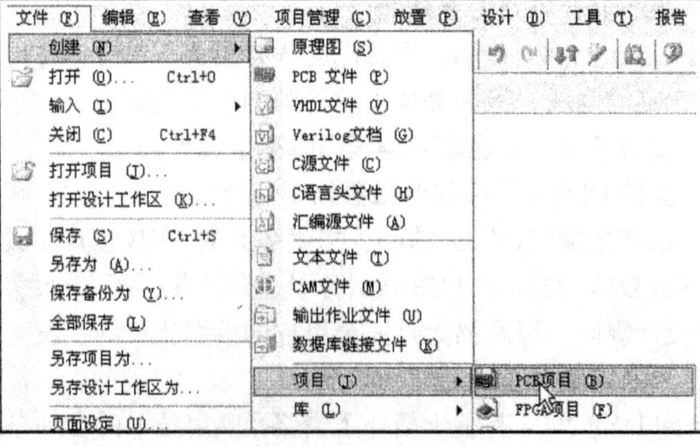

续表

<table>
<tr><th>步骤</th><th>操作说明</th><th>图示操作过程</th></tr>
<tr><td>2</td><td>将新建PCB项目保存到合适的文件夹中，并给项目起合适的名字，如保存到D盘，文件夹名称为稳压电源，项目工程文件为稳压电源.PrjPCB</td><td>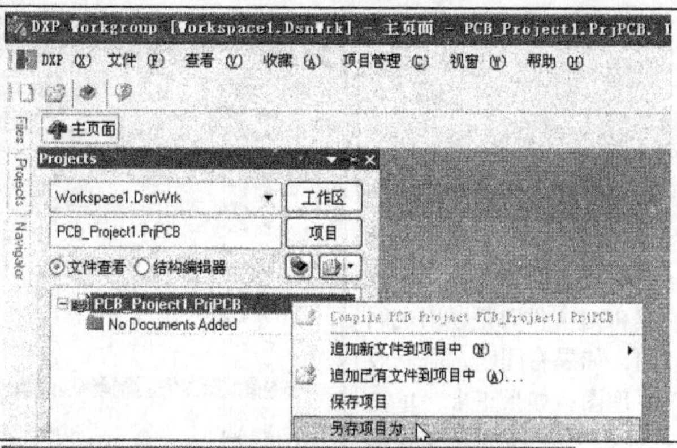
</td></tr>
<tr><td>3</td><td>将鼠标移动到项目文件上，单击鼠标右键，按右图所示追加原理图文件到项目中</td><td>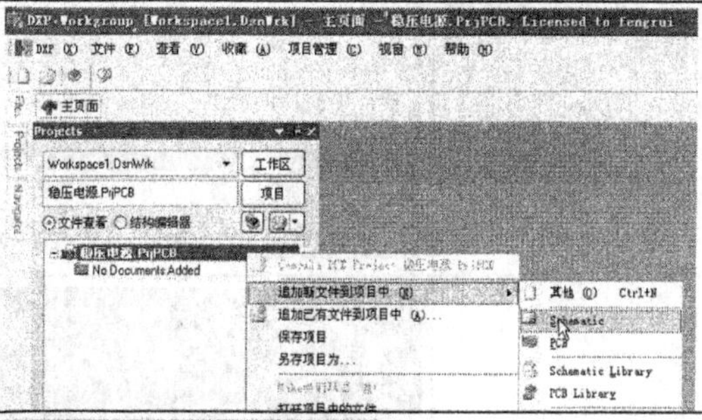
</td></tr>
<tr><td>4</td><td>用同样的方法追加印制电路板文件到项目中，根据需要还可以增加原理图库文件和印制电路板图库文件到项目中</td><td>
</td></tr>
<tr><td>5</td><td>绘制原理图。绘制原理图时，首先放置元器件，注意放置时要修改其参数和封装，然后调整元器件的位置，再用导线连接它们，最后检查原理图是否有问题，如果有，进行修改，如果没有问题，则保存原理图。绘制好的稳压电源原理图如右图所示</td><td>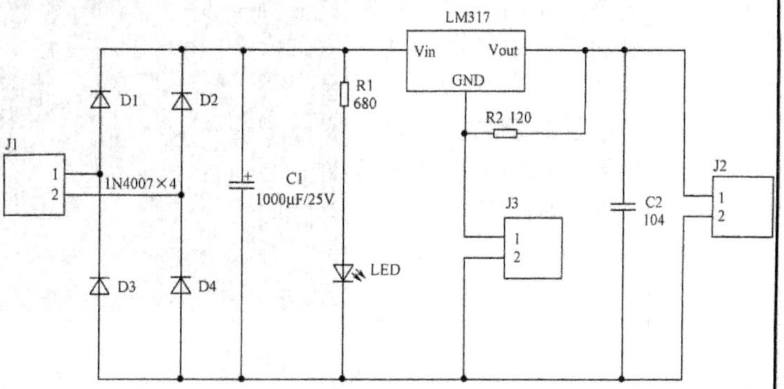
</td></tr>
<tr><td>6</td><td>将原理图生成PCB图：将原理图元件及网络表转入PCB图中，其过程是单击原理图中“设计”菜单下的“Update PCB Document 稳压电源.PcbDoc”选项，如右图所示</td><td>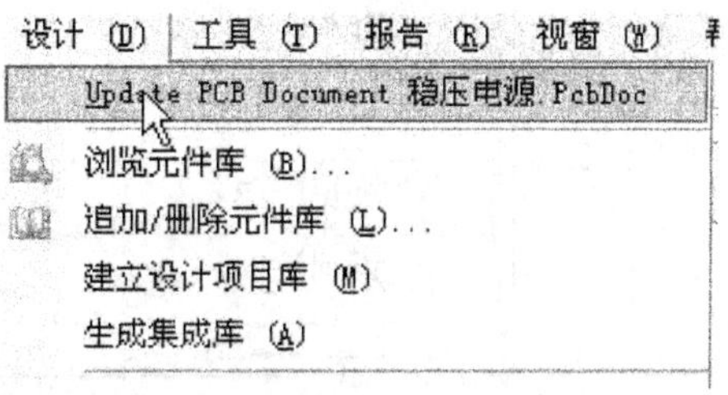
</td></tr>
</table>

续表

步　　骤	操 作 说 明	图示操作过程
7	在弹出的对话框中，单击“使变化生效”，系统会自动检查原理图文件在转换成PCB文件时是否出现问题，如果有问题，需修改原理图；如果正常，单击“执行变化”，系统便转换到PCB界面	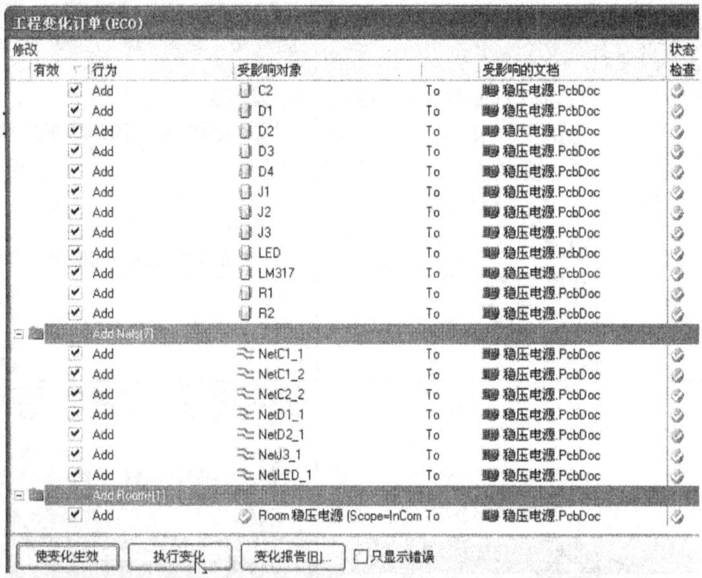
8	在PCB界面，元器件及连线（称为飞线）已杂乱摆放在板上	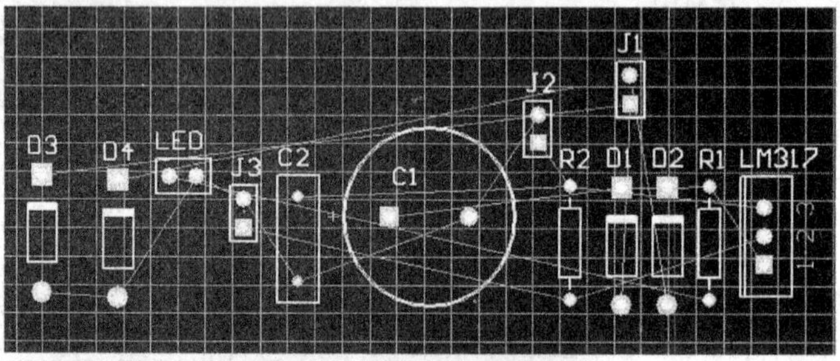
9	元器件布局调整有自动调整和手工调整两种方法，在元器件不多的情况下，一般手工调整就可以满足需要，元器件布局调整后的摆放如右图所示	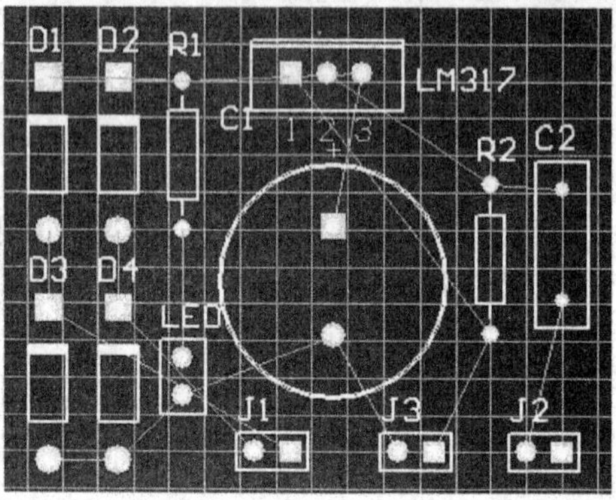
10	设置布线规则。设置的布线规则包括线宽、线间距、板面选择（单面板、双面板）等	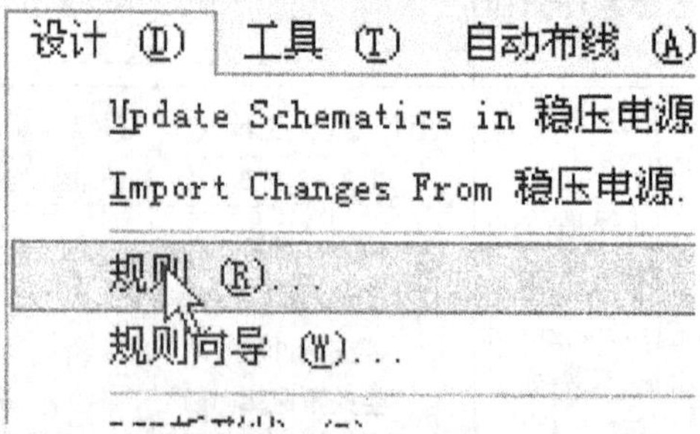

续表

步　　骤	操 作 说 明	图示操作过程
11	绘制边框，布线。如右图所示，布线分为自动布线和手工布线两种，常用的方式是自动布线、手工调整，如对右图中的 D2、R1 之间的布线不满意，则可以删除布线，进行手工调整	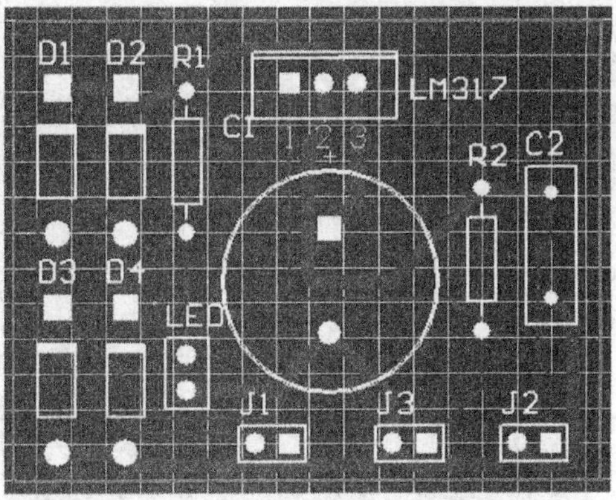
12	手工调整后的布线如右图所示，如果对 PCB 的布线不满意则可以继续调整	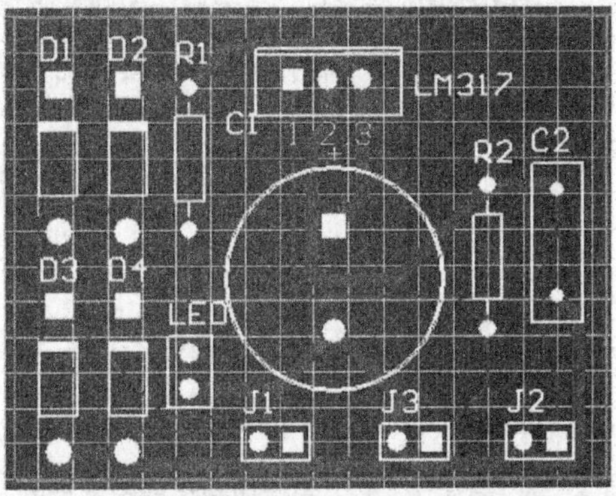
13	如果对 PCB 布线满意，最后再进行 PCB 的修饰，如为了增加机械强度和导电性而为焊盘增加泪滴效果，为增加机械强度和抗干扰而对印制电路板进行覆铜等。 如果对设计的 PCB 比较满意，就可以进行保存、输出打印等设计收尾工作了	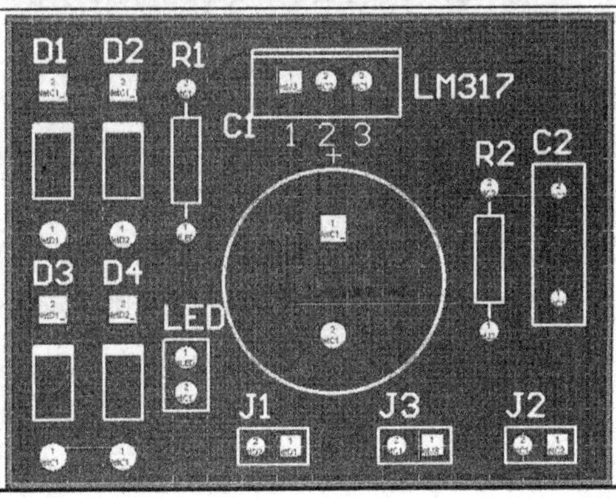

任务二　印制电路板的制作

在电子产品样机设计尚未成型的实验阶段，或当电子技术爱好者进行业余制作时，经常需要制作少量印制电路板以进行产品分析。如果按照正规的生产印制电路板的工艺和步骤，绘制出印制板电路，再到印制电路板的专业制板厂进行加工制作，这样加工出的印制电路板质量固然很高，但成本比较昂贵，并且加工周期长。因此，学会手工制作印制电路板是学习电子专业的学生应该掌握的一项基本技能。

任务分析

（1）裁剪、清理印制电路板。

（2）拓图、描图、修改。

（3）腐蚀印制电路板。

（4）去漆、钻孔。

（5）修板、涂助焊剂。

教学方式

教学步骤	时间安排	教学方式（供参考）
阅读教材	课余	查资料、相互讨论，重点阅读“操作分析”和“知识链接”
技能训练	4 课时	根据提供的材料，手工制作印制电路板
操作分析和知识链接的讲授	2 课时	在操作分析的讲授中，结合实物或多媒体课件演示；对知识链接的讲授多以案例为主
评估检测		教师与学生共同完成任务的检测与评估，并能对问题进行分析与处理

操作分析

手工制作印制电路板的方法有描图法、雕刻法、贴图法、热转印法等。表 4-2 以常用的描图法介绍了手工制作印制电路板的方法和步骤。

表 4-2　手工制作印制电路板的方法和步骤

过　　程	操 作 过 程	图　　示
腐蚀前的准备	剪板：按照实际尺寸剪裁敷铜板 清板：去除板四周的毛刺，清除板面污垢 拓图：用复写纸将已设计好的印制图拓在敷铜板上 描图：用稀稠合适的调和漆描图，描好后置于室内晾干 修整：趁油漆未完全干透的情况下进行修整，把图形中的毛刺或多余的油漆刮掉	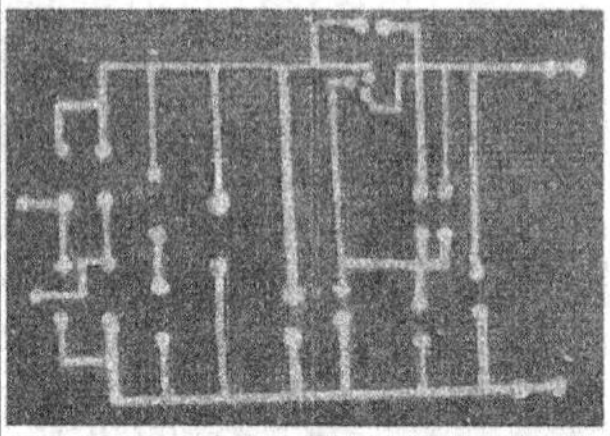
腐蚀	当油漆干好后，把印制电路板放到三氯化铁水溶液中，注意掌握溶液浓度、温度和腐蚀时间。在腐蚀过程中，可以慢慢地搅动，以加快腐蚀速度。待完全腐蚀后，取出腐蚀好的敷铜板用水冲洗	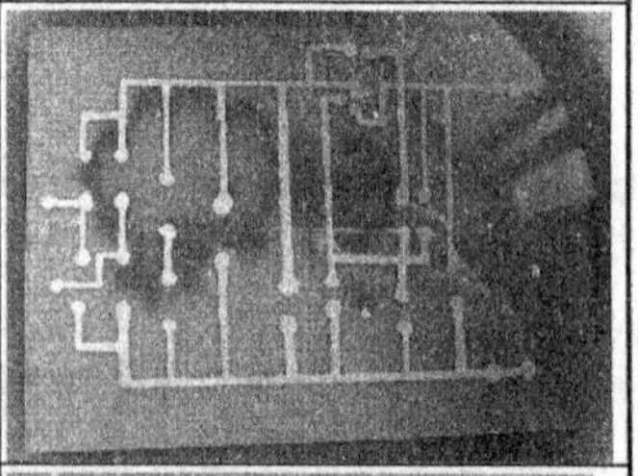
去漆	用香蕉水清除漆膜。也可在此之前先用刀片刮掉漆膜，这样可以加快去漆速度	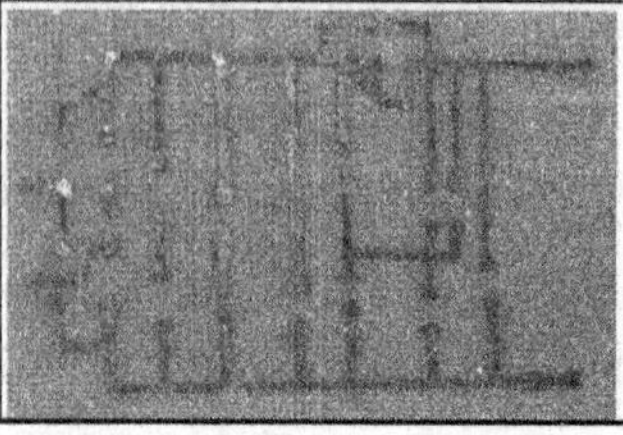

续表

过　程	操作过程	图　示
钻孔	按要求对腐蚀好的印制电路板钻孔，对于要求高的孔，最好先打好样孔。钻孔时用力不要过大、过快，以免移位或折断钻头	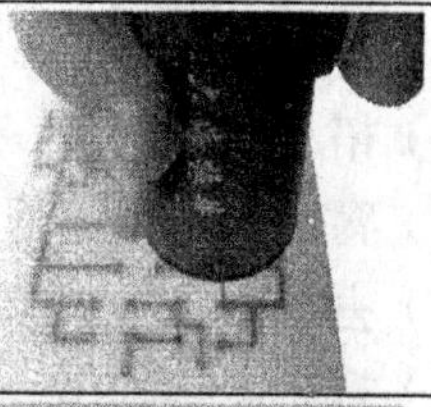
修板	用细砂纸（0号砂纸）清除毛刺，清除污物，用水冲净、晾干	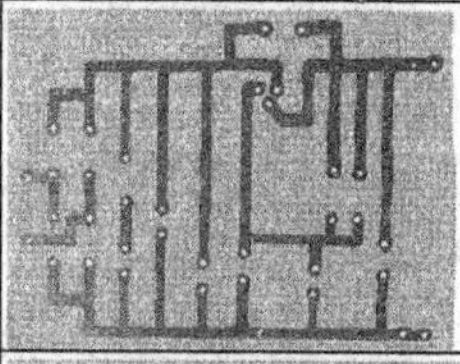
涂助焊剂	当印制电路板晾干后，立即涂上助焊剂（松香水），备用	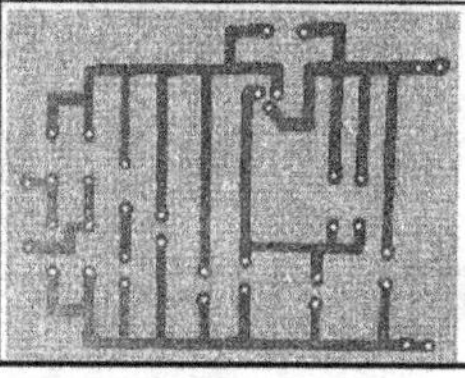

用描图法手工制作印制电路板的方法简单易学，材料容易购买且价格便宜，但用这种方法制作的印制电路板的走线精度不高，不适宜制作走线密集要求高的印制电路板。

目前，随着科技的发展和办公条件的改善，采用热传印法制作印制电路板的方法日益普遍。其过程可以简单叙述为：用计算机设计印制电路板，设计好以后再直接用激光打印机将印制电路板图打印在热转印纸上（注意打印反图），通过加热方法把图形拓印在覆铜板上，再进行腐蚀、去漆等制板工艺。这种方法省去了描图、修正这一复杂而又费工的过程，其特点为制板精度高，速度快、成本低。

制作印制电路板的实用技巧：

（1）描图时可以用油漆，也可以使用酒精松香溶液、油性记号笔或涂改液；

（2）腐蚀液可用三氯化铁溶液（三氯化铁和水按 1：2 配制），也可以用过硫酸钠溶液（过硫酸钠和水按 1：3 配制），溶液量能淹没印制电路板即可；

（3）腐蚀温度在 40℃～50℃之间为宜，腐蚀时用长毛软刷或废旧毛笔往返均匀轻刷印制电路板可以加快腐蚀速度。

技能训练

手工制作印制电路板

1. 训练目标

（1）掌握拓图、描图的方法。

（2）掌握腐蚀印制电路板的方法。

（3）掌握去漆、钻孔的方法。

2. 训练器材

（1）工具：鸭嘴笔（或毛笔），容器（小盆）、筷子。

（2）仪器：小型手电钻。

（3）器材：印制电路板原理图、印制电路板、三氯化铁、油漆（或涂改液）、温水、细砂纸、香蕉水。

3. 训练内容

（1）拓图、描图。

（2）腐蚀印制电路板。

（3）去漆。

（4）打孔（钻孔）。

4. 训练步骤

（1）用细砂纸清理印制电路板上的污垢和毛刺。

（2）拓图、描图。

（3）配制三氯化铁溶液，腐蚀印制电路板。

（4）去漆。

（5）钻孔、修版、涂助焊剂。

技能评价

任务检测与评估

检测内容	分　值	评分标准	学生自评	教师评估
拓图	10	根据拓图情况酌情给分		
描图	15	根据描图质量酌情给分		
修整	5	根据修整情况酌情给分		
腐蚀印制电路板	20	根据腐蚀质量和速度酌情给分		
去漆	10	根据去漆情况酌情给分		
钻孔	10	根据钻孔情况酌情给分		
修板、涂助焊剂	10	根据修板、涂助焊剂情况酌情给分		
安全操作	10	不按照规定操作，扣4～10分		
现场管理	10	结束后没有整理现场，扣4～10分		
合计	100			

知识链接

印制电路板的加工技术

一、印制电路板机械加工的特点

印制电路板机械加工的对象是覆铜箔层压板。覆铜箔层压板是采用胶黏剂热度绝缘材料和铜箔制成的。绝缘材料主要有两种：一种是玻璃布，另一种是纸基。目前在印制电路行业中使用最多的是环氧玻璃布板。无论是纸基板还是玻璃布板，其机械加工性能都比较差。从它们的结构组成可以看出：它们都具有脆性和明显的分层性，硬度较高，对机械加工的刀具磨损大，板内含有未完全固化的树脂，加工过程中的机械摩擦产生的热会使未完全固化的树脂软化呈黏性，增加摩擦阻力，折断刀具，同时产生腻污，影响加工质量。因此为了提高加工质量，需要采用硬质合金刀具。

二、印制电路板机械加工的分类

印制电路板的外形和各种各样的孔（引线孔、过孔、机械安装孔、定位孔、检测孔等）都是通过机械加工完成的，因此其尺寸精度必须满足一定的要求，并且随着电子技术的发展，对其精度的要求会越来越高。印制电路板的机械加工方法通常有冲、钻、剪、铣、锯等。根据加工零件的形状，可把印制电路板的机械加工分为孔加工和外形加工两类。由于印制电路板的孔和外形加工质量都直接影响印制电路板的机械装配性能和电气连接性能，从而影响到印制电路板的质量，所以机械加工是印制电路板加工中重要的步骤之一。要想获得成本低、质量好的印制电路板，必须根据制造印制电路板所采用的基材、性能、尺寸公差要求、加工数量和加工工艺选择合适的机械加工方法，使其获得最大的经济效益。

1. 外形加工

外形加工有毛坯加工和精加工。毛坯加工一般采用剪和锯。精加工用于印制电路板成品的外形加工，加工的方法有剪、锯、冲、铣。

在精加工中，剪和锯的成本最低，适用于多品种小批量、精度要求低的场合；冲在大批量生产时是最经济的加工方法，适用于精度要求不高，元器件安装密度不高的单面印制电路板，以及一些对外形精度要求不高的双面和多层印制电路板。

2. 孔加工

一般圆形孔的加工有冲和钻两种方法，异形孔的加工有冲、铣和排钻等方法。

冲孔加工需要有冲模来保证，由于冲模成本较高，一次性的先期投入较大，所以冲孔一般只适用于无小孔、孔径精度要求不高，不需要金属化孔的大批量单面印制电路板。手工钻孔一般适用于精度不高，品种多，批量小的印制电路板加工。数控钻孔加工的精度高，适用于大部分印制电路板的加工，可以加工 0.1mm 以上孔径的小孔，但是数控钻孔的设备及加工成本高。

在选择印制电路板加工方法时，必须根据实际情况综合考虑印制电路板的质量要求及经济性，以在保证印制电路板质量的基础上追求最大的经济利益。

三、印制电路板孔的加工方法及特点

冲孔用于基板材料为纸基板或环氧玻璃布板的单面印制电路板，这些产品大多用于民用产品，如电视机、收音机等。冲孔加工的生产效率很高，适用于大批量的生产。

在覆铜箔层压板上冲孔时，要求尽量减少分层、裂纹等缺陷。其质量控制的关键是孔的结构要素、模具结构和冲孔工艺等因素。单面印制电路板的冲孔加工往往安排在蚀刻之前，这是因为铜箔的增强作用有助于防止裂纹的产生。

1. 对被冲孔的结构要求

对于被冲的孔，必须力求使其产生的缺陷最少。结构工艺最好的孔是圆形孔，其次是椭圆孔。

印制电路板被冲孔的结构工艺性还取决于孔间距离和孔与印制电路板周边的距离。一般孔间距为板厚的 2/3，孔与印制电路板周边的距离为板厚的 1/3。在考虑冲制大量的印制电路板孔时应力求使边距、孔间距尺寸大一些。当孔间距接近最小值时，必须在模具机构上采取措施，以减少层压板冲孔时分层的产生。

2. 材料的预热

如果将纸基板材料在冲压前预热至 80～90℃，就会改善印制电路板的表面冲切质量。通常在红外线烘箱中预热，加热时间与材料厚度有关，每毫米加热5～8min。若加热过度，则材料会把凹模孔堵死而造成故障。环氧玻璃布板不需加热。

3. 钻孔

印制电路板上各种形状的孔都可以通过钻孔来加工。钻孔的方法有很多种，手工操作的单轴钻床钻孔和数控钻床钻孔都是可供选择的办法。但是无论选用哪种方法，都必须保证孔的质量。通常金属化孔的质量要求更高，应满足如下的要求。

（1）孔壁应光滑，无毛刺，孔边缘无翻边，基材无分层。

（2）钻出的孔与焊盘应保证一定的公差，且钻出的孔必须在焊盘中心位置上，如果位置不准确，就有可能造成电路图像对位不准，严重时甚至产生断路或短路。

（3）对于需要金属化的孔，尤其是对多层板的孔有更高的钻孔要求时，除了应满足（1）外，还要求铜箔内不能留有杂物。

四、印制电路板外形加工的方法及特点

印制电路板的外形加工也很重要，它是保证正确的电气和机械安装的重要条件。印制电路板的外形加工可根据印制电路板外形、加工数量、层数和材料的不同，选择不同的加工方法。常采用的方法有下列几种。

1. 剪切加工

这种加工方法是采用剪床进行的。剪切加工既可用于下料，也可用于外形加工。用剪床加工印制电路板的外形，是以边框线作为加工基准的。剪切加工只能加工直线外形，异形部分可用冲床和铣床加工。对于品种多、数量少、对外形尺寸要求不高的印制电路板常采用这种方法，它的缺点是精度差，有时加工后还需要用砂纸磨光。

2. 冲压加工

根据冲床落料所加工印制电路板的厚度、外形尺寸合理地设计冲头和凹模之间的间隙，可得到具有一定精度的外形尺寸。

如果采用一次冲孔落料模，则可以采用复合模结构。冲压加工的生产效率高，加工印制电路板的一致性好，适合于大批量生产。冲压加工通常要求定位精度高。

3. 铣床加工

这种加工方式比较灵活，适用于自动化生产。由于铣刀是圆柱形的，所以在设计印制电路板的外形和异形孔时，必须允许转角处的过渡圆弧大于或等于最小铣刀半径。用数控铣床加工印制电路板的外形，加工精度高，可加工出各种形状、尺寸的印制电路板。数控铣床加工适用于生产批量大、形状复杂，精度要求高的印制电路板的铣削。工作台或转轴的移动由程序自动控制，操作者只需按印制电路板的外形尺寸编制程序和往数控工作台上装卸印制电路板即可。

任务三 SMT印制电路板的设计

SMT 工艺是指利用钎料或焊膏在元件与电路板之间构成机械与电气两方面的连接，其主要优点在于尺寸小、质量轻、互连性好；高频电路的性能好，寄生阻抗显著降低；抗冲击力与

振动性能好。采用 SMT 工艺时引线不需穿过电路板，可避免产生由引线接收的，或者由辐射得来的干扰信号，进而提高电路的信噪比。

任务分析

（1）掌握 SMT 元器件的封装。

（2）了解 SMT 印制电路板的设计步骤。

（3）了解 SMT 印制电路板的设计要求。

教学方式

教学步骤	时间安排	教学方式（供参考）
阅读教材	课余	查资料、相互讨论，重点阅读“操作分析”和“知识链接”
技能训练	2 课时	根据提供的直流稳压电源套件，按照操作分析过程进行训练，若有问题及时请同学或老师做示范或讲解，不要盲目操作
操作分析和知识链接的讲授	2 课时	在操作分析的讲授中，结合实物或多媒体课件演示；对知识链接的讲授多以案例为主
评估检测		教师与学生共同完成任务的检测与评估，并能对问题进行分析与处理

操作分析

一、SMT 元器件的封装

标准零件是在 SMT 发展过程中逐步形成的，主要是针对用量比较大的元器件。目前主要有以下几种：电阻（R）、排阻（RA 或 RN）、电感（L）、陶瓷电容（C）、排容（CP）、钽质电容（C）、二极管（VD）、晶体管（VT）。在 PCB 上可根据代码来判定其零件类型，一般来说，零件代码与实际装的零件是相对应的。

1. 元器件规格

随着 SMT 的发展，元器件规格至今已经形成了一个标准系列，各家元器件供货商都是按这一标准来制造元器件的。

标准件的尺寸规格有英制与公制两种，如用英制表示法有 1206、0805、0603、0402 等。前两位表示元器件的长，如 12 表示为 0.12inch；后两位表示元器件的宽，如 06 表示 0.06inch。对应的公制表示法是 3216、2012、1608、1005 等。同样，前两位表示元器件的长，如 32 表示 3.2mm；后两位表示元器件的宽，如 16 表示 1.6mm。习惯上用英制表示的更多。例如，0805 表示元器件长为 0.08 英寸（inch），宽为 0.05 英寸，换算成公制长为 2mm，宽为 1.2mm。

英制和公制的换算关系为：1inch＝25.4mm。

2. 常用元器件的封装

（1）电阻器。最为常见的有 0805、0603 两类。

（2）电阻器封装的大小和电阻器的标称功率有关，常用的电阻器封装和功率的对应关系如表 4-3 所示。

表 4-3　电阻器封装和功率的对应关系

封　装	0402	0603	0805	1206	1210	1812	2010	2512
功率（W）	1/16	1/10	1/8	1/4	1/3	1/2	3/4	1

（3）电容器。电容器可分为无极性和有极性两类。无极性电容器常见的有 0805、0603。

（4）二极管。根据所承受电流的限度，二极管的封装形式大致分为两类：小电流型（如 1N4148），封装为 1206；大电流型（如 1N4007），暂没有具体封装形式，只能给出具体尺寸，即 5.5mm×3mm×0.5mm。

3. IC 类元器件

IC 为 Integrated Circuit（集成电路块）的英文缩写，业界一般用 IC 的封装形式来划分其类型，传统 IC 有 SOP、SOJ、QFP、PLCC 等，现在比较新型的 IC 有 BGA、CSP、FLIP CHIP 等，这些零件类型因其 PIN（元器件脚）的多寡、大小及 PIN 与 PIN 之间的间距不一样，而呈现出各种各样的形状。常见的基本 IC 类型有以下几种。

（1）SOP：元器件两面有脚，脚向外张开（一般称为鸥翼型引脚）。

（2）SOJ：元器件两面有脚，脚向零件底部弯曲（J 型引脚）。

（3）QFP：元器件四边有脚，脚向外张开。

（4）PLCC：元器件四边有脚，脚向零件底部弯曲。

（5）BGA：元器件表面无脚，脚成球状矩阵排列于零件底部。

SMT 元器件的封装内容非常复杂，读者可以查阅相关资料，如图 4-13 所示是一些常用封装图。

图 4-13　SMT 元器件的常用封装

二、SMT 印制电路板的设计步骤

SMT 印制电路板的设计步骤和通孔元器件印制电路板的设计步骤几乎一样，但由于 SMT 元器器件较小且引脚位置固定，所以对 SMT 元器件焊盘的位置要求要远高于对通孔元器件焊盘的位置要求，再加上引脚排列密集等原因，目前的 SMT 印制电路板的设计几乎都由计算机来完成。

下面以设计由单片机构成的八路抢答器为例，简要说明 SMT 印制电路板设计的主要步骤。

1. 绘制原理图（八路抢答器）。

八路抢答器的原理图如图 4-14 所示。

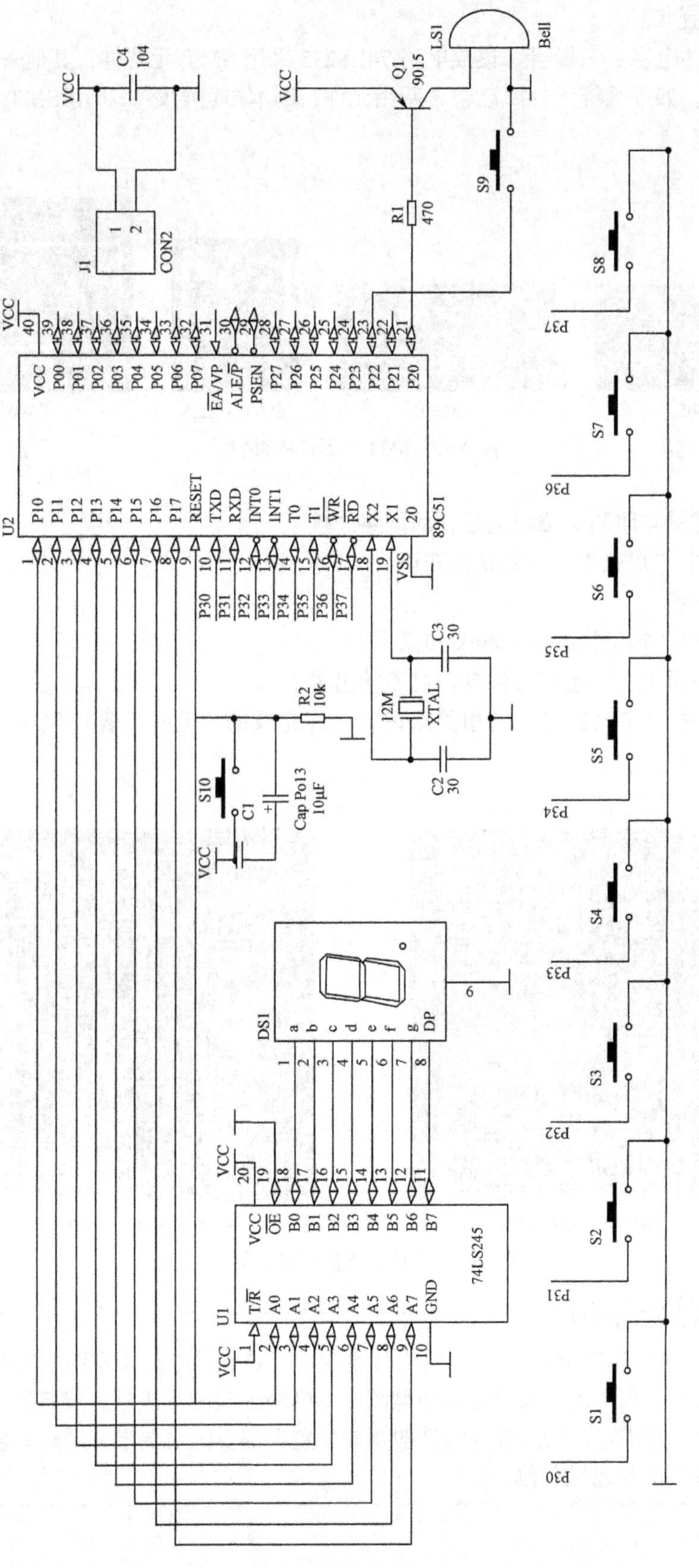

图4-14 八路抢答器的原理图

2. 组件库的创建

电阻、无极性电容、三极管、集成电路 74LS235 采用 SMT 元器件，其他采用通孔元件。据此创建元件库，如果系统元件库已包含所用元件，则本步可省略。所用 SMT 元器件的封装如图 4-15 所示。

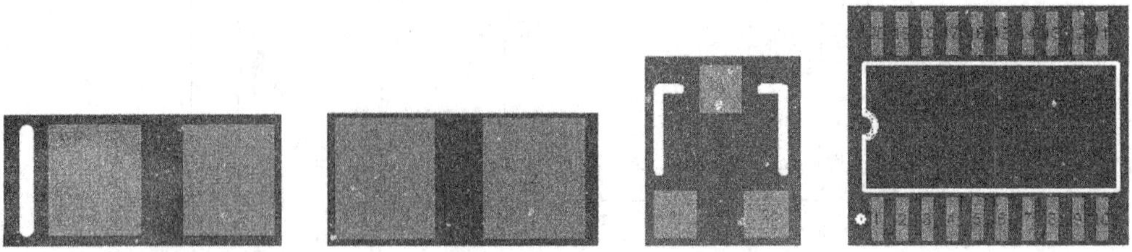

CC0805　　CR0805　　SO-GS/C2.5　　DW020

图 4-15　SMT 元器件的封装

3. 建立原理图与印制电路板上组件的网络连接

参考任务一中“知识拓展”的相关知识。

4. 布局和布线

参考任务一中“知识拓展”的相关知识。

5. 设计的扫尾工作（覆铜、保存、打印输出等）

参考任务一中“知识链接”的相关知识。设计完成的八路抢答器印制电路板如图 4-16 所示。

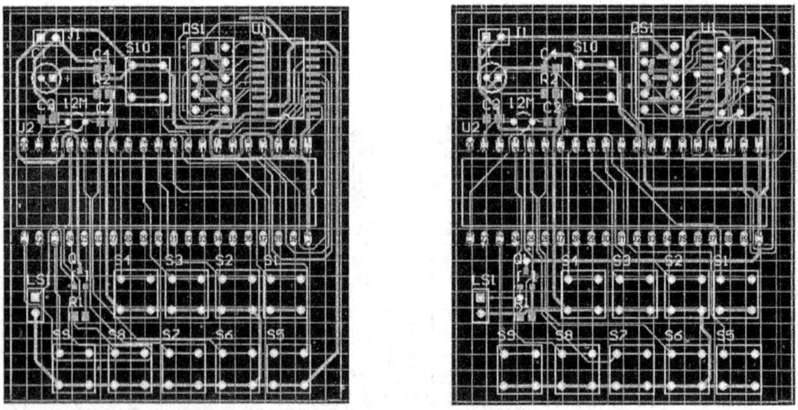

完成的单面印制电路板　　完成的双面印制电路板

图 4-16　八路抢答器印制电路板

注意事项：

在 SMT 印制电路板的设计过程中，要确保电路原理图中的组件图形与实物相一致，还要确保电路原理图中的网络连接的正确性；安装孔、插头、定位孔、基准点，以及各种组件的摆放位置等都要满足要求，同时要便于安装、系统调试及通风散热。

技能训练

简单印制电路板的绘制（原理图根据实际情况自定）

1. 训练目标

（1）掌握设计印制电路板的步骤。

（2）掌握印制电路板常用的设计规则。

2. 训练器材

（1）工具：计算机。

（2）器材：设计好的电路原理图一份。

3. 训练内容

（1）选定印制电路板的材料、厚度和板面尺寸。

（2）测量元器件的尺寸。

（3）由原理图绘制印制电路板。

4. 训练步骤

（1）识读原理图，读懂电路图的电气连接方式。

（2）选择印制电路板。

（3）对照原理图，绘制印制电路板的草图。

（4）测量元器件的外观尺寸。

（5）绘制 1：1 的正式印制电路板图。

技能评价

任务检测与评估

检测内容	分　　值	评分标准	学生自评	教师评估
识读原理图	10	能正确识读原理图得 10 分；部分读不懂视情况得 3～7 分		
选择合适的板材	10	能选择合适的板材得 10 分		
绘制印制电路板草图	25	少一个元器件扣 5 分；连接错误一处扣 5 分		
元器件尺寸的测量	10	一个元器件尺寸错误扣 5 分		
正式印制电路板的绘图	30	每处错误扣 5 分		
安全操作	5	不遵守课堂秩序扣 3～5 分		
现场管理	10	结束后没有整理现场，扣 4～10 分		
合计	100			

知识链接

SMT 印制电路板的设计要求

一、印制电路板的材料选择

印制电路板基材主要有二大类：有机类基板材料和无机类基板材料，使用最多的是有机类基板材料。层数不同，使用的印制电路板基材也不同，如 3～4 层板要用预制复合材料，双面板则大多使用玻璃-环氧树脂材料。无铅化电子组装过程中，由于温度升高，印制电路板受热时发生弯曲的程度加大，故在 SMT 元器件中要求尽量采用弯曲程度小的板材，如 FR—4 等类型的基板。由于基板受热后的胀缩应力对元器件产生的影响会造成电极剥离，降低可靠性，故选材时还应该注意材料膨胀系数，尤其是当元器件的尺寸大于 3.2mm×1.6mm 时要特别注意。

二、印制电路板的元器件布局

1. 元器件布局

对于元器件布局，应注意以下几点。

（1）板面元器件分布应尽可能均匀（热均匀和空间均匀）；

（2）元器件应尽可能朝同一方向排列，以便减少焊接不良的现象；

（3）元器件间的最小间距应大于 0.5mm，避免温度补偿不够；

（4）PLCC、SOIC、QFP 等大器件周围要留有一定的维修、测试空间；

（5）功率元器件不宜集中，要分开排布在印制电路板边缘或通风、散热良好的位置；

（6）贵重元器件不要放在印制电路板边缘、角落或靠近插件、贴装孔、槽、拼板切割、豁口等高应力集中区，以减少开裂或裂纹。

2. 元器件方向

对于元器件方向，应注意以下几点：

（1）所有无源元器件要相互平行；

（2）SOIC 与无源元器件的较长轴要互相垂直；

（3）无源元器件的长轴要垂直于印制电路板沿着波峰焊接机传送带的运动方向；

（4）有极性的表面组装元器件应尽可能以相同的方向放置；

（5）在焊接 SOIC 等多引脚元器件时，应在焊料流方向最后两个焊脚处设置窃锡焊盘或焊盘面积加位，以防止桥连；

（6）类型相似的元器件应该以相同的方向排列在印制电路板上，使得元器件的贴装、检查和焊接更容易；

（7）采用不同组装工艺时，要考虑元器件的引脚及质量，防止掉件或漏焊。例如，波峰焊接面上的元器件需能承受 260℃高温，因此不能是四边有引脚器件。

三、印制电路板的线路及焊盘设计

1. 线路的电气设计要求

（1）引脚间距内过线原则。低密度要求在 2.54mm 引脚中心距内穿过 2 条线径为 0.23mm 的导线；中密度要求在 1.27mm 引脚中心距内穿过 1 条线径为 0.15mm 的导线；高密度要求在 1.27mm 引脚中心距内穿过 2～3 条更细的导线。

（2）印制电路板线条的宽度要求尽量一致，这样有利于阻抗匹配。从印制电路板的制作工艺来讲，宽度可以做到 0.3mm，0.2mm 及 0.1mm，但随着线条变细，间距变小，生产过程中的质量将难以控制。因此，选用 0.3mm 线宽和 0.3mm 线间距的布线原则是比较适宜的。

（3）尽量走短线，特别是对小信号电路来讲，线越短电阻越小，干扰越小，同时耦合线长度应尽量减短。

（4）电源线、地线设计原则。走线面积越大越好，以利于减少干扰。对于高频信号线，最好使用地线屏蔽。大面积的电源层、地线层要相邻，其作用是在电源和地之间形成一个电容，起到滤波作用。

2. 焊盘的设计

目前表面组装元器件还没有统一标准，不同的国家，不同的厂商所生产的元器件外形封装都有差异，因此在设计焊盘尺寸时，焊盘的长度与宽度应与自己所选用的元器件的封装外形、引脚等相适应。常用的焊盘设计可以参考一些电子行业工艺标准的汇编。

设计焊盘时应遵循以下几点：

（1）对于同一个器件，凡是对称使用的焊盘，设计时应严格保持其全面的对称性，即焊盘图形的形状与尺寸应完全一致；

（2）对于同一种器件，应以封装尺寸的最大值和最小值为参数来计算焊盘尺寸，从而保证设计结果的适用范围宽；

（3）设计焊盘时，焊点的可靠性主要取决于长度而不是宽度。

总之，SMT 印制电路板的设计是一个比较复杂而又精细的工作，需要掌握更多的设计知识和 SMT 的新技术才能完成。

项目小结

（1）设计印制电路板时需要考虑正确性、可靠性、合理性、经济性等因素。

（2）简单印制电路板的设计步骤包括印制电路板的选用、印制电路板尺寸图的设计、根据原理图绘制印刷图草图和正式印制电路板的设计。

（3）印制电路板的作用有支撑、固定元器件和实现各种电子元器件之间的电气连接。

（4）印制电路板有单面印制电路板、双面印制电路板、柔性印制电路板和多面印制电路板之分。

（5）设计印制电路板时要考虑布局、布线、焊盘等具体设计要求。

（6）印刷电路板的 CAD 具有设计速度快、准确度高、修改方便等优点。

（7）手工制作印制电路板的步骤是：剪板、清板、拓图、描图、修整、腐蚀、去漆、钻孔、修板、涂助焊剂。

（8）SMT 印制电路板的设计步骤和通孔元件印制电路板的设计步骤几乎一样，但对焊盘和导线的要求更高，一般用 CAD 软件进行设计。

思考与练习

1. 印制电路板的设计通常有哪两种方式？
2. 设计印制电路板需要考虑哪些因素？
3. 简单印制电路板的设计步骤有哪些？
4. 手工制作印制电路板的步骤有哪些？
5. 手工制作印制电路板时采用的腐蚀液有哪几种，如何配制？
6. 常用的 SMT 电阻和 SMT 电容有哪几种封装？
7. SMT 印制电路板的设计步骤是什么？

项目五 电子元器件的插装与焊接

电子元器件的插装与焊接是印制电路板手工装配工艺的基本技能。了解生产企业的自动化焊接技术，熟悉焊点的基本要求和质量验收标准，是保证电子产品质量的关键。本项目主要介绍元器件引脚的加工和插装、手工焊接技术（含贴片安装），并在此基础上进一步介绍自动化焊接的工艺流程及生产设备。

技能目标：

- 掌握元器件的整形插装。
- 掌握手工焊接的要领并能够对印制电路板上的元器件进行拆焊操作。
- 熟悉焊点的质量检查方法和要点。

知识目标：

- 掌握元器件引脚加工的基本要求。
- 掌握手工焊接焊料、助焊剂、焊接工具的选用和操作要领。
- 了解自动化焊接的工艺流程和生产设备。

任务一 元器件的插装

在安装元器件前应熟悉其安装位置特点及工艺要求，并预先将元器件的引线加工成一定的形状。成型后的元器件既便于插装，又方便焊接，同时也能够加强元器件安装后的防震能力，保证电子设备的可靠性。

任务分析

元器件的插装是指将其引脚按照工艺要求成型后再依据插装工艺顺序和技术要求，用不同形式安装到印制电路板上。具体要求如下。

（1）在加工操作前，仔细阅读元器件引脚成型要求。

（2）按照图 5-1、图 5-2、图 5-3、图 5-10 所示，对元器件引脚进行加工成型。

（3）按照图 5-4、图 5-5、图 5-7、图 5-8、图 5-9 所示，对元器件进行贴板插装、悬空插装、直立插装、有高度限制时的插装和支架固定插装。

（4）加工过程中应注意选用恰当的工具，不可损伤元器件。

教学方式

教学步骤	时间安排	教学方式（供参考）
阅读教材	课余	自学、查资料、相互讨论，重点阅读"操作分析"和"知识链接"
技能训练	1 课时	对元器件引脚加工成型的实训内容，由学生边学边练，同时教师示范操作
操作分析和知识链接的讲授	1 课时	在操作分析的讲授中，结合实物或多媒体课件演示；对知识链接的讲授多以案例为主
评估检测		教师与学生共同完成任务的检测与评估，并能对问题进行分析与处理

操作分析

一、元器件引脚的加工技术

工厂在大批量生产元器件时，其引脚加工成型往往用自动折弯机、手动折弯机等专用设备来完成，但在少量元器件加工或无专用成型机的条件下，为了保证元器件成型质量和成型的一致性，可使用镊子、尖嘴钳等工具或简易模具来完成。

1. 引脚的校直

元器件的引脚可用尖嘴钳、平口钳或镊子进行简易手工校直，或使用专用设备校直。在校直过程中，不可用力拉扭元器件引脚，且校直后的元器件也不允许有伤痕。

注意事项：

凡有标记的元器件，引脚成型后，其标称值应处于查看方便的位置，以便于检查和维修。

2. 手工折弯元器件引脚

手工折弯元器件引脚的示意图如图 5-1 所示。用带圆弧的长嘴钳或医用镊子靠近元器件引脚根部，按折弯方向移动引线即可。

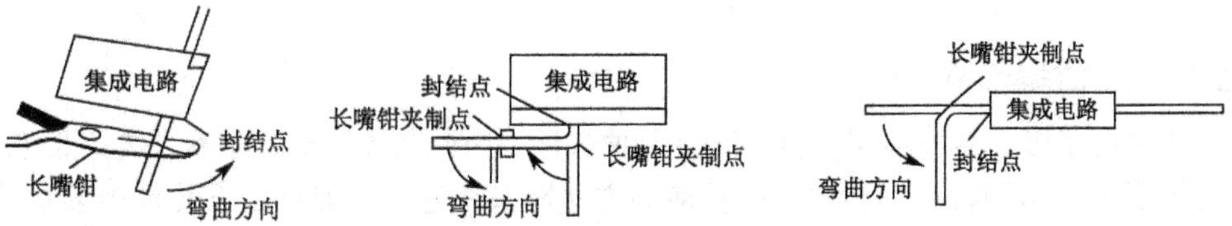

图 5-1　手工折弯元器件引脚的示意图

3. 专用模具折弯元器件引脚

专用模具折弯元器件引脚的示意图如图 5-2 所示。在模具的垂直方向上开有供插入元器件引脚用的长条形孔。将元器件引脚从上方插入成型模的长孔后，再插入成型插杆，引脚即成型，然后拔出成型插杆，将元器件从水平方向移出即可。

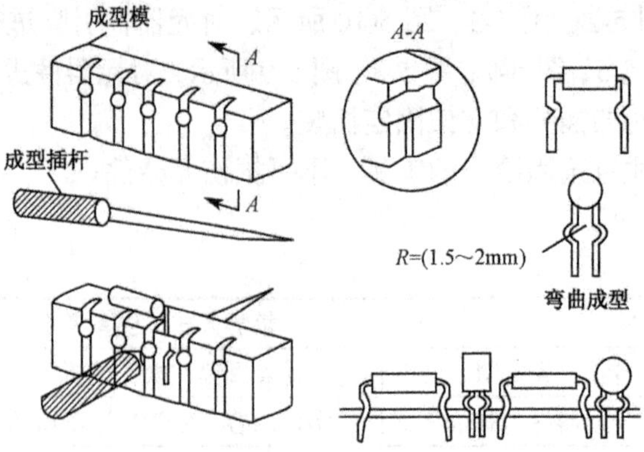

图 5-2　专用模具折弯元器件引脚的示意图

4. 折弯成型元器件

折弯成型元器件时，尺寸应符合工艺要求。可用手工或专用模具折弯。常见的元器件引脚加工形状如图 5-3 所示。其中图（a）为卧式安装的折弯成型方法，它要求引

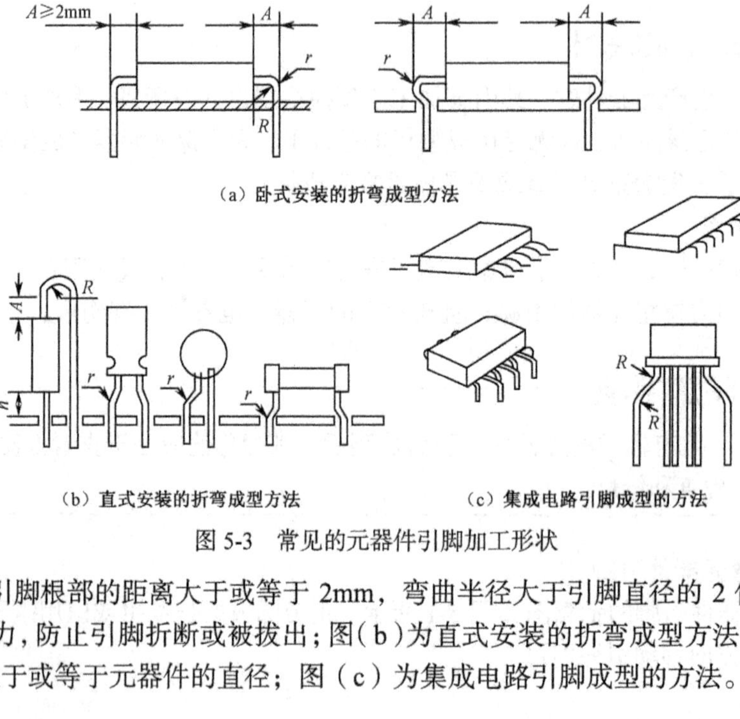

（a）卧式安装的折弯成型方法

（b）直式安装的折弯成型方法

（c）集成电路引脚成型的方法

图 5-3　常见的元器件引脚加工形状

脚折弯处距离引脚根部的距离大于或等于 2mm，弯曲半径大于引脚直径的 2 倍（即 $r>2d$），以减小机械应力，防止引脚折断或被拔出；图（b）为直式安装的折弯成型方法，要求 $h>2$mm，$A>2$mm，R 大于或等于元器件的直径；图（c）为集成电路引脚成型的方法。

二、元器件的插装形式

元器件种类繁多，结构不同，引脚线也多种多样，因此其插装形式也有差异，但它们都必须由产品的要求、结构特点、装配密度及使用方法等来决定。一般有以下几种插装形式。

1. 贴板插装

贴板插装如图 5-4 所示。它适用于防震要求高的产品。元器件紧贴印制电路板基面，安装间隙小于 1mm。当元器件为金属外壳，安装面又有印制导线时，应加垫绝缘衬垫或套绝缘套管，以防短路。

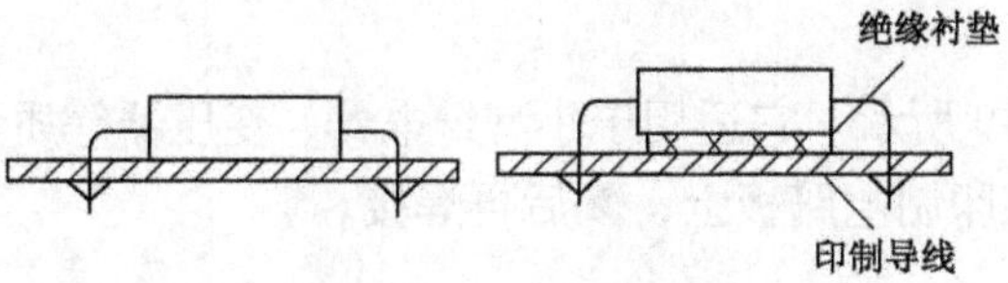

图 5-4　贴板插装

2. 悬空插装

悬空插装如图 5-5 所示。它适用于发热元器件的安装，元器件距印制电路板基面有一定的高度，以便散热。其插装距离一般在 3～8mm 范围内。

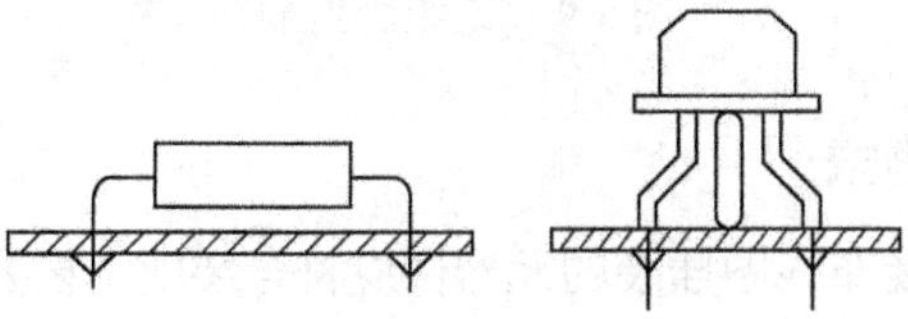

图 5-5　悬空插装

3. 埋头插装

埋头插装也称为倒装或嵌入式插装，其插装形式如图 5-6 所示。这种方式将元器件的壳体埋于印制电路板的嵌入孔内，可提高元器件的防震能力，降低安装高度。

4. 直立插装

直立插装如图 5-7 所示。它适用于安装密度较高的场合，元器件垂直于印制电路板基面，但对质量大且引脚线细的元器件不适宜采用这种形式。

5. 有高度限制时的插装

有高度限制时的插装如图 5-8 所示。它适用于有一定高度限制的元器件的安装。通常的处理方法是先将元器件垂直插入，然后再沿水平方向弯曲。对于大型元器件，应采用胶粘、捆绑等措施，以保证有足够的机械强度，经得起震动和冲击。

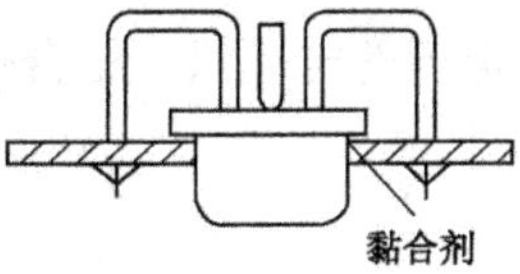

图 5-6　埋头插装

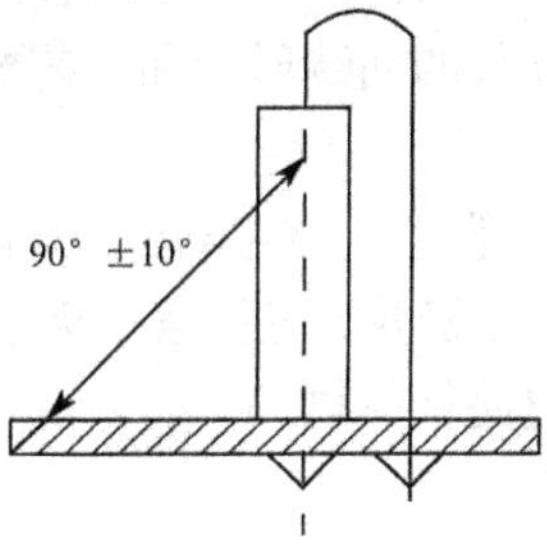

图 5-7　直立插装

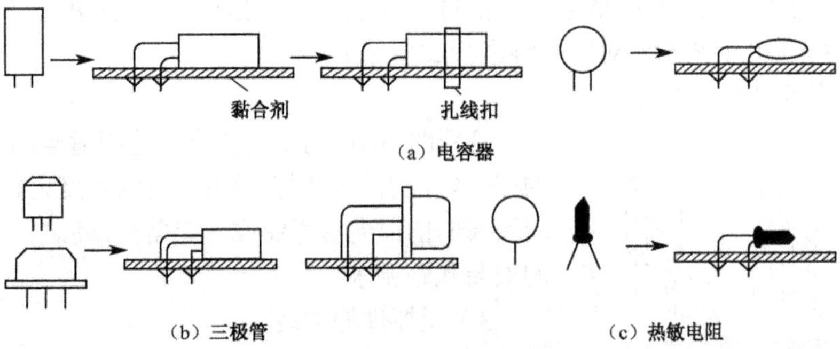

图 5-8　有高度限制时的插装

6. 支架固定插装

支架固定插装如图 5-9 所示。它适用于小型继电器、变压器等质量较大的元器件。一般先用金属支架将它们固定在印制电路板上，然后再焊接。

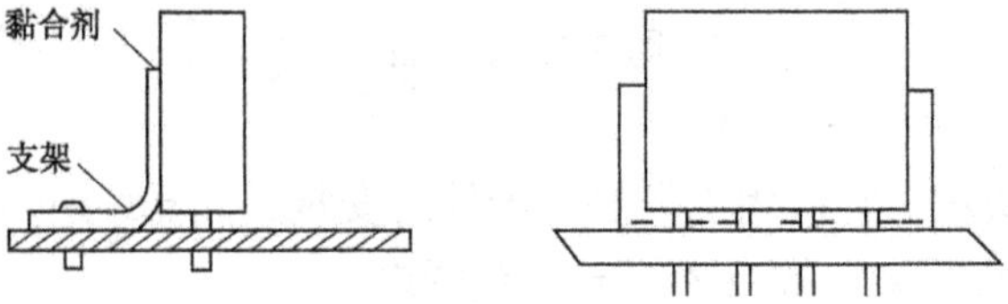

图 5-9 支架固定插装

三、元器件插装的工艺要求

在印制电路板上按照安装布线图插装的元器件应符合装配工艺要求，基本原则如下：

（1）元器件的标识方向应一致、朝上或朝外、易看见；

（2）有极性的元器件，如极性电容、二极管、三极管等的极性不能装反；

（3）安装高度符合规定要求，同一规格的元器件应尽量安装在同一高度上；

（4）外观和封装相同而型号不同的元器件，如继电器、电阻、三极管、电容等的安装位置应正确，不能装错；

（5）安装顺序一般为先低后高，先小后大，先轻后重，先一般元器件后特殊元器件。

技能训练

用镊子、尖嘴钳或引脚成型模具整形插装元器件

1. 训练目标

（1）熟练掌握元器件引脚的手工整形要求、标准、方法和技能。

（2）掌握元器件的插装形式和工艺要求。

2. 训练器材

（1）镊子、小螺丝刀、尖嘴钳、引脚成型模具等。

（2）电阻器、二极管、三极管、极性电容、非极性电容等若干只；黏合剂、绑扎线、金属支架适量；印制电路板一块。

3. 训练内容

1）电阻器、电容器、二极管的引脚整形

电阻器、电容器、二极管的整形方法相同。参考图 5-1 或图 5-2，选用适当的工具，并按照图 5-3（a）、（b）的工艺要求对其引脚进行成型加工。

2）三极管的引脚成型加工

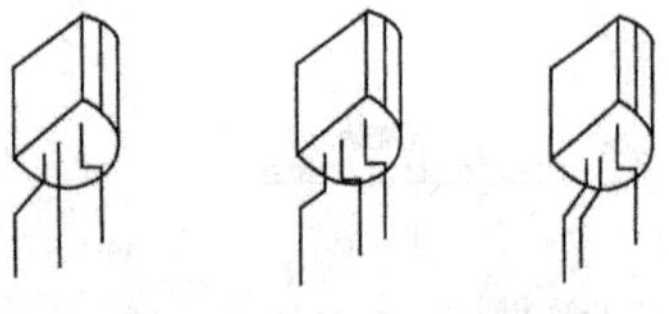

图 5-10 常见三极管的引脚成型示意图

按照图 5-10 的工艺要求，选用适当的工具将三极管的三个电极引脚分别整理成一定的角度，并根据需要将中间引脚向前或向后弯曲成一定角度，使之符合印制电路板的安装孔距要求。

3）元器件的插装

依据元器件插装的工艺要求，并参考图 5-4、图 5-5、

图 5-7、图 5-8、图 5-9，在印制电路板上对引脚成型的元器件进行贴板插装、悬空插装、直立插装、有高度限制时的插装和支架固定插装。

技能评价

任务检测与评估

检测内容	分　值	评分标准	学生自评	教师评估
工具使用	5	工具用途不明确，扣 1～2 分；工具使用方法不正确，扣 1～3 分		
贴板插装	15	引脚成型不合工艺要求，每项扣 2～5 分；插装不合工艺要求，每项扣 2～5 分；成型引脚有机械损伤，弯曲部分出现模印、压痕或裂纹等，每项扣 2～5 分		
悬空插装	15			
直立插装	15			
有高度限制时的插装	15			
支架固定插装	15			
安全操作	10	不按照规定操作，损坏工具、公物，每项扣 4 分		
现场管理	10	实训器材摆放乱、结束后不清理现场，每项扣 5 分		
合计	100			

知识链接

常用元器件的插装注意事项

1. 电容器的插装

插装陶瓷电容器时，要注意其耐压级别和温度系数。插装可变电容器、微调电容器时也会遇到极性问题，要注意让接触人体的“动片”那一极接“高频地电位”焊盘，不能颠倒，否则调节时人体附加上去的分布电容将会使得调节无法进行。插装有机薄膜介质的可变电容器时，要将动片全部旋入后再焊接，要尽量缩短焊接的时间。插装铝质电解电容、钽电解电容器时，其极性不能接反，否则将会增大损耗，尤其是铝质电解电容器，极性接反将会使其急剧发热，引起鼓泡、爆炸。

2. 二极管、三极管的插装

二极管的引脚有正、负极之分，插装时不能插反。插装各种三极管时，要注意分辨它们的型号、引脚次序（极性），以及防止在插装焊接的过程中对它们造成损伤。

3. 电位器的插装

电位器从结构上可以分为旋轴式和直线推拉式两种。它们在外形上没有区别，完全靠标注来区分，因此插装时不要搞混，必要时可以通过仪表测试来分辨。

4. 继电器的插装

插装继电器时，要注意区分其规格、型号，核对驱动线圈的工作电压值、欧姆数和触点的荷载能力，以及分辨动合触点与动断触点的引脚位置。小继电器驱动绕组的线径很细，其与引脚相接的部位易出问题，因此要注意保护。凡是继电器都不宜插装在有强磁场或强震动的地方。

5. 集成电路（IC）的插装

插装集成电路（IC）时，应该注意拿取时必须确保人体不带静电。最好戴上防静电护腕和防静电手套操作，且焊接时必须确保电烙铁不漏电，必要时可以采用临时拔掉电烙铁电源插头来焊接的办法。

知识拓展

印制电路板的装配工艺流程

根据电子整机产品的生产性质、生产批量、设备条件等情况的不同，采用的印制电路板装配工艺也不同。常用的印制电路板装配工艺有手工和自动两类。

1. 手工装配工艺流程

在产品的样机试制阶段或小批量生产时，印制电路板的元器件插装主要靠手工操作完成，即操作者把散装的元器件逐个插装到印制电路板上，其操作顺序是：待装元器件→引脚成型→插装→调整位置→剪切引脚→检验。

这种操作方式需要每个操作者都从头装到结束，效率低，而且容易出现差错。对于设计稳定，大批量生产的产品，宜采用流水线装配，这样可以提高生产效率，减少差错，提高产品合格率。

流水线装配具体是指把一次复杂的工作分成若干道简易的工序，每个操作者在规定的时间内完成指定的工作量（一般限定每人插装约 6 个元器件）。

2. 自动装配工艺流程

手工装配使用灵活、方便，广泛用于各道工序和各种场合，但其速度慢，易出差错，效率低，不适宜现代化生产的需要，尤其对于设计稳定、产量大和装配工作量大而元器件又无须选配的产品而言，常用自动装配方式。印制电路板的自动装配工艺流程如图 5-11 所示。

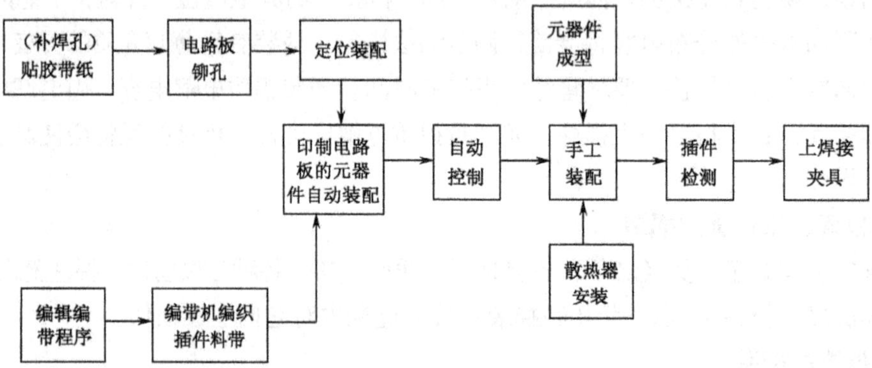

图 5-11　印制电路板的自动装配工艺流程

自动装配对设备要求高，对元器件的供料形式也有一定的限制。自动装配机的适用步骤、方法及有关要求如下。

（1）不是所有的元器件都可以进行自动装配。一般要求用于自动装配的元器件的外形和尺寸尽量简单一致，方向易于识别。在自动装配后一般仍需要手工装配不能自动装配的元器件。

（2）在自动装配过程中，要求元器件的排列取向沿着 X 轴或 Y 轴。

（3）自动装配需要编辑编带程序。编带程序应反映各元器件的装配路线。

（4）编带机编织插件料带。在编带机上将编带程序输入编带机的控制计算机，根据计算机发出的指令，把编带机料架上放置的不同规格的元器件带料自动编织成以装配路线为顺序的料带。

（5）元器件的自动装配。将编织好的元器件料带放置在自动装配机料带架上，将印制电路板放置在装配机 X-Y 旋转工作台上，再将已编织好的元器件装配程序输入装配机的计算机中，最后由计算机控制装配机将元器件一个一个地装配到印制电路板上。

（6）在自动装配过程中，印制电路板的传递、装配、检测等工序，都由计算机按程序进行。

印制电路板装配完毕后，即可进行焊接。

任务二　常用元器件的手工焊接

在电子产品装配过程中，焊接是对电子元器件和导线进行连接的重要手段。焊接的方法有手工焊接和自动焊接，以及无锡焊接等。由于手工焊接工艺简单，不受使用条件和场合的限制，尤其是在电子整机产品的调试维修中仍占有重要位置，所以掌握常用元器件的手工焊接工艺依然是电子整机产品装配人员必须掌握的基本技能。

任务分析

手工焊接的基本操作包括烙铁拿法及操作步骤，其操作技能主要包括印制电路板上元器件引脚的焊接和拆焊。建议在 4 课时内完成印制电路板上元器件引脚的焊接和拆焊任务。具体要求如下。

（1）在焊接前，仔细阅读手工焊接的相关知识。

（2）采用五步、三步焊接操作法对印制电路板上的元器件引脚进行焊接练习；按照任务一的电子元器件插装方法，焊接相对完整的印制电路板。

（3）按照本任务所述的拆焊方法，对印制电路板上的元器件引脚进行拆焊。

教学方式

教学步骤	时间安排	教学方式（供参考）
阅读教材	课余	自学本任务内容，重点阅读“操作分析”和“知识链接”，并查资料和讨论
技能训练	4 课时	完成印制电路板上导线和元器件引脚的装配、焊接、拆焊实训内容，由学生边学边练，教师巡回指导
操作分析和知识链接的讲授	2 课时	讲授法、演示法、启发式，结合多媒体课件完成讲授
评估检测		教师与学生共同完成任务的检测与评估，并能对问题进行分析与处理

操作分析

一、手工焊接的基本步骤

手工焊接的工艺流程为：准备→加热→加焊料→冷却→清洗。

1. 准备

焊接前的准备包括：焊接部位的清洁处理，导线与接线端子的勾连，元器件的装配，以及焊料、焊剂和工具的准备，使连接点处于随时可以焊接的状态。

2. 加热

用烙铁头加热焊接部位，使连接点的温度升至焊接需要的温度。加热时，烙铁头和连接点要有一定的接触面和接触压力。

3. 加焊料

加热到一定温度后，即可在烙铁头与连接点的结合部或烙铁头对称的一侧加上适量的焊料。焊料熔化后，应用烙铁头将焊料拖动一段距离，以保证焊料覆盖连接点。

4. 冷却

焊料和烙铁头离开连接点（焊点）后，焊点应自然冷却，严禁用嘴吹或采用其他强制冷却的方法。在焊料凝固过程中，连接点不应受到任何外力的影响而改变位置。

5. 清洗

必须彻底清洗残留在焊点周围的焊剂、油污、灰尘。按清洗对象的不同，可采用手工擦洗、气相清洗和超声波清洗等。

二、手工焊接的操作方法

电烙铁的使用方法在项目一中已做介绍，这里仅对手工焊接的操作步骤进行介绍。

1. 五步焊接操作法

用五步焊接操作法完成一个焊点的焊接的具体操作步骤如表 5-1 所示。

表 5-1　五步焊接操作法

操作步骤	操作示意图	说　明
准备	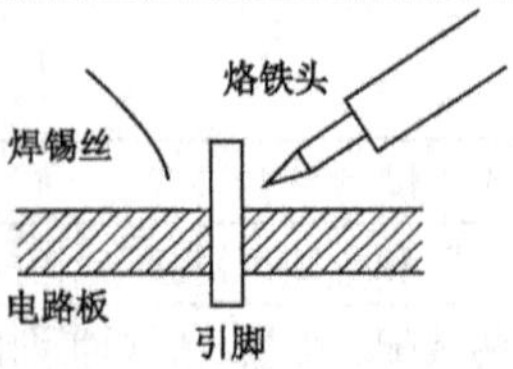	使焊点处于焊接状态
用烙铁头加热	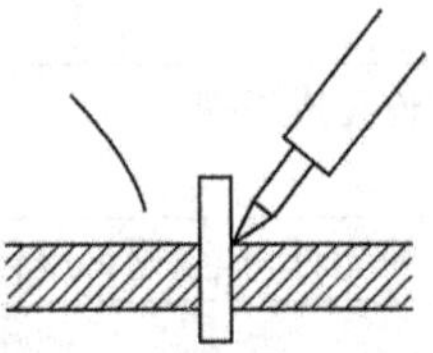	用烙铁头加热焊接部位。加热时，烙铁头和接触点要有一定的接触面和压力

续表

操作步骤	操作示意图	说　明
供给焊锡	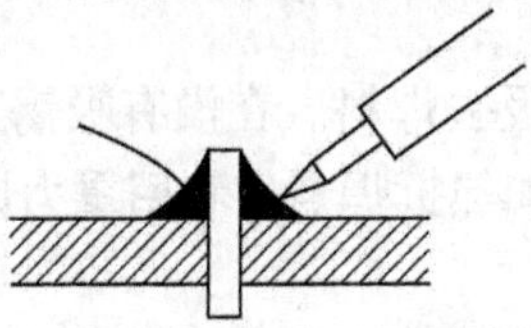	在焊接部位加适当焊料，并使焊锡熔化，浸润被焊金属
移开焊锡丝	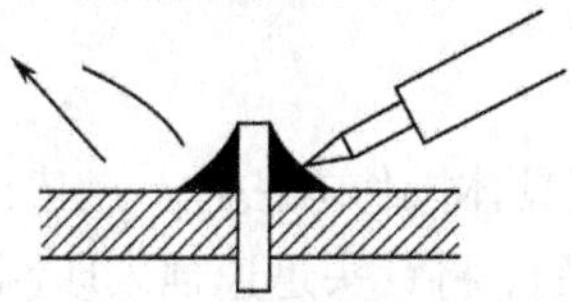	焊锡量适当后迅速朝左上方 45°移开焊锡丝
移开烙铁头	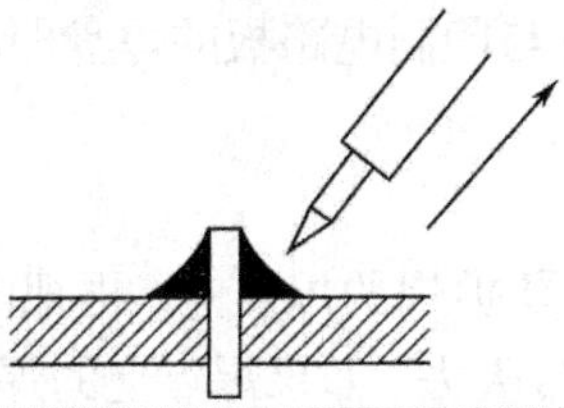	焊锡扩展范围达到要求，焊点均匀、光亮后，朝右上方 45°撤离烙铁头，速度不能慢，以保持焊点美观

五步焊接操作法是细致的，是掌握手工电烙铁焊接的基本方法。实际操作中，五步焊接操作法用得较普遍。在该方法中，各步骤之间停留的时间，对保证焊接质量而言至关重要，只有通过不断实践才能逐步掌握其操作技巧。

2. 三步焊接操作法

对于热容量小的焊件，如印制电路板上的小焊盘，可采用三步焊件操作法。其工艺流程为：准备——加热焊接部位并同时供给焊锡——移开焊锡丝并同时移开烙铁头。

注意事项：

焊锡丝的移开时间不得迟于烙铁头的移开时间；在焊料完全凝固前，不能移动被焊件之间的位置，以防产生假焊现象。

三、焊接件的拆卸

在检查电子元器件的焊接质量之后，有时要对焊接不良的元器件或有故障的元器件进行拆焊操作。在实际操作中，拆焊要比焊接的难度高，如果拆焊不当，就会损坏元器件及印制电路板。拆焊也是焊接工艺中必须掌握的技能。

1. 拆焊的基本原则

拆焊前一定要弄清楚原焊接点的特点，不要轻易动手。拆焊时必须遵循以下基本原则：

（1）不损坏待拆除的元器件、导线及周围的元器件；

（2）拆焊时不可损坏印制电路板上的焊盘与印制导线；

（3）对已判定为损坏的元器件，可先将其引脚剪断再拆除，这样可以减少其他损伤；

（4）在拆焊过程中，应尽量避免拆动其他元器件或变动其他元器件的位置，如确实需要应做好复原工作。

2. 拆焊的操作要点

（1）严格控制加热的温度和时间。拆焊的加热时间和温度较焊接时要长、要高，但仍需要严格控制它们，以免高温损坏其他元器件。

（2）拆焊时不要用力过猛。在高温状态下，元器件封装的强度会下降，尤其是塑封器件，用力地拉、摇、扭元器件都会损坏元器件和焊盘。

（3）吸去拆焊点上的焊料。拆焊前，应用吸锡工具吸去焊料。在没有吸锡工具的情况下，则可以将印制电路板或能移动的部件倒过来，用电烙铁加热拆焊点，利用重力原理，让焊锡自动流向电烙铁，这样也能达到部分去锡的目的。

3. 常用的拆焊方法

1）用空心针头拆焊

可用 8 到 12 号的空心针头若干作为拆焊工具。其具体操作方法是：一边用电烙铁熔化焊点，一边把针头套在被焊的元器件引线上，待焊点熔化后，将针头迅速插入印制电路板的孔内，再拿开电烙铁，旋转针头，待焊锡凝固后，元器件的引脚与印制电路板的焊盘即脱开，如图 5-12 所示。

2）用铜编织带拆焊

将铜编织带的端部一段涂上松香焊剂，然后放在将要拆焊的焊点上，再把电烙铁放在铜编织带上加热焊点，焊点上的焊锡熔化后，就会被铜编织带吸去。如果焊点上的焊料一次未吸完，则可进行第二次、第三次，直至吸完为止。当编织带吸满焊料后就不能再使用了，需将吸满焊料的部分剪去。

3）用气囊吸锡器拆焊

将被拆焊点加热使焊料熔化，把气囊吸锡器挤瘪，将其吸嘴对准熔化的锡料，然后放松气囊吸锡器，焊料就会被吸进气囊吸锡器内，如图 5-13 所示。

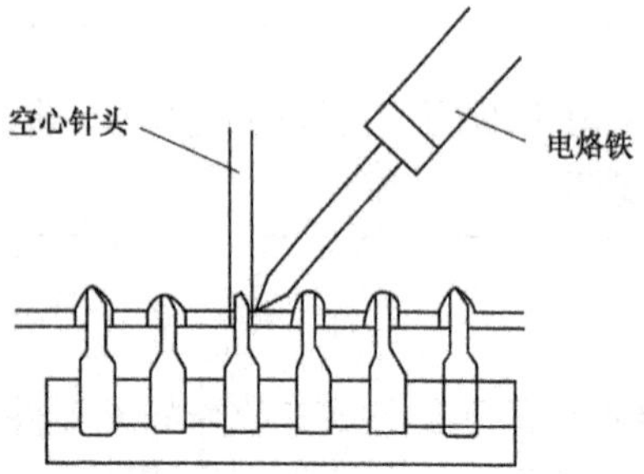

图 5-12　用空心针头拆焊

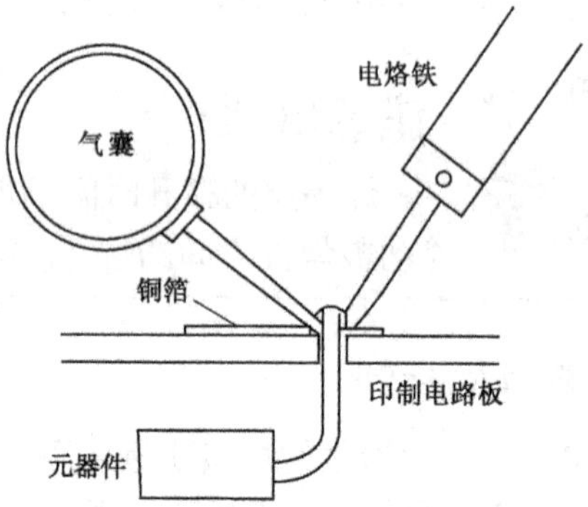

图 5-13　用气囊吸锡器拆焊

4）用吸锡电烙铁拆焊

吸锡电烙铁是一种专用拆焊电烙铁，它能在对焊点加热的同时，把锡吸入内腔，从而完成拆焊。

注意事项：

待焊料熔化后，把熔化的焊锡吸走即可，吸力不可过大，反复次数不要太多，否则容易吸掉焊盘，或使焊盘变形。

5）用热风枪拆焊

使用热风枪进行拆焊，一定要掌握好风力、风速和风力的方向，若操作不当，不但会将元器件吹跑，而且还会“殃及池鱼”，将周围的小型元器件的位置吹动或将其吹跑。用热风枪拆焊的具体方法是：

（1）用小刷子将小型元器件周围的杂质清理干净，往小型元器件上加注少许松香水；

（2）安装好热风枪的细嘴喷头，打开电源开关，调节其温度开关在2～3挡，风速开关在1～2挡；

（3）一只手用镊子夹住元器件，另一只手拿稳热风枪柄，使其喷头与欲拆卸的元器件保持垂直，距离为2～3cm，然后均匀加热（注意，喷头不可碰触元器件），待元器件周围焊锡熔化后用镊子将元器件取下即可。

技能训练

元器件的插装、焊接与拆焊

1. 训练目标

巩固手工插装元器件的工艺要求，熟练掌握五步焊接操作法、三步焊接操作法的焊接要领，巩固电烙铁的使用，掌握元器件的手工焊接、拆焊的技能。

2. 训练器材

（1）焊接工具和用品：电烙铁、焊锡丝、松香助焊剂、无水酒精、偏口钳、尖嘴钳、镊子、小螺丝刀、空心针、吸锡器、防静电手腕或防静电手套、铜编织带（网）等。

（2）元器件：针脚式的电阻器、电容器、三极管、集成块插座若干，其中电阻器的数量可多一些。因为集成电路块的成本高，所以可用插座代替。

（3）印制电路板1～2块（可用工厂生产的废印制电路板）。

3. 训练内容

（1）焊接练习。利用废旧的电阻器，先依据五步焊接操作法在印制电路板上练习焊接技能，待技能稳定熟练后转入三步焊接操作法的训练。

（2）印制电路板上元器件的焊接。首先按照任务一的要求对元器件进行引脚整形，并在印制电路板上进行插装（也可使用任务一中整形插装过元器件的印制电路板），然后按照焊接工艺要求完成元器件的焊接。最后所交的焊接作业中至少应包含以下焊接内容：

①插装焊接卧式贴板的电阻器10个。

②插装焊接电位器5个。

③插装焊接瓷片、涤纶电容等非极性电容器10个。

④插装焊接三极管10个。

⑤插装焊接立式电阻器10个。

⑥插装焊接极性电容器10个。

⑦插装焊接双排直列16芯集成电路插座5个。

注意事项：

（1）对每个焊点应认真练习，力争焊点完好；观察插装高度、插装方向是否符合工艺要求；观察焊点是否有假焊、虚焊、拉尖等劣质情况；

（2）焊接完毕，应用棉签沾取无水酒精擦去多余的助焊剂；

（3）有条件时可以多进行焊接练习，要想焊接质量高，需多练习、多观察、多思考；

（4）整个操作过程中应用好防静电用具，注意手不要直接接触元器件和印制电路板，以养成良好习惯。

（3）元器件的拆焊。对上述焊接完毕的印制电路板利用多种拆焊工具进行拆焊练习。

①用铜编织网拆焊电阻器、电容器。

②用气囊吸锡器和吸锡电烙铁拆焊三极管和电位器。

③用空心针拆焊集成电路块插座。

注意事项：

在拆焊过程中对于引脚间距大的元器件可以采用分点拆焊方法，对于引脚较集中的元器件可以采用集中拆焊法。

①分点拆焊法，如图 5-14（a）所示。先拆除一端焊点上的引线，再拆除另一端焊点上的引线，最后将器件拔出。

②集中拆焊法，如图 5-14（b）所示。晶体三极管及直立安装的阻容器件，因为它们的焊点之间的距离较小，所以应采用集中拆焊法，即用电烙铁或热风枪同时或交替加热几个焊点，待焊锡熔化后一次拔出器件。此法要求操作时注意力集中，加热迅速，动作快。

③如果焊点上的引线是折弯的引线，则拆焊时要先吸去焊点上的焊锡（使用吸锡电烙铁或金属（铜）编织带及其他的焊锡吸取器等），用烙铁头撬直引线后再拆除器件。

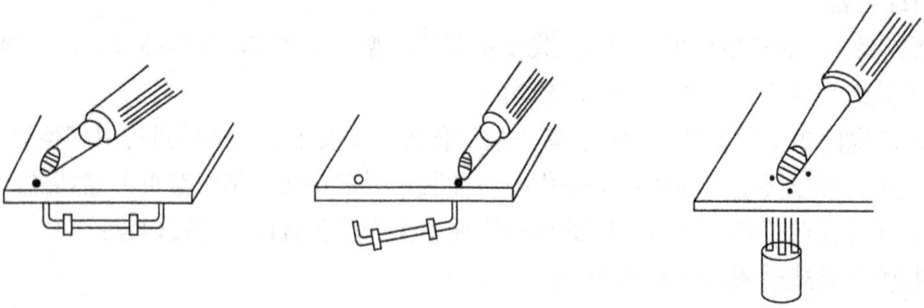

（a）分点拆焊法　　（b）集中拆焊法

图 5-14　分点拆焊法与集中拆焊法的示意图

技能评价

任务检测与评估

检测内容	分　值	评分标准	学生自评	教师评估
工具使用	10	工具用途不明确，扣 2～5 分；工具使用方法不正确，扣 2～5 分		

续表

检测内容	分　值	评分标准	学生自评	教师评估
焊接质量	40	有搭焊、假焊、虚焊、露焊、桥焊、焊盘脱落等，每处扣 5 分；有毛刺、焊料过多、焊料过少、焊点不光滑、引脚过长、焊盘不整洁等，每处扣 2 分		
拆焊	30	出现元器件损坏，每处扣 5 分；有散锡、拉丝、锡余留焊盘翘起或脱落，每处扣 3 分；集成电路引脚损坏，每处扣 3 分		
安全操作	10	不按照规定操作，损坏工具、公物，每项扣 4 分		
现场管理	10	实训器材摆放乱、结束后不清理现场，每项扣 5 分		
合计	100			

知识链接

一、焊接材料的选用

焊接材料包括焊料和助焊剂。

1. 焊料

1）焊料的种类

焊料是指易熔的金属及其合金。它的作用是将被焊物连接在一起。焊料的熔点比被焊物熔点低，易于与被焊物连为一体。

焊料按其组成，可分为锡铅焊料、银焊料、铜焊料；按照使用环境温度，可分为高温焊料和低温焊料；根据熔点不同分为硬焊料和软焊料。熔点在 450℃以下的称为软焊料，熔点在 450℃以上的称为硬焊料。

2）焊料的选用

在电子产品整机装配中，一般选用锡铅焊料（简称焊锡），尤其是内部夹有固体焊剂的松香焊锡。这种焊料有以下优点。

（1）熔点低。它在 180℃时便可熔化，使用 25W 外热式或 20W 内热式的电烙铁便可进行焊接。

（2）具有一定机械强度。锡铅合金比纯锡、纯铅的强度要高。又因为电子元器件本身的质量较轻，所以锡铅焊料能满足对焊点强度的要求。

（3）具有良好导电性。

（4）抗腐蚀性能好。用其焊接后，不必涂抹保护层就能抗空气的腐蚀，从而减少了工艺流程，降低了成本。

（5）对元器件引线及其他导线的结合力强，不易脱落。

焊锡丝直径有 0.5mm、0.6mm、0.8mm、1.0mm、…、5.0mm 等多种规格，一般选用的焊锡丝直径略小于焊盘的直径。

2. 助焊剂

1）助焊剂的作用

在进行焊接时，为能使被焊物与焊料焊接牢靠，要求金属表面无氧化物和杂质，以保证焊锡与被焊物的金属表面固体结晶组织之间发生合金反应，即原子状态相互扩散。因此，焊接开始之前，必须采取有效措施除去氧化物和杂质。通常用机械方法或化学方法除去氧化物和杂质。化学方法常使用助焊剂，它具有不损坏被焊物和效率高的特点。助焊剂还有加热时防止金属氧化，帮助焊料流动，减小表面张力，将热量从烙铁头快速传到焊料和被焊物表面等特点，从而可大大提高焊接质量。

2）助焊剂的种类

（1）无机系列的助焊剂。这类助焊剂的主要成分是氯化锌或氯化铵，以及它们的混合物。其最大的优点是助焊作用好，缺点是具有强烈腐蚀性，常用于可清洗的金属制品的焊接中。如果对残留助焊剂清洗不干净，会造成被焊物的损坏。如果将其用于印制电路板的焊接，将破坏印制电路板的绝缘性。市场上出售的各种"焊油"多数属于此类助焊剂。

（2）有机系列助焊剂。有机系列助焊剂主要由有机酸卤化物组成。其优点是助焊性能好，不足之处是有一定的腐蚀性，且热稳定性差，即一经加热，便迅速分解，留下无活性残留物。

（3）树脂活性系列助焊剂。在这一类助焊剂中，最常用的是在松香焊剂中加入活性剂，如SD 焊剂。松香是从各种松树分泌出来的汁液中提取的，通过蒸溜法加工可制成固态松香。它是一种天然产物，其成分与产地有关。松香酒精焊剂是用无水酒精溶解松香配制而成的，一般松香占 23%～30%。这种助焊剂的优点是无腐蚀性，有高绝缘性能及长期的稳定性及耐湿性，焊接后易于清洗，并能形成薄膜层覆盖焊点，使焊点不被氧化腐蚀。

3）助焊剂的选用

（1）电子元器件的焊接通常采用松香或松香酒精助焊剂。纯松香焊剂的活性较弱，只有在被焊金属表面是清洁的且无氧化层时，其可焊性才是好的。为了清除焊接点的锈渍，保证焊接质量，也可用少量氯化铵焊剂，但焊接后一定要用酒精将焊接处擦洗干净。

（2）焊接其他金属或合金时的助焊剂的选用。对于铂、金、铜、银、镀锡金属，由于它们易于焊接，所以可选用松香焊剂；对于铅、黄铜、青铜、镀镍等金属，由于它们的焊接性能差，所以可选用有机焊剂中的中性焊剂；对于镀锌、铁、锡镍合金等，因为它们的焊接困难，所以可选用酸性焊剂，但焊接后，务必对残留焊剂进行清洗。

二、焊点的质量检查

1. 焊点的质量要求

焊点的质量要求分为外观要求和技术要求。

1）外观要求

一个高质量的焊点从外观上看，应具有以下特征：

（1）形状以焊点的中心为界，左右对称，焊点呈内弧形；

（2）焊料量均匀适当，锡点表面圆满、光滑、无针孔、无松香渍、无毛刺和针孔；

（3）润湿角小于 30℃。

2）技术要求

焊点在技术上应满足以下几个方面的要求。

（1）具有一定的机械强度。为了保证被焊件在受到振动或冲击时，不出现松动，要求焊点有足够的机械强度，但不能使用过多的焊锡，且应避免出现焊锡堆积和桥焊现象。

（2）保证其良好、可靠的电气性能。由于电流要流经焊点，所以为了保证焊点具有良好的导电性，必须防止虚假焊。出现虚假焊时，焊锡与被焊物表面没有形成合金，只是依附在被焊物金属表面，会导致焊点的接触电阻增大，影响整机的电气性能，有时还会使电路中出现时断时通的现象。

（3）具有一定的大小、光泽和清洁美观的表面。焊点的外观应美观光滑、圆润、整齐、均匀，焊锡应充满整个焊盘并与焊盘大小比例适中。

2. 焊点的外观检查

手工焊点的检查可分为目视检查和手触检查两种。

1）目视检查

目视检查就是从外观上检查焊点有无焊接缺陷，可以从以下几个方面进行检查：

（1）焊点是否均匀，表面是否光滑、圆润；

（2）焊锡是否充满焊盘，焊锡有无过多、过少现象；

（3）焊点周围是否有残留的助焊剂和焊锡；

（4）是否有错焊、漏焊、虚假焊；

（5）是否有桥焊、焊点不对称、拉尖等现象；

（6）焊点是否有针孔、松动、过热等现象；

（7）焊盘有无脱落、焊点有无裂缝。

2）手触检查

在外观检查的基础上，采用手触检查，主要是检查元器件在印制电路板上有无松动、焊接是否牢靠、有无机械损伤。可用镊子轻轻拨动焊点看有无虚假焊，或夹住元器件的引线轻轻拉动看有无松动现象。

三、保证焊接质量的因素

手工焊接是利用电烙铁加热焊料和被焊金属，实现金属间牢固连接的一项工艺技术。这项工作看起来十分简单，但要保证众多焊点的均匀一致、个个可靠却是十分不容易的，这是因为手工焊接的质量是受多种因素影响和控制的。通常应注意以下几个保证焊接质量的因素。

1. 保持清洁

要使熔化的焊料与被焊金属受热形成合金，其接触表面必须十分清洁。这是焊接质量得到保证的首要因素和先决条件。

2. 合适的焊料和焊剂

电子设备的手工焊接通常采用锡铅焊料，以保证焊点有良好的导电性及足够的机械强度。目前常用的是松脂芯焊丝。

3. 合适的电烙铁

手工焊接主要使用电烙铁。应按焊接对象选用不同功率的电烙铁，不能只用一把电烙铁完成不同形状、不同热容量焊点的焊接。

4. 合适的焊接温度

焊接温度是指焊料和被焊金属之间形成合金层所需要的温度。通常焊接温度控制在 260℃左右，但考虑到烙铁头在使用过程中会散热，因此可以把电烙铁的温度适当提高一些，以控制在 300℃±10℃为宜。

5. 合适的焊接时间

由于被焊金属的种类和焊点形状的不同及焊剂特性的差异，所以焊接时间各不相同。应根据不同的对象，掌握好焊接时间。通常焊接时间不大于 3s。

6. 被焊金属的可焊性

被焊金属的可焊性主要是指元器件引线、接线端子和印制电路板的可焊性。为了保证可焊性，在焊接前要进行搪锡处理或在印制电路表面镀上一层锡铅合金。

技能拓展

一、焊点的缺陷分析

由于焊接技术水平不同、焊接材料质量不一、焊接时的责任心不同，所以焊接过程中往往存在这样或那样的焊接质量问题。常见不良焊点的缺陷及其产生的原因如表 5-2 所示。

表 5-2 常见不良焊点的缺陷及其产生的原因

焊点缺陷	外观现象	危　害	不良焊点产生的原因
 焊料过多	焊料面成凸形	浪费焊料，且可能隐藏缺陷	①焊锡撤离过迟； ②上料过多
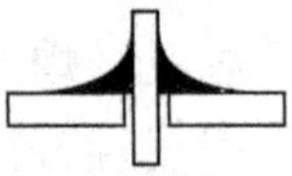 上料过少	焊料未形成平滑面	机械强度不足	①焊锡撤离过早； ②上料过少
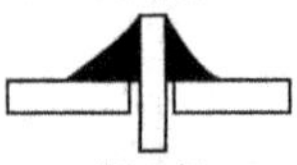 松香焊	焊点中央有松香渣	强度不足，接触不良，可能时通时断	①加助焊剂过多或已失效； ②加热时间不够，加热不足； ③表面氧化膜未除去
 过热	表面发白，无光泽，表面较粗糙	焊盘容易脱落，焊点强度低；元器件会失效	①电烙铁功率过大； ②加热时间过长
 冷焊	表面呈豆腐渣状颗粒，有时有裂纹	会存在导电性不好	①加热不足； ②焊料未凝固时焊件抖动
 虚焊	焊料与焊件交界面接触角过大，不平滑	强度低，不通或时断时通	①焊件清理不净； ②助焊剂不足或质量差； ③焊件未充分加热
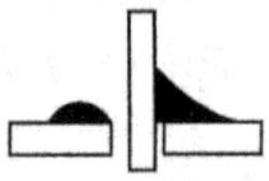 不对称	焊料未流满焊盘	强度不足	①焊料流动性不好； ②助焊剂不足或质量差； ③加热不足
 松动	导线或元器件可移动	导通不良或不导通	①焊锡未凝固前移动引脚； ②引脚浸润不良或未浸润； ③加热不足
 拉尖	焊点出现尖端或毛刺	外观不佳，或易引起桥接，会产生夹断放电而引起短路	①焊接时间过长； ②移开烙铁头角度不当

续表

焊点缺陷	外观现象	危害	不良焊点产生的原因
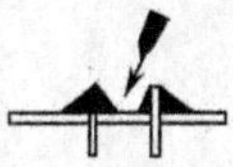 桥接	相邻导线搭接	电路短路	①焊锡过多； ②烙铁头撤离方向不当

二、印制电路板上的导线焊接

导线在电子产品装配中占有重要地位，实践中发现，在出现故障的电子产品中，经常会有导线焊点导电不良、经受不住拉力产生断头的现象，因此有必要对导线焊接工艺产生重视。

1. 导线的焊前处理

导线的焊前处理包括剪裁、剥头、捻头、浸锡。浸锡时注意要边上锡边旋转，且旋转方向应与导线拧合方向一致；多股导线挂锡时要注意“烛心效应”，即焊锡进去绝缘层内，造成软线变硬，容易导致接头故障。

2. 导线与接线端子的焊接

焊接导线时，导线的弯曲形状一般有四种，如图 5-15（a）所示。

导线与接线端子的焊接有如下几种基本形式。

1）绕焊

绕焊是指把经过上锡的导线端头在接线端子上缠一圈，用钳子拉紧缠牢后进行焊接。如图 5-15（b）所示。注意导线一定要紧贴端子表面，且绝缘层不接触端子；一般 L 为 1～3mm；这种连接的可靠性最好。

2）钩焊

钩焊是指将导线端子弯成钩形，钩在接线端子上并用钳子夹紧后施焊，如图 5-15（c）所示，这种方法的强度低于绕焊，但操作简便。

3）搭焊

搭焊是指把经过镀锡的导线搭到接线端子上施焊，如图 5-15（d）所示，这种连接最方便，但强度和可靠性最差，仅用于不便缠、钩的地方及某些接插件上，也可用于临时连接。

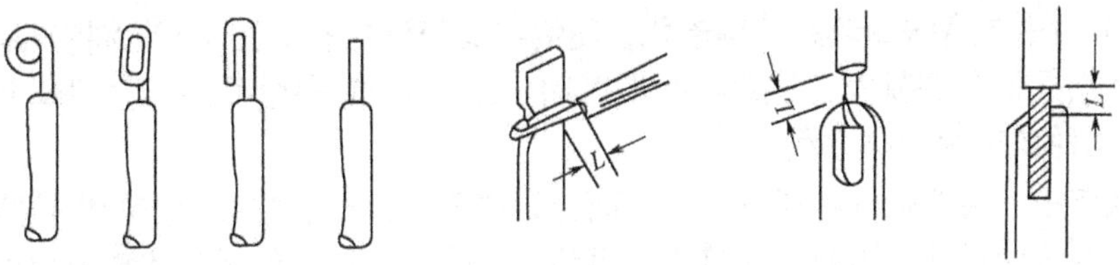

（a）导线的弯曲形状　（b）绕焊　（c）钩焊　（d）搭焊

图 5-15　导线的弯曲形状及其与接线端子的焊接

搭焊的焊片上常常有焊线孔，如接线焊片、电位器接线片、耳机和电源插座等。在这样的焊片上焊接导线和元器件时，要先将焊片、导线都上锡（注意，焊片的孔不要堵死），再将导线穿过焊线孔并弯曲成钩形，具体步骤如图 5-16 所示。切记不要只给烙铁头沾上锡，在焊件上堆成一个焊点，这样很容易造成虚焊。

如果焊片上焊的是多股导线，则最好用套管将焊点套上，这样做既保护焊点不易和其他部位短路，又能保证多股导线不容易断开。

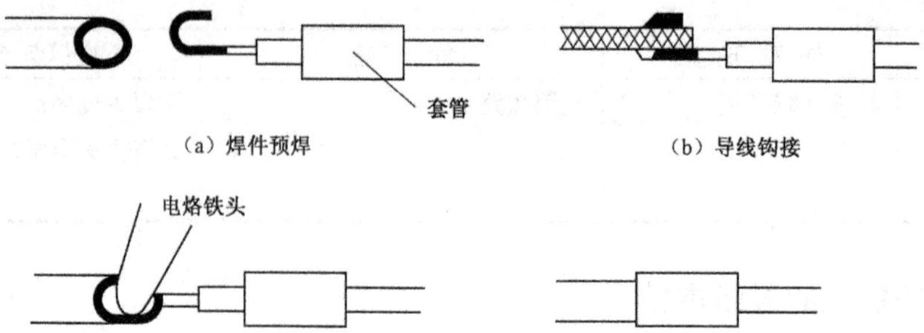

（a）焊件预焊　（b）导线钩接　（c）电烙铁焊接　（d）热套绝缘

图 5-16　片状焊点的焊接

4）插焊

插焊是指把导线端头插入接线端子孔内，用电烙铁焊接的方法。这类方法适用于接插件和接线柱，一般尺寸较大，如果焊接时间不足，容易造成虚焊。这种焊接一般用于多股导线的连接，且导线在焊接前要进行镀锡处理。其操作过程如图 5-17 所示。

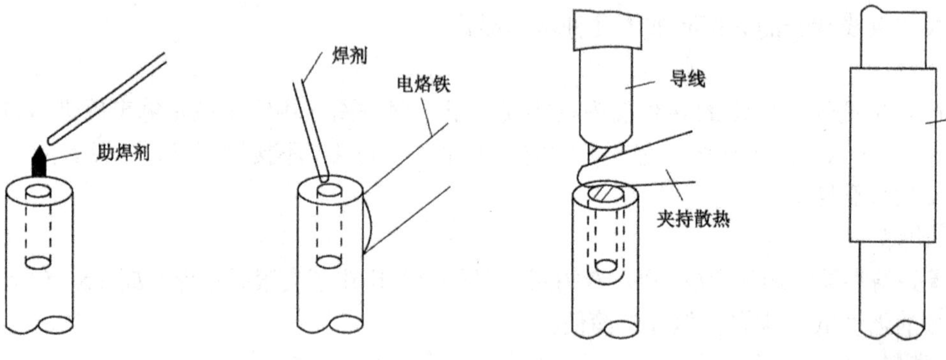

（a）往杯形孔内滴一滴助焊剂　（b）用电烙铁加热并将锡熔化　（c）将导线垂直插入底部　（d）套上套管

图 5-17　插焊

其中，图（a）为往杯形孔内滴一滴助焊剂，若孔较大则用脱脂棉蘸助焊剂在杯内均匀擦一层。图（b）为用电烙铁加热并将锡熔化，使锡浸润流满内孔。图（c）为将导线垂直插入底部，移开电烙铁并保持到凝固，注意导线不可动。图（d）为完全凝固后立即套上套管。

5）其他几种典型的焊接方法

在实际操作中，会遇上各种难焊点，下面介绍槽形、板形、柱形焊点的焊接方法。这类焊接一般没有供缠线的焊孔，因此其连接方法可为绕、钩、搭接，但对某些重要部位，如电源线等处，应尽量采用缠线固定后焊接的办法。其焊接要点同搭焊、绕焊，导线与槽形、板形、柱形焊接件焊接的方法如图 5-18 所示。每个焊点接一根导线，且一般都套上塑料导管。导管尺寸要合适，且应在焊点未完全冷却前趁热穿入，以套入后不会自行滑出为最好。

6）导线与导线的焊接

导线与导线的焊接以绕焊为主，如图 5-19 所示。其操作步骤如下：

（1）去掉一定长度绝缘皮；

（2）绞合，施焊；

（3）趁热套上套管，冷却后将套管固定在接头处。

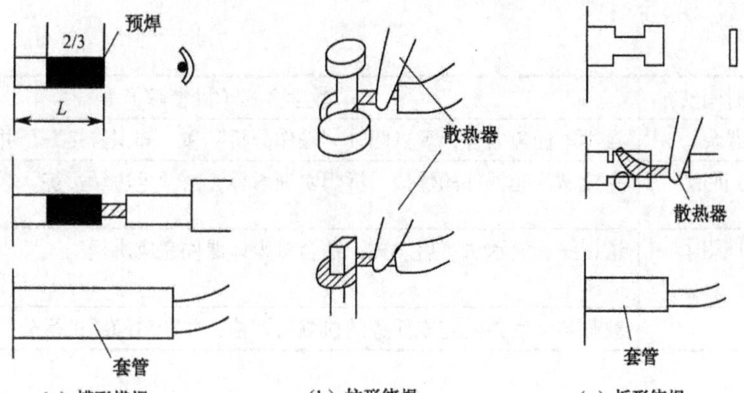

图 5-18 导线与槽形、板形、柱形焊接件焊接的方法

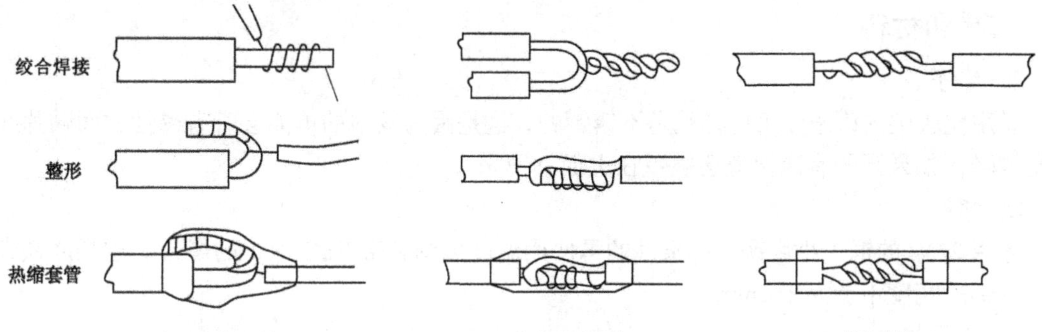

图 5-19 导线与导线的焊接

任务三 表面贴装元器件的手工焊接

现代电子系统的微型化、集成化要求越来越高，传统的通孔安装技术逐步向新一代电子组装技术——表面贴装技术过渡。表面贴装技术也称表面安装技术（SMT），是将电子元器件直接贴装在基板表面的安装技术。SMT 是集表面安装元件（SMC）、表面安装器件（SMD）、表面安装电路板（SMB）及自动安装、自动焊接、测试等技术为一体的一整套完整工艺技术的总称。

任务分析

现在，越来越多的印制电路板采用表面贴装元器件，其不便之处是不便于手工焊接，而适合机器自动焊接。但有些场合仍需使用手工方式焊接，为此，本任务重点练习表面贴装元器件的手工焊接。具体要求如下。

（1）在焊接前，仔细阅读“知识链接”中的“表面贴装的工艺流程”。

（2）用电烙铁和热风枪按照“操作分析”中的焊接和拆焊方法，在印制电路板上进行贴片元器件的焊接练习。

（3）按照本任务所述拆焊方法，对印制电路板上的元器件引脚进行拆焊。

教学方式

教学步骤	时间安排	教学方式（供参考）
阅读教材	课余	自学本任务内容，重点阅读“操作分析”和“知识链接”，并查资料和讨论
技能训练	3 课时	完成贴片元器件的焊接、拆焊实训内容，由学生边学边练，教师巡回指导
操作分析和知识链接的讲授	1 课时	讲授法、演示法、启发式，结合多媒体课件完成讲授
评估检测		教师与学生共同完成任务的检测与评估，并能对问题进行分析与处理

操作分析

一、工具和材料

1. 镊子

需用比较尖的镊子，而且必须是不锈钢的，这是因为其他的可能会带有磁性，而贴片元器件比较轻，如果镊子有磁性就会被吸在上面下不来。

2. 烙铁

需用 25W 的铜头小烙铁，有条件的可使用温度可调和带 ESD 保护的焊台。注意烙铁尖要细，顶部的宽度不能大于 1mm。

3. 热风枪

热风枪是用于焊接或拆多引脚贴片元器件的。

4. 细焊锡丝

需要 0.3～0.5mm 的，粗的（0.8mm 以上）不能用，因为那样不容易控制给锡量。

5. 吸锡用的编织带

当集成电路（IC）的相邻两引脚被锡短路后，传统的吸锡器将派不上用场，用编织带吸锡效果最好。

6. 放大镜

使用有座和带环形灯管的放大镜，如图 5-20 所示。不能用手持式的代替，因为有时需要在放大镜下双手操作。放大镜的放大倍数应在 5 倍以上。

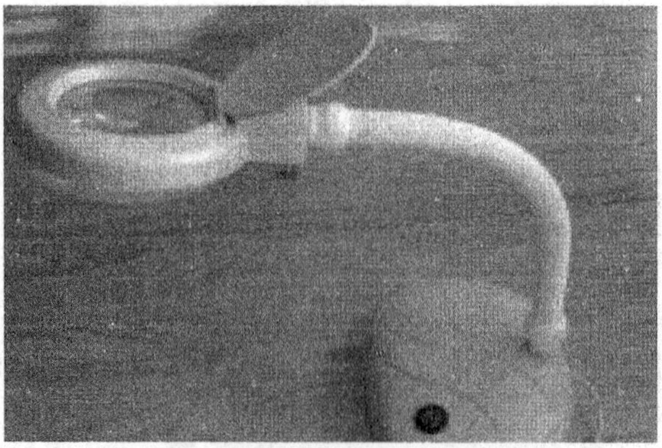

图 5-20 有座和带环形灯管的放大镜

此外，还需要松香焊锡膏、异丙基酒精等。使用松香焊锡膏的目的是作为助焊剂以增加焊锡的流动性，这样焊锡可以用电烙铁牵引，并依靠表面张力的作用，光滑地包裹在引脚和焊盘上。焊接后需用酒精清除板上的焊剂。

二、手工焊接和拆焊

1. 引脚较少元器件的焊接和拆焊

对于只有 2～4 只引脚的元器件，如电阻器、电容器、二极管、三极管等，先在印制电路板的其中一个焊盘上镀上锡，然后左手用镊子夹持元器件放到安装位置并抵住印制电路板，右手用电烙铁将已镀锡焊盘上的引脚焊好。元器件焊上一只引脚后便不会移动，此时左手的镊子可以松开，改用锡丝将其余的引脚焊好。如果要拆焊这类元器件，只要用两把电烙铁（左、右手各一把）将元器件的两端同时加热，等锡熔化了以后轻轻一提即可将其取下。

2. 引脚较多元器件的焊接和拆焊

对于引脚较多但间距较宽的贴片元器件（如许多 SO 型封装的 IC，其引脚的数目在 6～20 之间，脚间距在 1.27mm 左右）也可采用类似的方法，即先在一个焊盘上镀锡，然后左手用镊子夹持元器件将它的一只引脚焊好，再用锡丝焊其余的引脚。这类元器件的拆焊一般用热风枪较好：一手持热风枪将焊锡吹熔，另一手用镊子等夹具趁焊锡熔化之际将其取下即可。

3. 引脚密度较高元器件的焊接和拆焊

对于引脚密度比较高（如 0.5mm 间距）的元器件，其焊接步骤是类似的，即先焊一只引脚，然后用锡丝焊其余的引脚。但对于这类元器件，由于其引脚的数目比较多且密，所以引脚与焊盘的对齐是关键。在一个焊盘上镀锡后（通常选在角上的焊盘，只镀很少的锡），应用镊子或手将元器件与焊盘对齐，注意要使所有引脚的边都对齐，然后用左手或通过镊子稍用力将元器件按在印制电路板上，再用右手的电烙铁将镀锡焊盘对应的引脚焊好。焊好后左手可以松开，但不要大力晃动印制电路板，而是轻轻将其转动，将其余角上的引脚先焊上。当四个角都焊上以后，元器件基本不会动了，这时可以从容不迫地将剩下的引脚一个一个焊上。焊接时可以先涂一些松香水，让烙铁头带少量锡，一次焊一个引脚。如果不小心将相邻两只引脚短路了，此时不要着急，等全部焊完后用编织带吸锡清理即可。

高引脚密度元器件的拆焊主要用热风枪：一只手用适当工具（如镊子）夹住元器件，另一只手用热风枪来回吹所有的引脚，等它们都熔化时将元器件提起即可。拆下元器件后，应用电烙铁清理焊盘。

注意事项：

焊完所有的引脚后，应用焊剂浸湿所有引脚以便清洗焊锡。在焊锡过多的地方吸掉多余的焊锡，以消除任何短路和搭接。最后用镊子检查是否有虚焊。检查完成后，应从印制电路板上清除焊剂。可将硬毛刷浸上酒精沿引脚方向仔细擦拭，直到焊剂消失为止。

技能训练

表面贴装元器件的焊接与拆焊

1. 训练目标

熟悉用表面贴装技术手工焊接的基本步骤、方法和工艺要求，以及拆焊的技能。

2. 训练器材

（1）焊接工具和用品：恒温电烙铁、细焊锡丝、松香焊锡膏、酒精、热风枪、镊子、防静电手腕或防静电手套、铜编织带（网）、放大镜等。

（2）元器件：贴片式的电阻器、电容器、二极管、三极管、集成电路若干。

（3）印制电路板 1～2 块（可用工厂生产的废印制电路板）。

3. 训练内容

分别用电烙铁和热风枪按照"操作分析"中的焊接和拆焊方法，在印制电路板上焊接贴片元器件，然后再拆焊此类元器件。如此反复练习，以最好的一次结果参与技能评价。

技能评价

任务检测与评估

检测内容	分　值	评分标准	学生自评	教师评估
工具使用	10	工具用途不明确，扣 2～5 分；工具使用方法不正确，扣 2～5 分		
焊接质量	40	有搭焊、假焊、虚焊、露焊、桥焊等，每处扣 5 分；有毛刺、焊料过多、焊料过少、焊盘不整洁等，每处扣 2 分；引脚与焊盘对应不整齐，每处扣 2～5 分		
拆焊	30	出现元器件损坏，每处扣 5 分；有散锡、拉丝、锡余留焊盘翘起或脱落，每处扣 3 分；集成电路引脚损坏，每处扣 3 分		
安全操作	10	不按照规定操作，损坏工具、公物，每项扣 4 分		
现场管理	10	实训器材摆放乱、结束后不清理现场，每项扣 5 分		
合计	100			

知识链接

一、表面贴装的优点

表面贴装与通孔安装相比，主要有以下优点。

1. 高密度

贴片元器件尺寸小，能够有效地利用印制电路板的面积，使得整机产品的主板可以减小到其他装接方式的 10%～30%，质量减轻 60%，实现微型化。

2. 高可靠

贴片元器件引脚线短或无引脚线，质量轻、抗震能力强，焊点可靠性高。

3. 高性能

贴片元器件的引线短和高密度安装优点使得电路的高频性能得到改善，数据传输速率增加，传输延迟减小，从而可实现高速度的信号传输。

4. 高效率

适合自动化生产。

5. 低成本

综合成本下降30%以上。

二、表面贴装的工艺流程

通常情况下，印制电路板上既有表面贴装元器件，也有通孔安装元器件。因此，表面安装有单面表面贴装、双面表面贴装、单面混合安装、双面混合安装4种形式，如图5-21所示。

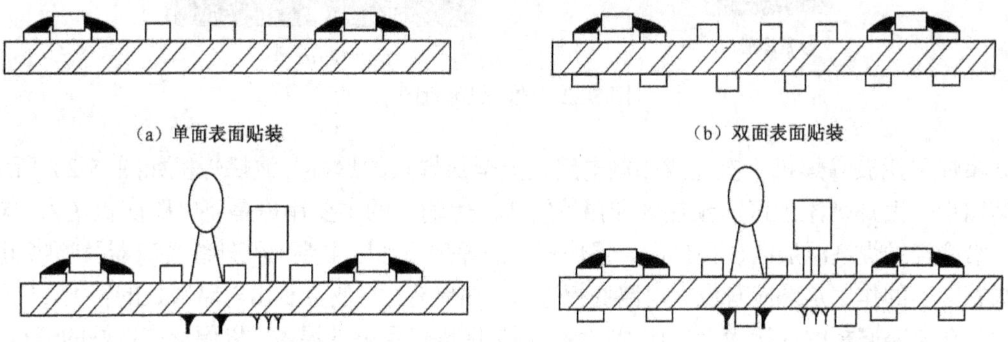

（a）单面表面贴装　（b）双面表面贴装

（c）单面混合安装　（d）双面混合安装

图5-21　表面安装的4种形式

不同的安装方式有不同的工艺流程，总体来说，表面贴装的工艺流程是：固定基板→焊接表面（贴装面）涂敷焊膏→贴装片状元器件→烘干→回流焊→清洗→检测。若采用双面贴装或混合安装，则检测工序一般在安装完成后再进行。通常情况下，待贴片安装完成后再进行通孔的安装。

知识拓展

一、表面贴装技术的再流焊工艺

再流焊工艺是指把含有焊剂的膏状焊料涂布在印制电路板的焊接部位上，然后用贴装机安装表面贴装元器件，并进行干燥处理。膏状焊料由锡铅焊料粉末加液状的载体配制而成。载体中含有焊剂、黏合剂及溶剂等成分，起助焊作用并控制焊接的流动特性。焊接时，使膏状焊料受热，在液状载体中再次出现熔化流动的液状焊料时完成焊接，因此将这种焊接称为再流焊。

再流焊的加热方法很多，有气相加热、红外加热和激光加热等。气相加热再流焊是利用高沸点惰性液体（如全氟化三戊基胺（FC—70），沸点为215℃，比焊料熔点高30℃左右）的饱和蒸气遇印制电路板冷却凝固所释放出来的热量加热焊料，使焊料再流完成焊接的工艺。这种方法的热转换效率高，可在10～40s内使焊料熔化。

二、表面贴装技术的波峰焊工艺

波峰焊工艺是指将熔化的液态焊料借着机械或电磁泵的作用，在焊料槽液面形成特定形状的焊料波峰，再将插装了元器件的印制电路板置于传送链上，以某一特定的角度、一定的浸入深度和一定的速度穿过焊料峰波而实现焊点焊接的过程，如图 5-22 所示。

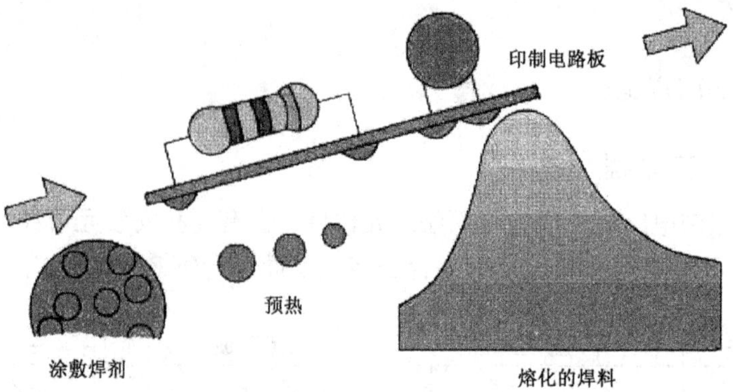

图 5-22　波峰焊示意图

波峰焊采用波峰焊机一次完成印制电路板上全部焊点的焊接。波峰焊机如图 5-23 所示，它由运输带、助焊剂添加区、预热区和锡炉组成。运输带的主要用途是将电路底板送入波峰焊锡机，沿途经助焊剂添加区、预热区、锡炉等。助焊剂添加区主要由红外线感应器及喷嘴组成。红外线感应器的作用是感应有没有电路底板进入，如果有，它便会量出电路底板的宽度。助焊剂的作用是在电路底板的焊接面上形成保护膜。预热区提供足够的温度，以便形成良好的焊点。锡炉内有发热线、锡泵，用于熔化焊锡并形成锡峰。

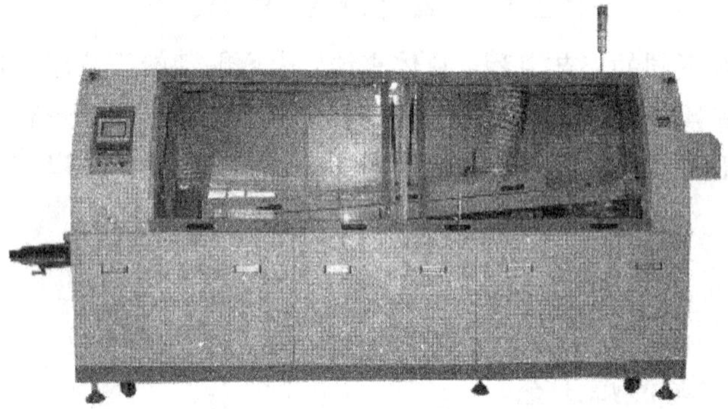

图 5-23　波峰焊机

项目小结

（1）工厂在大批量焊接元器件时，其引脚加工往往用自动折弯机、手动折弯机等专用设备完成，但在焊接少量元器件或无专用成型机的条件下，可使用镊子、尖嘴钳等工具或简易模具将其引脚加工成型。

（2）元器件的插装方法有贴板插装、悬空插装、埋头插装、直立插装、有高度限制时的插装、支架固定插装。

（3）元器件的插装是在印制电路板上按照安装布线图插装工艺要求进行的。

（4）常用的印制电路板装配工艺有手工和自动两类。

（5）手工焊接的工艺流程为：准备→加热→加焊料→冷却→清洗。

（6）手工焊接的方法常用的有五步焊接操作法和三步焊接操作法。

（7）常用的拆焊方法有用空心针头拆焊、用铜编织带拆焊、用气囊吸锡器拆焊、用吸锡电烙铁拆焊、用热风枪拆焊。

（8）焊接材料包括焊料和助焊剂。焊料的作用是将被焊物连接在一起。助焊剂的作用是去除氧化物和杂质。它还有加热时防止金属氧化，帮助焊料流动，减小表面张力，将热量从烙铁头快速传到焊料和被焊物表面等特点。

（9）焊点质量的检查要从焊点的外观和技术两方面进行。由于焊接技术水平不同、焊接材料质量不一、焊接时的责任心不同，所以焊接过程中往往存在焊接质量问题。

（10）表面元器件的贴装常用的工具和材料有镊子、铜头小烙铁、热风枪、细焊锡丝、吸锡用的编织带、放大镜等。

（11）表面安装有单面表面贴装、双面表面贴装、单面混合安装、双面混合安装4种形式。

思考与练习

1. 为什么有时烙铁头上不粘锡？怎么办？
2. 什么是焊接？为什么通常都用焊接工艺来处理金属导体的连接？
3. 什么是焊料？为什么常采用铅锡合金作为焊料？
4. 简述手工焊接中保证焊接质量的因素。
5. 简述手工焊接有哪几个基本步骤。
6. 手工焊接按步骤划分有五步焊接操作法和三步焊接操作法两大类，简述“五步”是指哪五步，“三步”是指哪三步。
7. 简述焊接件拆卸时常采用什么方法吸除焊锡。
8. 导线与接线端子的焊接按其连接方式的不同可分为哪几种？
9. 简述表面安装技术（SMT）的优点。
10. 什么是表面安装技术的再流焊、波峰焊工艺？
11. 常见的焊点缺陷有哪些？
12. 怎样的操作程序才能焊出合格的焊点？（完成焊接练习后，谈谈自己的体会）

项目六

电子电路图的识读

识读电子电路图是电子技术行业人员必须具备的一项能力。只有正确识读电子电路图，才能理解电子产品及其功能，才能对电子产品进行正确地组装、调试和维修。电子电路图有整机电路原理图、单元电路图、方框图、信号流程图、供电电路图、印制电路图、等效电路图和集成电路应用电路图等几种形式。根据不同的需要，可以从不同的角度来识读、使用相应的电子电路图。实际中应用居多的是单元电路图、整机电路原理图、方框图和印制电路图。

技能目标：

- 熟练识读方框图、单元电路图、电路原理图和印制电路图。
- 会解读收音机的方框图、电路原理图、印制电路图。
- 会编写装配直流稳压电源的技术文件。

知识目标：

- 掌握识读整机电路原理图的基本方法。
- 掌握识读印制电路图的方法。
- 了解由印制电路图绘制电路原理图的方法。
- 掌握设计文件和工艺文件的分类、作用和格式。

任务一　电原理图的识读

电原理图，即电路原理图，是用电路符号表示电子元器件，用连线表示导线所构成的图形。电原理图表示了电路的结构、元器件之间的连接关系、信号的处理和传输过程，以及各部分电路之间的联系。快速、准确地识读方框图、单元电路图，能够帮助识读电原理图。

任务分析

（1）识读方框图、单元电路图。
（2）识读收音机的方框图、单元电路图、电原理图。
（3）熟知常见电子元器件的电路符号。
（4）掌握识读电原理图的基本方法。

教学方式

教学步骤	时间安排	教学方式（供参考）
阅读教材	课余	自学、查资料、相互讨论，重点阅读“操作分析”和“知识链接”
技能训练	2 课时	识读收音机的方框图、单元电路图的内容，由学生边学边练，教师巡回讲解
操作分析和知识链接的讲授	2 课时	在操作分析的讲授中，结合图形或多媒体课件演示；对知识链接的讲授多以案例为主
评估检测		教师与学生共同完成任务的检测与评估，并能对问题进行分析与处理

操作分析

一、方框图的识读

方框图是指用简单的“方框”代表一组元器件、一个部件或一个功能模块，用它们之间的连线表达信号通过电路的途径或电路的动作顺序。方框图是使用非常广泛的说明性图形，具有简单明确、一目了然的特点。

电子产品的方框图主要有以下三类。

1. 整机方框图

整机方框图是表示整机结构的，如图 6-1 所示是超外差式调幅收音机的整机方框图，它能让我们一眼就看出电路的全貌、主要组成部分及各级电路的功能。

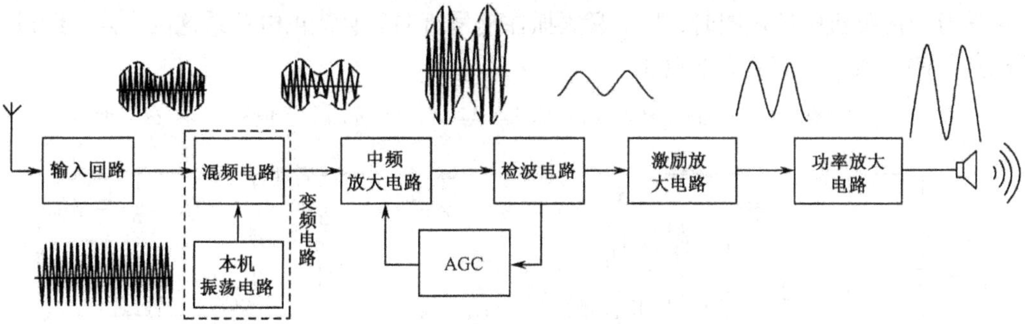

图 6-1　超外差式调幅收音机的整机方框图

2. 系统方框图

系统方框图就是用方框图形式表示系统电路的组成情况，它是整机方框图下一级的方框图，往往比整机方框图更加详细。如图 6-4 所示是收音机的中频放大电路的方框图。

3. 集成电路方框图

有的集成电路的内部相当复杂，因此很多情况下都采用方框图来表示集成电路内部电路的组成、信号流程和相关引脚的功能。在学习集成电路相关知识时会经常用到集成电路方框图。

二、整机电原理图的识读

准确分析电原理图的信号传输流向、供电及单元电路的原理，是识读整机电原理图的关键环节。

1．分析信号的传输流向

要想分析信号的传输流向，必须分析电路各单元之间的关系、各部分电路的输入与输出。图 6-2 中，用箭头指示出了超外差式调幅收音机信号的传输流向。

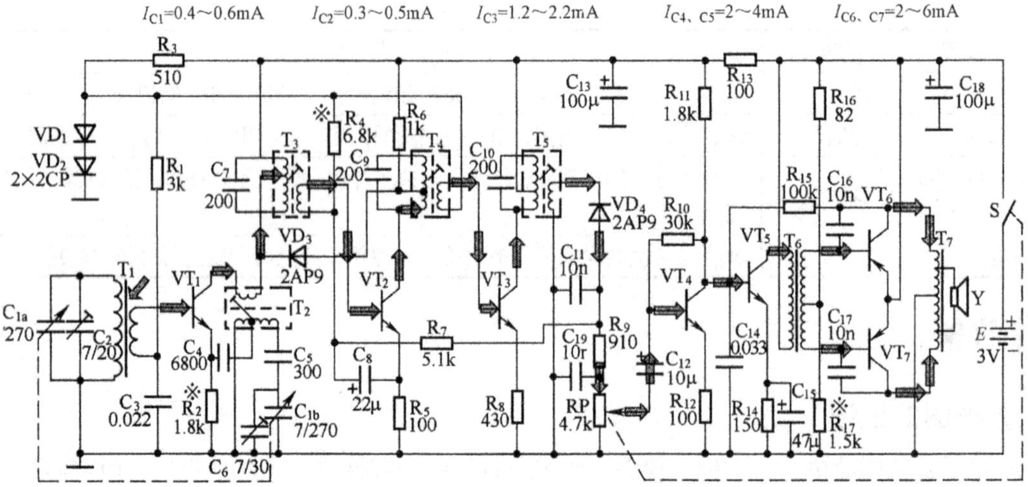

图 6-2　超外差式调幅收音机信号的传输流向

2．直流供电

在检修各种电子设备时，首先应从电原理图中分析直流供电关系，以便对电路进行分析，这是检修工作中的重要步骤之一。一般情况下，电子产品的电源为直流电源，因此有正、负极之分。分析直流电路时可以以“公用端”，即零电位端为基点来分析其他各点电压的大小。在图 6-3 中，用箭头指明了超外差式调幅收音机直流供电的情况。

在学习识读整机电原理图时，只要紧紧抓住信号流向和直流供电关系这两个点，经过一段分析电路图的实践，一定会有所进步。

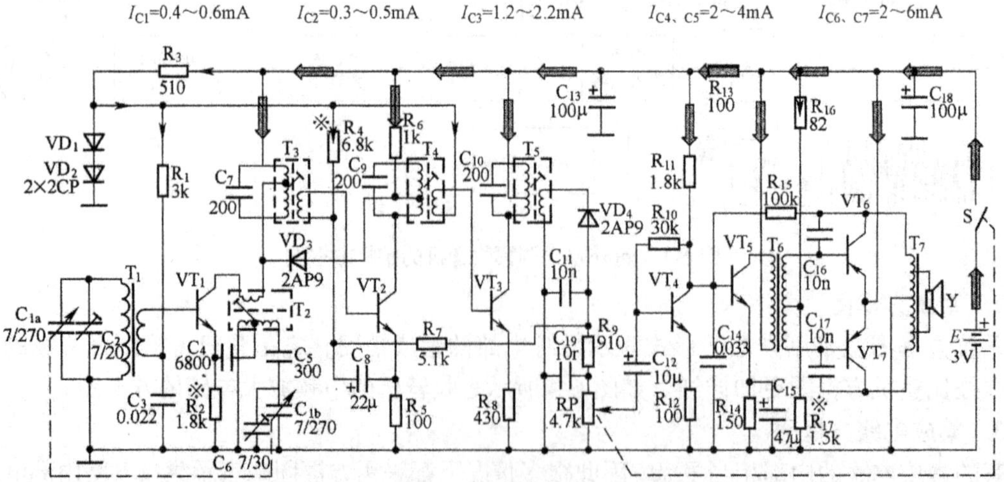

图 6-3　超外差式调幅收音机的直流供电图

3. 识读单元电路图

识读单元电路图的主要任务是掌握电路原理、功能、结构、类型、信号的变换过程、波形与参数。下面按照信号的传输流向来分析调幅超外差式收音机的各单元电路。

1）输入回路的识读

常见的输入回路有磁性天线输入回路和外接天线输入回路两种。在通常情况下，磁性天线输入回路用于中波广播的接收，外接天线输入回路用于短波和调频波广播的接收。磁性天线输入回路的电路结构、元器件作用、电路工作原理、电路作用与电路要求如表 6-1 所示。

表 6-1　输入回路的识读

项　目	说　明
电路结构	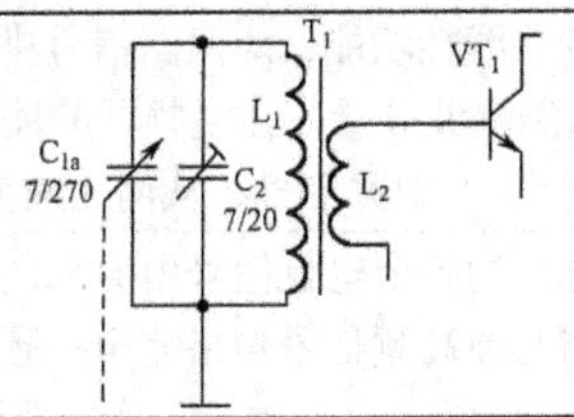
元器件作用	①磁性天线 T_1：感应接收信号，磁棒汇集大量不同频率的电磁波，其中 L_1 为调谐线圈；L_2 为输入耦合线圈；②双联调谐电容 C_{1a}：调谐；③补偿电容 C_2：使输入回路、本振回路的频率同步
电路工作原理	由磁性天线或外接天线所产生的感应电动势馈入输入回路中。输入回路的 L_1 与 C_{1a} 组成 LC 串联谐振电路，其谐振频率为 $f=\dfrac{1}{2\pi\sqrt{LC_{1a}}}$。调节 C_{1a} 使回路谐振在某一电台的频率上，这时，该电台信号在 L_1 上的感应电动势最强，则该频率的电台信号就被选择出来，经 L_1、L_2 的耦合将信号送入后级变频电路。双联调谐电容用来实现输入电路频率与本振电路频率的同步跟踪，以保证本振信号频率总比输入信号频率高 465kHz
电路作用	选择所要接收的电台信号。不同的电台信号有不同的频率，输入回路的任务是从接收下来的各种不同频率的信号中选出所要接收的电台信号，并抑制其他无用信号及各种噪声信号
电路要求	①要有良好的选择性；②频率覆盖要正确；③电压传输系数要大

2）变频电路的识读

变频电路由本机振荡器、混频器和选频回路三部分组成，其电路结构、元器件作用、电路工作原理、电路作用与电路要求如表 6-2 所示。

表 6-2　变频电路的识读

项　目	说　明
电路结构	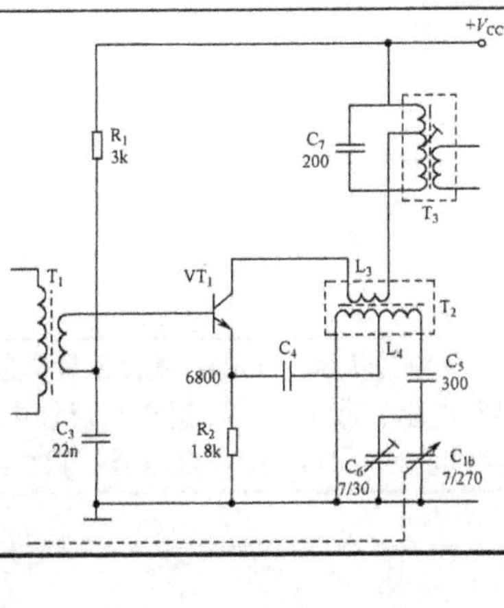

续表

项　目	说　明
元器件作用	①变频管 VT_1：变频；② T_2 的初级 L_3：耦合信号，并为振荡信号提供正反馈支路；③高频旁路电容 C_3：使变频管基极高频接地，对本振信号构成共基极电路；④振荡耦合电容 C_4：将振荡信号注入射极；⑤射极电阻 R_2：起直流负反馈、稳定工作点作用，又是振荡回路的负载；⑥基极偏置电阻 R_1：给基极提供直流偏置；⑦ T_2 的次级 L_4：本机振荡线圈（调谐电感）；⑧补偿电容 C_6：高端跟踪；⑨垫整电容 C_5：低端跟踪；⑩谐振电容 C_7：与中频变压器 T_3 组成并联谐振网络；⑪中频变压器 T_3：与电容 C_7 组成并联谐振网络；⑫双联调谐电容 C_{1b}：调谐
电路工作原理	本机振荡器产生一个比电台信号高频载波 f_1 高 465kHz 的高频等幅振荡信号，其频率为 f_2 。f_2 与 f_1 一起送入混频器，在混频器中利用晶体管的非线性功能，对两路信号进行混频处理，使混频器输出频率分别为（f_2+f_1）、（f_2-f_1）的调幅波分量。在混频器的输出端，再利用谐振频率为 465kHz 的选频回路，选出 465kHz（f_2-f_1）中频信号，从而完成变频过程
电路作用	变换所接收电台信号的载波频率，即将输入电路选出的各个电台信号由原来的载波频率都变为固定的中频(465kHz)，同时保持中频信号的包络与原高频信号包络完全一致。该电路是超外差式收音机的重要组成部分
电路要求	①要有良好的频率跟踪特性，即本振频率要始终比电台频率高 465kHz；②工作稳定性要好，噪声系数小，增益适当

3）中频放大电路的识读

中频放大电路通常由 2～3 级放大电路组成，其方框图如图 6-4 所示，其电路结构、元器件作用、电路工作原理、电路作用与电路要求如表 6-3 所示。

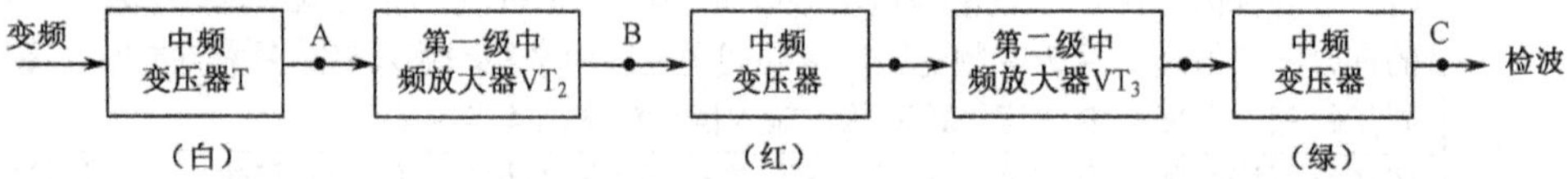

图 6-4　中频放大电路的方框图

表 6-3　中频放大电路的识读

项　目	说　明
电路结构	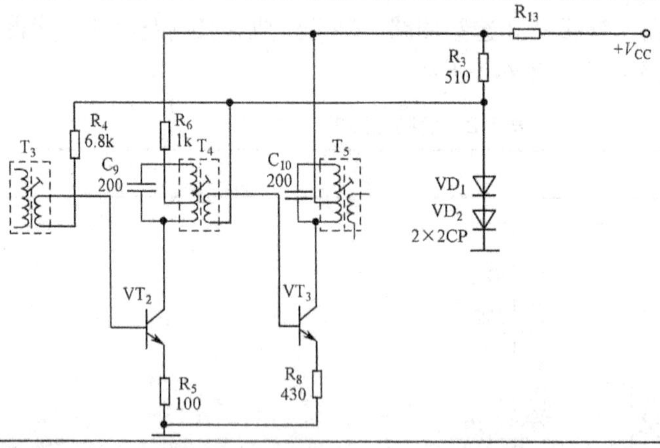
元器件作用	① VT_2：第一级中频放大器；② VT_3：第二级中频放大器；③ R_4：基极偏置电阻；④ R_5：VT_2 发射极负反馈电阻；⑤ R_6：阻尼二极管偏置电阻；⑥ R_8：VT_3 射极负反馈电阻；⑦ C_9：T_4 初级并联谐振电容；⑧ C_{10}：T_5 初级并联谐振电容；⑨ T_4：中频变压器；⑩ T_5：中频变压器

续表

项　目	说　明
电路工作原理	中频变压器 T_4 的初级线圈与 C_9 并联，组成 LC 谐振回路。改变初级线圈的电感量，可使回路的 465kHz 中频信号谐振。T_4 要具有一定的通频带和良好的选择性。中频变压器 T_5 的初级线圈与 C_{10} 并联，组成 LC 谐振回路。与选频原理相同，但它要具有较宽的通频带和较好的选择性。中频变压器还起到阻抗变换的作用
电路作用	中频放大电路的主要作用是放大和选频：①对中频信号进行放大，即对变频电路送来的 465kHz 中频信号进行放大，以提高整机的灵敏度；②对中频信号进行选频，即通过选频回路对中频信号进行进一步筛选，以提高整机的选择性，然后将筛选出来的经放大的中频信号送到检波电路去检波
电路要求	①增益要高，中放级应具有 60～70dB 的增益；②选择性要好，通常要求中频放大电路的选择性为 20～40dB；③通频带要合适

4）检波电路的识读

检波电路包括检波器件和低通滤波电路两大部分，其方框图和波形图如图 6-5 所示；其电路结构、元器件作用、电路工作原理与电路要求如表 6-4 所示。

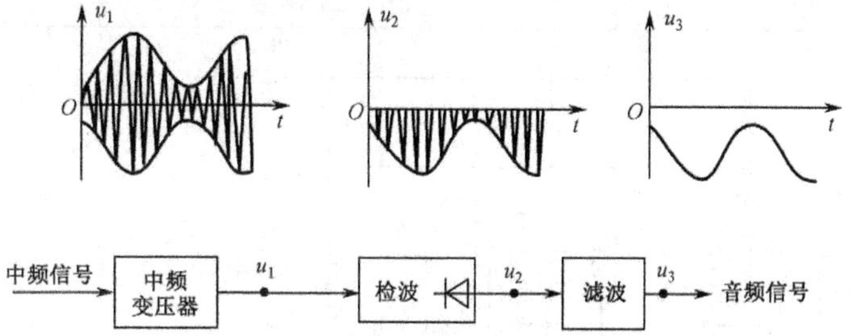

图 6-5　检波电路的方框图和波形图

表 6-4　检波电路的识读

<table>
<tr><th>项　目</th><th>说　明</th></tr>
<tr><td>电路
结构</td><td>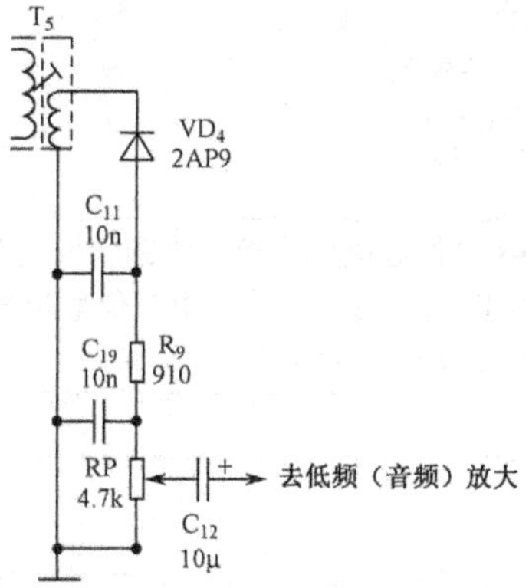
</td></tr>
<tr><td>元器件作用</td><td>①VD_4：检波二极管；②R_9、C_{11}、C_{19} 构成 π 型低通滤波器；③RP：音量电位器；④C_{12}：隔直耦合电容</td></tr>
<tr><td>电路工作原理</td><td>利用二极管的单向导电特性把中频信号的正半周截去，变成只有负半周的中频脉动信号，这个脉动信号包含了直流成分、音频、中频及其谐波等，再经过低通滤波电路滤除中频和其他高频干扰信号。检波后的音（低）频分量降在音量电位器 RP 上，经 C_{12} 隔去直流分量后即可得到音频信号，送往音频放大器电路</td></tr>
<tr><td>电路要求</td><td>①检波效率高；②检波失真小；③滤波性能好</td></tr>
</table>

5）自动增益控制（AGC）电路的识读

自动增益控制（AGC）电路的作用是根据接收电台信号的强弱自动调节放大电路的增益，以保证放大电路输出信号的大小基本不变。自动增益控制电路的方框图和波形图如图 6-6 所示，其电路结构、电路工作原理与电路要求如表 6-5 所示。

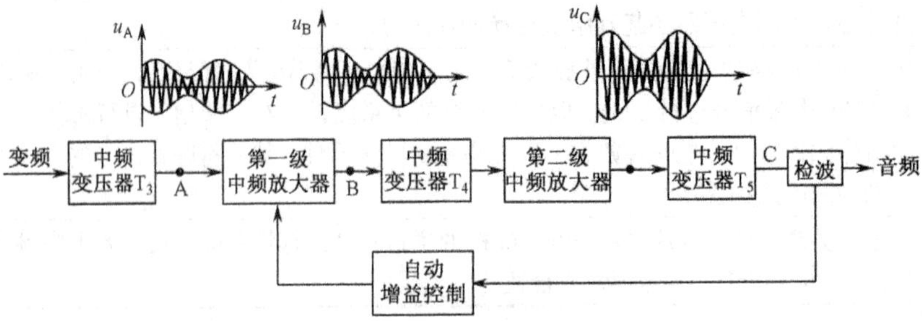

图 6-6　自动增益控制电路的方框图和波形图

表 6-5　自动增益控制电路的识读

项　目	说　明
电路结构	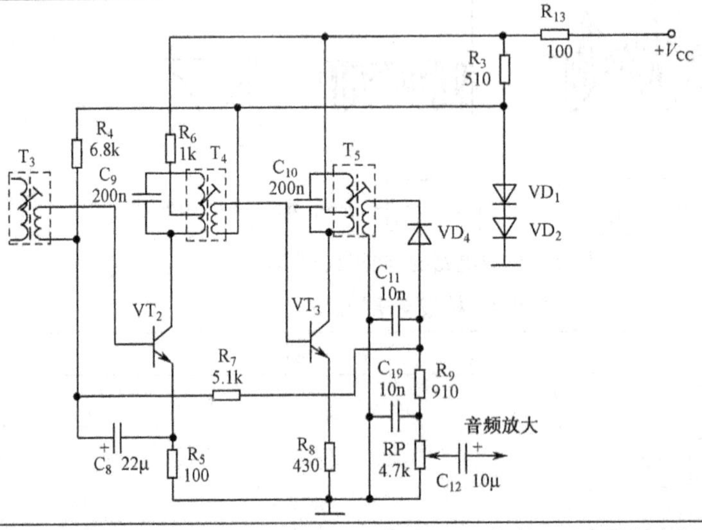
电路工作原理	AGC 是利用检波电路输出的直流分量作为 AGC 控制电压来控制中频放大电路的增益的。检波电路输出的信号经过较大的电容滤波后即可取出直流分量，接收的电台信号越强，则该直流分量越大。将该直流分量作为 AGC 电压，可控制中放级增益的大小
电路要求	①AGC 控制范围要大；②工作稳定性要好

6）低频放大电路的识读

从检波器得到的音频信号很弱，不能够推动扬声器正常工作，必须对音频信号进行放大。低频放大电路的作用就是将检波输出的音频信号放大，使其有足够大的功率推动扬声器正常工作。

从检波器输出端到扬声器之间的电路叫做低频放大电路，它包括低频电压放大电路（简称前置低放）和功率放大电路，其方框图和波形图如图 6-7 所示。低频放大电路的电路结构、元器件作用、电路工作原理与电路要求如表 6-6 所示。

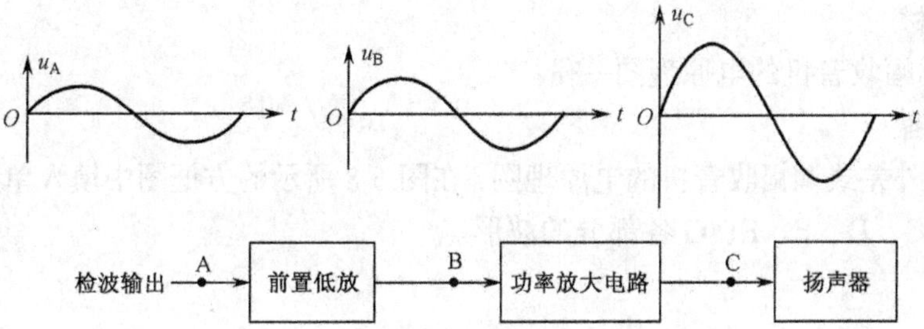

图 6-7 低频放大电路的方框图和波形图

表 6-6 低频放大电路的识读

项 目	说 明
电路结构	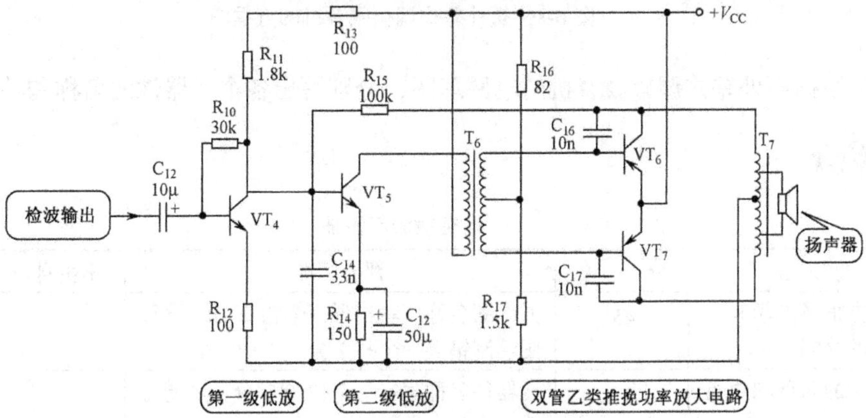
元器件作用	①VT_4：前置低放管；②VT_5：激励管；③C_{12}：音频耦合电容；④T_6：具有中心抽头的输入变压器；⑤T_7：具有中心抽头的输出变压器；⑥VT_6、VT_7：组成推挽功率放大电路；⑦C_{16}、C_{17}：变频反馈电容；⑧R_{16}、R_{17}：组成分压式偏置电路
电路工作原理	从检波器得到的较弱信号，经过低频电压放大（VT_4）和功率放大（VT_5）后，通过输入变压器 T_6 的中心抽头，得到两个幅值相等、相位相反的输入信号，并分别加到 VT_6、VT_7 的输入回路，使它们分别工作在输入信号的正、负半周，两管交替工作，完成对整个信号波形的放大工作。经 VT_6、VT_7 分别放大的两个半波信号经输出变压器 T_7 在负载(扬声器)上合并起来恢复出完整波形。该低频放大电路用到了双管乙类推挽功率放大电路，它由两只特性相同的 PNP 型晶体管 VT_6、VT_7 组成对称电路，由 R_{16}、R_{17} 组成分压式偏置电路，克服了交越失真。当无信号输入时，I_{BQ}、I_{CQ} 很小，损耗功率近似为零，可保证晶体管工作在乙类。在 VT_6、VT_7 集电极和基极之间各接一只负反馈电容 C_{16}、C_{17}，可以克服结电容产生的内部反馈的影响
电路要求	抑制变频干扰

技能训练

收音机方框图、电原理图的解读

1. 训练目标

进一步熟悉超外差式调幅收音机的方框图、单元电路图、电原理图。

2. 训练器材

超外差式调幅收音机的电原理图一份。

3. 训练内容

（1）根据超外差式调幅收音机的电原理图，在图 6-8 所示的方框图中填入单元电路的名字，并画出 A、B、C、D、E、F、G 各部分的波形。

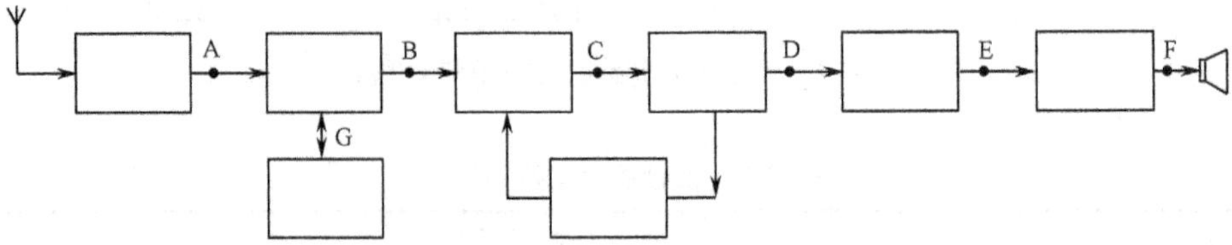

图 6-8　超外差式调幅收音机的方框图

（2）根据超外差式调幅收音机的电原理图，分别写出各个元器件的名称和功能。

技能评价

任务检测与评估

检测内容	分　值	评分标准	学生自评	教师评估
收音机方框图的填写、波形图的绘制	45	方框图名称填写错误一个扣 2 分；波形图绘制错误一个扣 2 分		
各元器件的名称和功能	35	元器件名称写错一个扣 0.5 分，功能写错一个扣 0.5 分		
安全操作	10	不按照规定操作、损坏仪器，扣 4～10 分		
现场管理	10	结束后没有整理现场，扣 4～10 分		
合计	100			

知识链接

一、电路符号的识读

1. 常见的元器件文字符号和图形符号（如表 6-7 所示）

表 6-7　常见的元器件文字符号和图形符号

元器件名称	文 字 符 号	图 形 符 号
电阻器	R	 一般表示　可调电阻　熔断器　光敏电阻
电容器	C	 一般表示　极性电容
电感器	L	 一般表示　磁芯（铁芯）电感

续表

元器件名称	文 字 符 号	图 形 符 号
二极管	VD	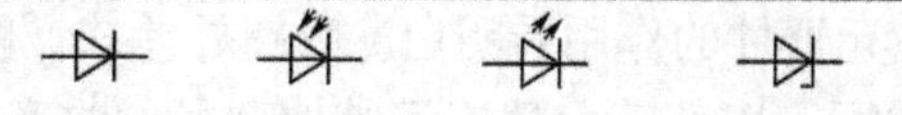 一般表示　光电二极管　发光二极管　稳压二极管
三极管	BG（VT）	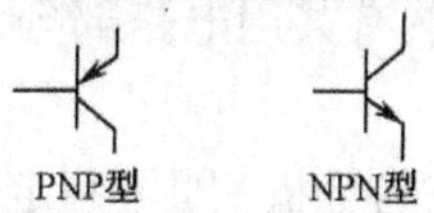 PNP型　NPN型
晶闸管（可控硅）	SCR	 单向　双向
电源	E	
扬声器	Y	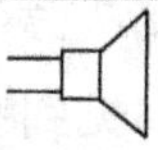 一般表示
传声器	MIC	 一般表示　驻极体电容式传声器
电动机	M	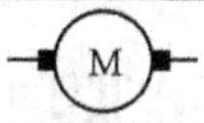 一般表示
灯	L	 一般表示

2. 下脚标码

（1）同一电路图中，下脚标码表示同种元器件的序号，如 R_1、R_2、…，BG_1、BG_2、…。

（2）电路由若干单元电路组成，可以在元器件名的前面缀以标号，表示单元电路的序号。例如，有两个单元电路 $1R_1$、$1BG_2$，表示单元电路 1 中的元器件。也可以对上述元器件采用 3 位标码表示它的序号及所在单元电路，如 R_{201}、BG_{201} 表示单元电路 2 中的元器件。

（3）下脚标码字号小一些的标注方法，如 R_1、R_2，常见于电路原理分析的书刊。但在工程图里，这样的标注有弊端：第一，采用小字号下标的形式，为制图增加了难度，而 CAD 电路设计软件中一般不提供这种形式；第二，工程图上的小字号下脚标码容易被模糊、污染，可能导致混乱。因此，工程图里一般采用下脚标码平排的形式，如 1R1、1R2 或 R101、R102，这样安全可靠。

（4）当一个元器件有几个功能独立的单元时，应在标码后面再加附码，如图 6-9 中的表示方法所示。

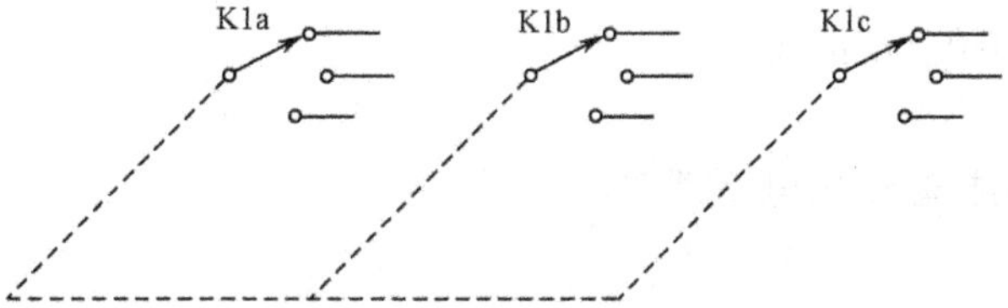

图 6-9　三刀三掷开关的表示方法

二、识读电原理图的基本方法

（1）熟悉常用电子元器件的图形符号，掌握这些元器件的性能、特点和用途。

（2）熟悉并掌握一些基本单元电路的构成、工作原理及各元器件的作用。

（3）从功能框图着手。应根据产品的功能框图，结合信号走向，读懂局部单元电路的功能原理，把单元电路中各元器件的作用弄明白。以超外差式调幅收音机为例，应结合其框图来理解收音机产品的电原理图，以便于大致读懂其他型号的收音机电原理图。

（4）从共用电路着手。每种产品中必然有共用电路部分，如电源与接地线，借助电源和接地的走向即可确定功能电路的组成。

（5）从信号流程着手。结合对信号通道的分析，即可判定信号经各级电路后的变化情况（如波形转换、幅度变化、频率变换等），从而加深理解电原理图，有时甚至可根据信号通道中熟悉的单元电路来推测其前级或后级电路的原理和功能。

（6）从特殊元器件着手。每种电子产品都有专用的电子元器件，找到这些专门元器件就能大致判定电路的功能和作用。以电视机为例，见到整流、滤波、电源变压器就能识别出是稳压电源电路；根据 38MHz 中周可查找到中频放大电路；见到喇叭就能识别伴音通道；见到行、场扫描线圈，就能识别行、场扫描电路。

知识拓展

怎样才能顺利识读电原理图

要想顺利识读电原理图，需要注意以下几点。

（1）各种元器件的符号和作用要熟悉，不认识的元器件符号要先弄清。

（2）一些基本单元电路图要牢记，其扩展电路要了解。

（3）常用的集成电路的功能要知道，不熟悉的集成块的功能和引脚功能要先查找。

（4）整个电子设备的功能要了解，对方框图要心中有数。

任务二 印制电路图的识读

印制电路图表示了电原理图中各元器件在电路板上的分布状况和具体位置，并且给出了各元器件引脚之间的铜箔导线及走向。它是专门用于安装、调试、测量和维修服务的电路图。

任务分析

（1）识读印制电路图。

（2）识读收音机的印制电路图。

（3）识读装配图。

（4）根据印制电路板翻绘出电原理图。

教学方式

教学步骤	时间安排	教学方式（供参考）
阅读教材	课余	自学、查资料、相互讨论，重点阅读“操作分析”和“知识链接”
技能训练	1 课时	对识读收音机印制电路图的实训内容，由学生边学边练，教师巡回指导

续表

教学步骤	时间安排	教学方式（供参考）
操作分析和知识链接的讲授	1 课时	在操作分析的讲授中，结合实物或多媒体课件演示；对知识链接的讲授多以案例为主
评估检测		教师与学生共同完成任务的检测与评估，并能对问题进行分析与处理

操作分析

一、印制电路图的表示方式

1. 图纸表示方式

图纸表示方式的某超外差式调幅收音机的印制电路图如图 6-10 所示，可以方便地在印制电路图中找到元器件的位置，然后将印制电路图与电路板对照，找到元器件实物。如图 6-11 所示是某型号收音机的部分印制电路板，由该图可知印制电路板上没有印制元器件电路符号，这样，图纸表示方式的印制电路图就显得尤为重要了。

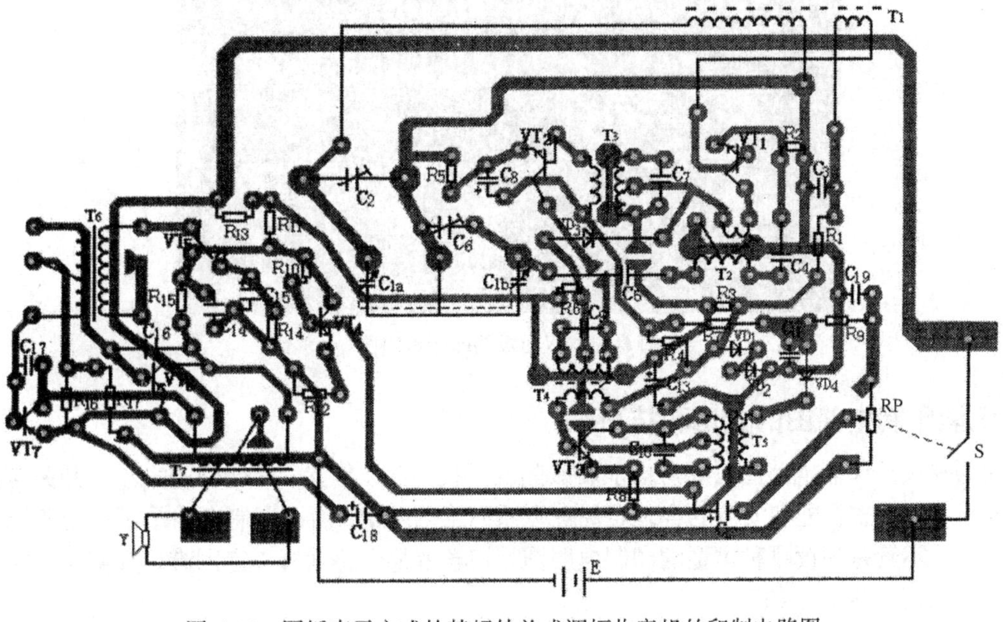

图 6-10　图纸表示方式的某超外差式调幅收音机的印制电路图

2. 直标方式

直标方式是没有图纸的，它把印制电路图直接印制在电路板上，图中包含各个元器件的俯视轮廓图、元器件编号，对于有极性的元器件还标出了其极性位置，以便于准确安装。对于单面板，其印制电路图上仅有元器件的俯视轮廓图、元器件编号、极性标志，如图 6-12 所示。对于双面板，其印制电路图上还有焊盘、顶层铜模导线，如图 6-13 所示。

直标方式的特点是：直接在印制电路板中找元器件实物，因此只有一次寻找过程；另外，图纸就在印制电路板上，因此不会丢失；但是当印制电路板较大、有数块印制电路板或印制电路板在机壳底部时，寻找就会比较困难。

图 6-11　某型号收音机的部分印制电路板

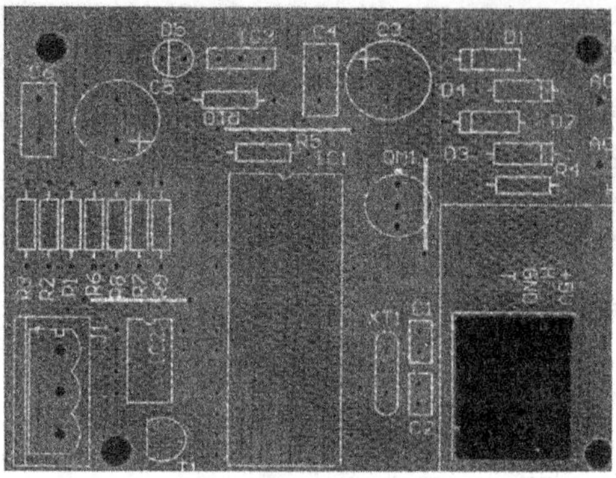

图 6-12　单面板的印制电路图

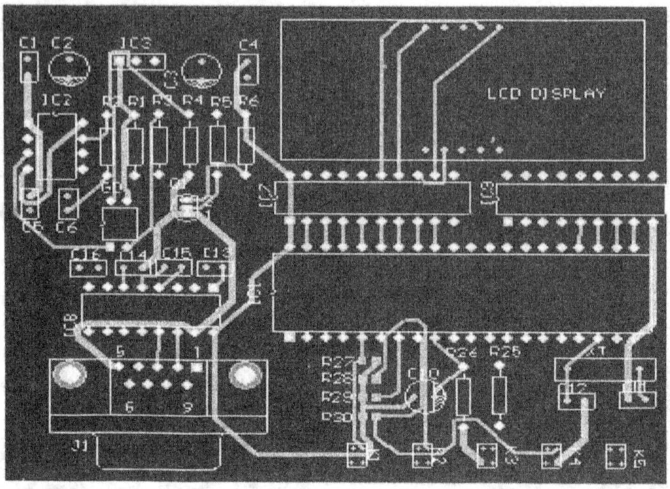

图 6-13　双面板的印制电路图

二、识读印制电路图的方法和技巧

因为在设计印制电路图时要考虑前后级间的干扰、接地位置、元器件的大小、开关与接插件的安排，以及整机配套安装的合理布局等一系列工艺问题，所以印制电路图不一定和原理图布局一样。不管是识读哪种类型的印制电路图，初学者都会感到有一定困难，其实识读时有一些方法和技巧，现介绍如下。

（1）同一个单元电路中的元器件是集中在一起的，也可以根据相同的单元序号，查找同一功能单元的元器件。

（2）可根据元器件的外形特征查找元器件。例如，集成电路焊盘密集、有规律，小功率三极管半圆形内有三个焊盘，开关件、变压器等也容易识别。

（3）一些单元电路是比较有特征的，根据这些特征可以方便地找到它们。例如，整流电路中的二极管比较多，功率放大管上有散热片，滤波电容器的体积大等。

（4）当电路中的电阻器、电容器很多时，找起来很不方便，可以采用间接查找的办法先找到与它们相连的有特征的元器件（如晶体管、集成电路、数码管），然后在其附近查找，或通过印制电路板的连线找到它们。

（5）地线占有大面积铜箔或线路最宽，且一块电路板上的地线是相连的。另外，一些元器件的金属外壳、单元电路的金属屏蔽罩是接地的。

（6）在印制电路图和实际的电路板上标注好对应的识图方向，以便拿起印制电路图就能与实际的电路板有同一个识图方向，这样可避免每次都要辨认和调整。

（7）有极性的元器件，如电解电容器、三极管、二极管在印制电路图上有极性和安装方向的标志，如图 6-14 所示，可以帮助辨别电流的方向、电源及接地的位置。

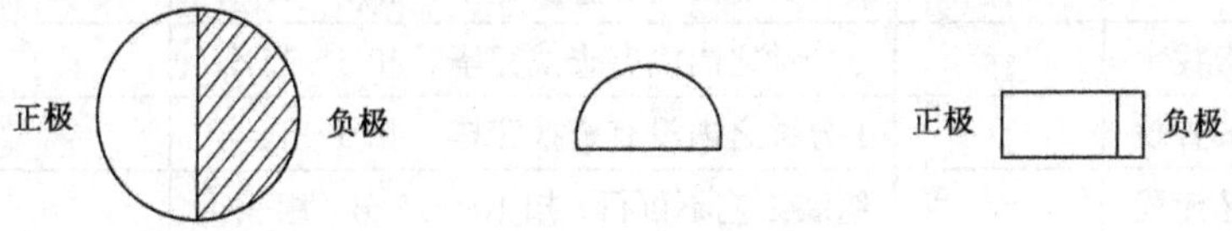

（a）电解电容器 （b）三极管 （c）二极管

图 6-14 常用的有极性和安装方向的元器件

技能训练

收音机印制电路图的识读和整机装配工艺的设计

1. 训练目标

熟练识读超外差式调幅收音机的印制电路图，编制收音机的整机装配工艺流程。

2. 训练器材

（1）超外差式调幅收音机的印制电路图一份。

（2）某型号超外差式调幅收音机的组装任务书一份。

3. 训练内容

（1）对照超外差式调幅收音机的印制电路图（见图 6-10），分别找出表 6-8 中的元器件的位置，要求每一分钟找出 10 个元器件，并将找到的元器件用铅笔圈住。

表 6-8 识读超外差式调幅收音机的印制电路图

元器件	查找印制电路板	元器件	查找印制电路板	元器件	查找印制电路板	元器件	查找印制电路板
R_1		C_1		T_1		VT_1	
R_2		C_2		T_2		VT_2	
R_3		C_3		T_3		VT_3	
R_4		C_4		T_4		VT_4	
R_5		C_5		T_5		VT_5	
R_6		C_6		T_6		VT_6	
R_7		C_7		T_7		VT_7	
R_8		C_8		C_{17}		VD_1	
R_9		C_9		C_{18}		VD_2	
R_{10}		C_{10}		C_{19}		VD_3	

（2）根据某型号超外差式调幅收音机的组装任务书，设计收音机的组装工艺流程。

技能评价

任务检测与评估

检测内容	分　值	评分标准	学生自评	教师评估
电阻器的查找	15	1分钟之内没有查找完毕，扣5～15分		
电容器的查找	15	1分钟之内没有查找完毕，扣5～15分		
变压器和电感的查找	15	1分钟之内没有查找完毕，扣5～15分		
三极管和二极管的查找	15	1分钟之内没有查找完毕，扣5～15分		
收音机的组装工艺流程	20	组装工艺不可行，扣10～15分，组装工艺顺序每错误一处，扣3～5分		
安全操作	10	不按照规定操作，扣4～10分		
现场管理	10	结束后没有整理现场，扣4～10分		
合计	100			

知识链接

一、装配图的识读

装配图是表示产品的组成部分之间的相互关系和装配组合的图样。在装配图上，仅按直接装入的零、部、整件的装配结构进行绘制，要求完整、清楚地表示产品的组成部分及结构形状。

1. 装配图的种类

装配图的种类很多，按产品的级别分，有部件装配图和整机装配图；按生产管理和工艺分，有总装图、结构装配图、印制电路板装配图等。

2. 装配图的一般内容

（1）各种必要的视图。

（2）装配时需要检查的尺寸及其偏差。

（3）产品的外形尺寸、安装尺寸，以及与其他产品连接的位置和尺寸。

（4）装配过程或装配后的加工要求。

（5）装配过程借助的一些方法。

3. 装配图举例

印制电路图是印制电路板装配图的重要组成部分。组装印制电路板还需要有原理图、零部件的安装图及安装说明、元器件加工工艺要求、装配工艺要求等。

如图6-15所示为收音机的零部件装配图，其中图6-15（a）为喇叭装配图，图6-15（b）为收音机机芯装配图。如图6-16所示为某型号彩色电视机的整机装配图。

二、整机装配的工艺过程

1. 整机装配的工艺过程（如图6-17所示）

2. 整机装配顺序

按组装级别来分，整机装配顺序是：元件级，插件级，插箱板级和箱、柜级。

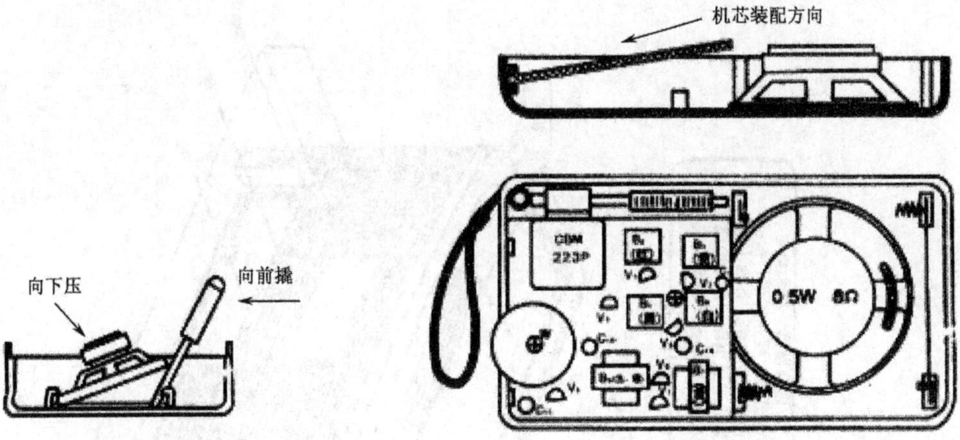

（a）喇叭装配图　　（b）收音机机芯装配图

图 6-15　收音机的零部件装配图

3. 整机装配的一般原则

整机装配的一般原则为：先轻后重，先小后大，先铆后装，先装后焊，先里后外，先下后上，先平后高，易碎易损坏的最后装，上道工序不得影响下道工序。

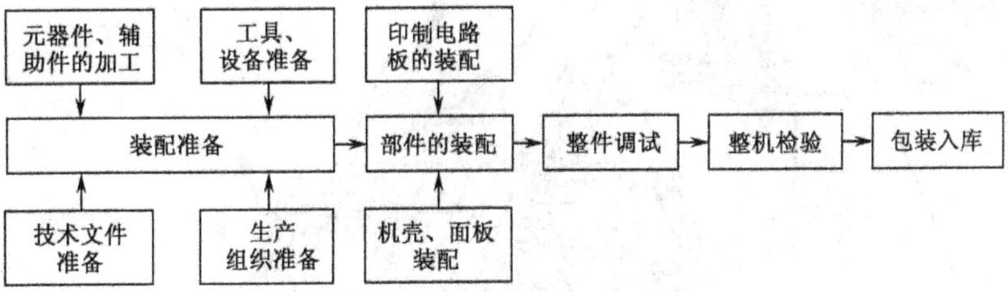

图 6-17　整机装配的工艺过程

知识拓展

由印制电路板翻绘成电原理图的方法

在电子产品维修中，有时没有电原理图，这时需要弄懂电路的工作原理，就需要把印制电路板翻绘成电原理图，又称抄板，其方法如下。

1. 对元器件及其引脚进行编号

在印制电路板上，一般元器件都有编号，而元器件的引脚则没有编号。对于不易区分的引脚，最好在印制电路图上或直接在印制电路板上用笔标明其编号。

2. 分析电路，划分功能单元

复杂的印制电路板上可能有多个功能单元，这时就需要预先分析一下，大致分辨出有哪几个功能单元，以方便后续电路图的绘制。待功能单元被划分出来后，就在纸上用铅笔画出几个方框，每个方框表示一个功能单元。方框要画得比较大，以便将功能单元的电路图画在其中。

某些印制电路板的电路十分复杂或不易认清其功能单元，此时可以先不做这一步，待整个电路图都画出后，再通过分析划分出其功能单元。

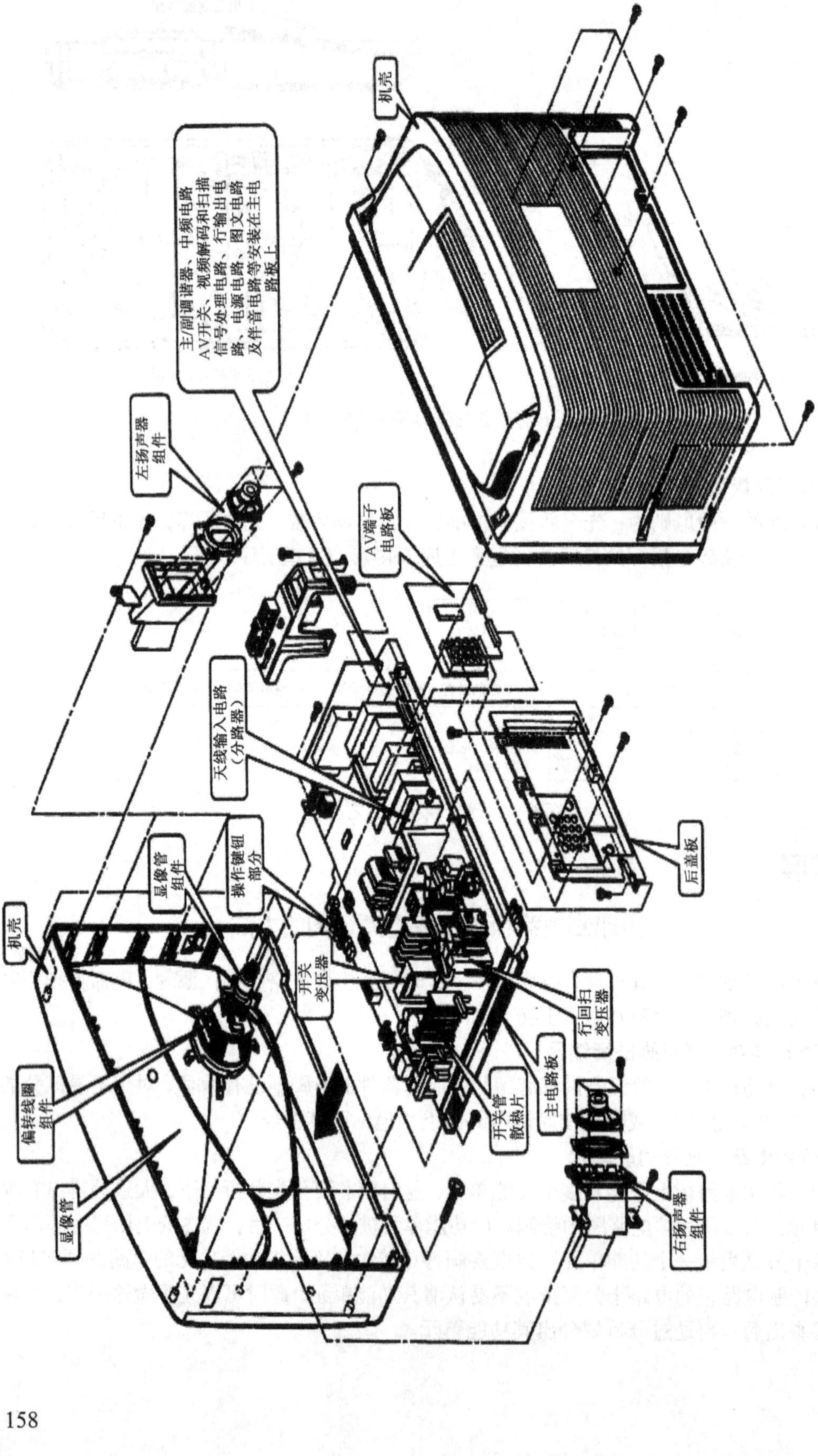

图6-16 某型号彩色电视机的整机装配图

3. 找到每个单元电路中的关键元器件

单元电路一般是以关键的核心器件为中心进行安排的。找到关键元器件后，可在纸上相应功能方框的中央位置画上该元器件的电路符号。

4. 画出单元中的所有元器件

可进一步观察关键元器件周围的元器件，找到属于该功能单元的所有元器件，并将它们绘制到纸上相应的单元方框中。

5. 对照电路板进行连线

在印制电路板的导线面，找到某个功能单元的所有导线，并来回翻转以判断接在该导线上的元器件，注意此时应判断元器件的引脚。在导线上每找到一个元器件的引脚，就在纸上对它进行一次连接。

6. 整理电原理图

待印制电路板上所有的导线都按上面的要求绘制后，电路的翻绘就基本完成了。但此时的电原理图还十分不规范，这不利于电路的分析，因此还需对已画完的电原理图进行整理。整理应按流行的电原理图绘制习惯来进行。例如，一般信号的输入端应放在图纸的左边，输出端放在图纸的右边，电源放在图纸的上端，而地线则放在图纸的下端。

任务三　技术文件的识读

技术文件是产品生产、检验、使用和维修的依据，各种电气图、文字表格、说明书等统称为技术文件。了解技术文件的组成，准确地识别、灵活地运用技术文件，是从事电子行业人员的基本能力。技术文件主要有两大类：设计文件、工艺文件。

任务分析

（1）识读设计文件。

（2）识读工艺文件。

（3）识读和编写直流稳压电源的技术文件。

教学方式

教学步骤	时间安排	教学方式（供参考）
阅读教材	课余	自学、查资料、相互讨论，重点阅读“操作分析”和“知识链接”
技能训练	2课时	对识读和编写直流稳压电源技术文件的实训内容，由学生边学边练，教师巡回指导
操作分析和知识链接的讲授	2课时	在操作分析环节的讲授中，结合多媒体课件或实物演示；对知识链接的讲授多以案例为主
评估检测		教师与学生共同完成任务的检测与评估，并能对问题进行分析与处理

操作分析

一、设计文件的识读

1. 什么是设计文件

设计文件是设计部门在产品研发设计过程中形成的反映产品功能、性能、构造特点及测试要求等方面的产品技术文件。

2. 设计文件的编号

为便于开展产品标准化工作，对设计文件必须进行分类编号，这样一看到设计文件的编号就能知道设计文件中的产品是哪个厂生产的、哪一级和哪一类的什么产品，从设计文件编号也能看到本设计文件的顺序号、文件名称。

1）编号方法

电子行业全部产品的设计文件，按其产品的种类、功能、用途、结构、材料等技术特征分为 10 级（0～9），每级又分为 10 类（0～9），每类又分为 10 型（0～9），每型又分为 10 种（0～9）。

设计文件的编号由企业区分代号、分类特征标记（简称分类标记）、登记顺序号和文件简号四部分所组成，如图 6-18 所示。

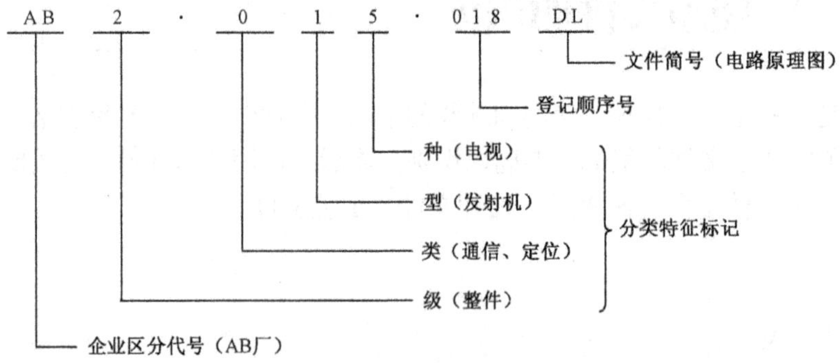

图 6-18　电视机某模块的设计文件编号

2）编号说明

（1）企业区分代号：由大写的汉语拼音字母组成，用以区别编制文件的单位。企业区分代号由企业上级主管部门和（或）标准化行政主管部门协商给定。如果本产品是本企业的标准产品，则文件编号在企业区分代号前加“Q/”。例如，编号“Q/AB7．750．076”所表示的焊片为“AB”厂的标准件。

（2）分类特征标记：由四位阿拉伯数字组成，分别表示产品设计文件的级、类、型、种，编号的规定见标准 SJ/T207.4—1999《设计文件的编号》。级的名称规定如下。

①0 级——文件，指对同一类型产品的结构形式、参数系列、调试方法、技术条件等做出统一规定的技术文件。

②1～8 级——按 SJ/T207.1—1999 第 5 章关于产品分级的规定执行。

③9 级——暂时不用，待以后需要补充时用。

（3）登记顺序号：可以由三位或四位阿拉伯数字（000～999 或 0000～9999）组成，用以区别分类标记相同的若干不同产品设计文件。

（4）文件简号：表示同一产品不同种类的设计文件，按 SJ/T207.1—1999 的 7.3 规定，它能区分同一产品不同图种的设计文件；产品标准、零件图、装配图、媒体程序图没有规定文件简号。设计文件简号如表 6-9 所示。

表 6-9 设计文件简号

序号	文件名称	简号	序号	文件名称	简号
1	产品标准	—	15	程序	CX
2	零件图	—	16	软件规范本	RB
3	装配图	—	17	技术条件	JT
4	媒体程序图	—	18	技术说明书	JS
5	外形图	WX	19	使用说明书	SS
6	安装图	AZ	20	软件生产操作说明	CS
7	总布置图	BL	21	说明	S
8	概略图（框图）	FL	22	表格	B
9	信息处理图	XL	23	明细表	MX
10	电路图	DL	24	整件汇总表	ZH
11	接线图	JL	25	备附件及工具总表	BH
12	线路连接图	LL	26	成套运行文件清单	YQ
13	机械传动图	CL	27	其他文件	W
14	其他图	JT			

二、工艺文件的识读

1. 什么是工艺文件

按照一定的条件选择产品最合理的工艺过程（即生产过程），将实现这个工艺过程的程序、内容、方法、工具、设备、材料及每一个环节应该遵守的技术规程，用文字和图表的形式表示出来的文件，称为工艺文件。

工艺文件是工艺部门根据产品的设计文件进行编制的，是由设计文件转化来的，但工艺文件又根据各企业的生产设备、规模及生产的组织形式不同而有所不同。工艺文件是用于指导生产的，因此要做到正确、完整、统一、清晰。工艺文件的编写要求如下：

（1）工艺文件要有统一的格式、统一的幅面，图幅大小应符合有关标准，并应装订成册，配齐成套；

（2）工艺文件的字体要正规、书写要清楚、图形要正确，工艺图上尽量少用文字说明；

（3）工艺文件所用的产品名称、编号、图号、符号、材料和元器件代号等，应与设计文件一致；

（4）编写工艺文件时要执行审核、会签、批准手续。

2. 工艺文件的编号

工艺文件的编号是指工艺文件的代号，简称“文件代号”。它由 4 部分组成：企业区分代号、设计文件十进制分类编号、工艺文件简号和区分号。工艺文件编号示例如图 6-19 所示。

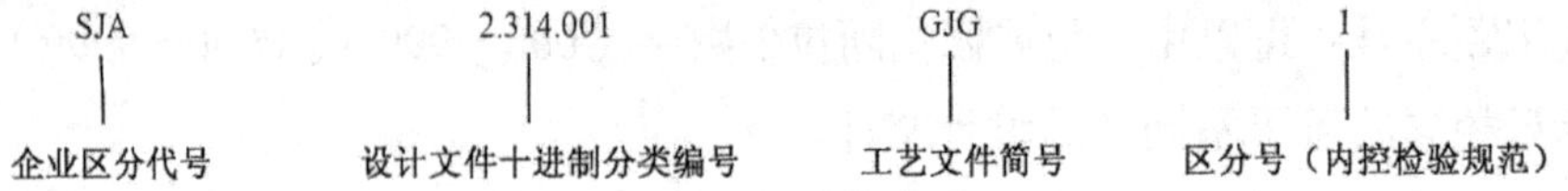

图 6-19　工艺文件编号示例

第一部分是企业区分代号，由大写的汉语拼音字母组成，用以区分编制文件的单位，如图 6-19 中的“SJA”即是上海电子计算机厂的代号。

第二部分是该工艺文件对应的设计文件十进制数分类编号。

第三部分是工艺文件的简号，由大写的汉语拼音字母组成，用以区分编制同一产品的不同种类的工艺文件。图 6-19 中的“GJG”即表示工艺文件检验规范的简号。常用的工艺文件简号规定如表 6-10 所示。

第四部分是区分号，用阿拉伯数字表示。当同一简号的工艺文件有两种或两种以上时，可用标注区分号的方法区分。

对于填有相同工艺文件名称及简号的各工艺文件，不管其使用何种格式，都应认为属于同一份独立的工艺文件，因此它们应在一起计算张数。

表 6-10　常用的工艺文件简号规定

序　　号	工艺文件名称	简　　号	字 母 含 义
1	工艺文件目录	GML	工目录
2	工艺路线表	GLB	工路表
3	工艺过程卡	GGK	工过卡
4	元器件工艺表	GYB	工元表
5	导线及扎线加工表	GZB	工扎表
6	各类明细表	GMB	工明表
7	装配工艺过程卡	GZP	工装配
8	工艺说明及简图	GSM	工说明
9	塑料压制件工艺卡	GSK	工塑卡
10	电镀及化学镀工艺卡	GDK	工镀卡
11	电化涂覆工艺卡	GQK	工涂卡
12	热处理工艺卡	GRK	工热卡
13	包装工艺卡	GBZ	工包装
14	调试工艺	GTS	工调试
15	检验规范	GJG	工检规
16	测试工艺	GCS	工测试

3. 工艺文件的格式

工艺文件的格式常用的有以下几种：封面、工艺文件目录、工艺路线表、导线及扎线加工卡片、装配工艺过程卡片、工艺说明及简图、工艺文件更改通知单。

1）封面

工艺文件的封面在工艺文件装订成册时使用，如图 6-20 所示。简单设备可按整机装订成册，复杂设备可按分机单元组装成若干册。应在“共　册”处填写工艺文件的总册数；

在“第　册”处填写该册在全套工艺文件中的序号；在“共　页”处填写该册的总页数；在“产品型号”、“产品名称”、“产品图号”处分别填写产品型号、名称、图号；在“本册内容”处填写该册工艺内容的名称；最后执行批准手续，并填写批准日期。

电子工业

工艺文件

第　册

共　页

共　册

产品型号

产品名称

产品图号

本册内容

批　准

年　月　日

旧底图总号	
底图总号	
日期	签名

图 6-20　工艺文件封面

2）工艺文件目录

工艺文件目录是供装订成册的工艺文件编写目录用的，反映产品工艺文件的成套性，如图 6-21 所示。填写时，“产品名称或型号”、“产品图号”与封面的型号、名称、图号保持一致；“拟制”、“审核”栏内由有关职能人员签署姓名和日期；“更改标记”栏内填写更改事项；“底图总号”栏内填写被本底图所代替的旧底图总号；“文件代号”栏内填写文件的简号，不必填写文件的名称；其余各栏按标题填写。

		工艺文件目录		产品名称或型号		产品图号
	序号	文件代号	零部件、整件图　号	零部件、整件名　称	页数	备注
	1	2	3	4	5	6
使用性						
旧底图总号						

底图总号	更改标记	数量	文件号	签名	日期	签　名		日期	第　页
						拟制			
						审核			共　页
日期 / 签名									
									第　页 / 共　页

图 6-21　工艺文件目录

3）工艺路线表

工艺路线表用于简明显示产品的整件、部件、零件在加工准备过程中的工艺路线，供企业有关部门作为组织生产的依据，如图 6-22 所示。填写中，“装入关系”栏以方向指示线（带箭头的直线或折线）显示产品零件、整件的装配关系；“部件用量”、“整件用量”栏填写与产品明细表对应的数量；“工艺路线表内容”栏填写整件、部件、零件加工过程中各部门（车间）及其工序的名称和代号。

		工艺路线表			产品名称或型号		产品图号
	序号	图号	名称	装入关系	部件用量	整件用量	工艺路线表内容
	1	2	3	4	5	6	7
使用性							
旧底图总号							

底图总号	更改标记	数量	文件号	签名	日期	签　名		日期	第　页
						拟制			
						审核			共　页
日期　签名									
									第　页　共　页

图 6-22　工艺路线表

4）导线及线扎加工卡片

导线及线扎加工卡片供导线及线扎加工准备及排线时使用，如图 6-23 所示。填写时，“序号”栏内按“1，2，3，…”填写顺序号；“线号”、“名称、牌号、规格”栏内按导线的线号、名称、牌号及规格进行填写；“颜色”栏内按设计文件要求填写导线的颜色；“数量”栏内填写导线的数量，“导线长度”栏内填写导线的长度（包括剥头尺寸）；“A 剥头”、“B 剥头”栏内

GS14

导线及线扎加工卡片	产品名称		名称	
	产品图号		图号	

序号	线号	名称、牌号、规格	颜色	数量	导线长度mm			连接点Ⅰ	连接点Ⅱ	设备及工装	工时定额	备注
					全长	A剥头	B剥头					

旧底图总号									
底图总号						设计			
						审核			
日期	签名								
						标准化			第 页 共 页
		更改标记	数量	更改单号	签名	日期	批准		
		描图：		描校：					

图 6-23　导线及线扎加工卡片

分别填写 A、B 端修剥长度尺寸；“连接点Ⅰ”、“连接点Ⅱ”栏内分别填写导线的去向。

5）装配工艺过程卡片

装配工艺过程卡片反映了装配工艺的全过程，供机械装配和电气装配用，如图 6-24 所示。填写时，“装入件及辅助材料”中的“序号”栏内按“1，2，3，…”顺序填写序号；“代号、名称、规格”、“数量”栏内分别填写装入件及辅助材料的代号、名称、规格、数量；“工序（步）

	装配工艺过程卡片	产品名称		名称	
		产品图号		图号	

装入件及辅助材料			工作地	工序号	工种	工序（步）内容及要求	设备及工装	工时定额
序号	代号、名称、规格	数量						

旧底图总号									
底图总号						设计			
						审核			
日期	签名								
						标准化			第　页	共　页
		更改标记	数量	更改单号	签名	日期	批准		
描图：				描校：					

图 6-24　装配工艺过程卡片

内容及要求”栏内填写装配工艺加工的内容和要求；空白栏处供画加工装配工序图用。

6）工艺说明及简图

工艺说明及简图如图 6-25 所示。它可作为任何一种工艺过程的续卡，供画图表及文字说

		工艺说明及简图	名 称	编号或图号
			工序名称	工序编号

使用性
旧底图总号

底图总号		更改标记	数量	文件号	签名	日期	签名		日期	第 页	
							拟制				
							审核			共 页	
日期	签名										
										第 册	第 页

图 6-25　工艺说明及简图

明用；也可供编制规定格式以外的其他工艺过程使用，如调试说明、检验要求、各种典型工艺文件等。

7）工艺文件更改通知单

工艺文件更改通知单供进行工艺文件内容的永久性修改时使用，如图 6-26 所示。填写时，应填写“更改原因”、“生效日期”及“处理意见”；“更改标记”栏内应用图样管理制度中规定的字母填写。

更改单号	工艺文件更改通知单	产品名称或型号	零、部、整件名称	图 号	第 页
					共 页

生效日期	更 改 原 因	通知单的分发		处理意见	

更改标记	更 改 前	更改标记	更 改 后

拟制		日期		审核		日期		标准化		日期		批准		日期	

图 6-26 工艺文件更改通知单

技能训练

编写直流稳压电源的工艺文件

1. 训练目标

识读项目七的任务一“直流稳压电源的装配与调试”中的相关技术文件，编写装配与调试直流稳压电源的工艺文件。

2. 训练器材

项目七的任务一“直流稳压电源的装配与调试”中的相关技术文件。

3. 训练内容

根据项目七的任务一“直流稳压电源的装配与调试”中的相关技术文件，编写工艺文件，并填写图 6-20～图 6-26 所示的表格。

技能评价

任务检测与评估

检测内容	分　　值	评分标准	学生自评	教师评估
工艺文件封面	10	每少填写一处扣 2～5 分，每填错误一处扣 2～5 分		
工艺文件目录	10	每少填写一处扣 2～5 分，每填错误一处扣 2～5 分		
工艺路线表	15	每少填写一处扣 5～10 分，每填错误一处扣 5～10 分		
导线及扎线加工卡片	10	每少填写一处扣 2～5 分，每填错误一处扣 2～5 分		
装配工艺过程卡片	15	每少填写一处扣 5～10 分，每填错误一处扣 5～10 分		
工艺说明及简图	10	每少填写一处扣 2～5 分，每填错误一处扣 2～5 分		
工艺文件更改通知单	10	每少填写一处扣 2～5 分，每填错误一处扣 2～5 分		
安全操作	10	不按照规定操作、损坏仪器，扣 4～10 分		
现场管理	10	结束后没有整理现场，扣 4～10 分		
合计	100			

知识链接

一、设计文件和技术文件的作用

1. 设计文件的作用

设计文件是能反映产品全貌的技术文件，其主要作用如下。

（1）用来组织和指导企业内部的产品生产。生产部门的工程技术人员可以利用设计文件给出的产品信息，编制指导生产的工艺文件，如工艺流程、材料定额、工时定额、设计工装夹具、编制岗位作业指导书等文件，连同必要的设计文件一起指导生产部门的生产。

（2）政府主管部门和监督部门根据设计文件提供的产品信息，对产品进行监测，确定其是否符合有关标准，是否对社会、环境和群众健康造成危害，同时也可对产品的性能、质量等做出公正评价。

（3）产品使用人员和维修人员根据设计文件提供的技术说明和使用说明，可对产品进行安装、使用和维修。

（4）技术人员和单位利用设计文件提供的产品信息进行技术交流，相互学习，不断提高专业技术水平。

2. 工艺文件的作用

在产品的不同阶段，工艺文件的作用有所不同。在试制试产阶段，它主要用来验证产品的设计（结构、功能）和关键工艺；在批量生产阶段，它主要用来验证工艺流程、生产设备和工艺装备是否满足批量生产的要求。工艺文件的主要作用如下。

（1）提供规定的流程和工序，便于组织产品的有序生产。

（2）提供工序和岗位的技术要求和操作方法，保证操作员工生产出符合质量要求的产品。

（3）准确确定工时定额和材料定额，控制产品的制造成本和生产效率。

（4）对组织生产部门进行工艺管理和员工纪律管理。

二、设计文件和工艺文件的分类和组成

1. 设计文件的分类和组成

设计文件的种类很多，全部算起来已有数十种之多。各种产品的设计文件所需的文件种类是各不相同的，文件的多少以能完整地表达所需意义而定。按文件的样式，可将设计文件分为三大类：文字性设计文件、表格性设计文件和电子工程图。

1）文字性设计文件

文字性设计文件主要有产品标准或技术条件、技术说明、使用说明、安装说明、调试说明。

2）表格性设计文件

表格性设计文件主要有以下几种。

（1）明细表：是构成产品（或某部分）的所有零部件、元器件和材料的汇总表，也称物料清单。

（2）软件清单：是记录软件程序的清单。

（3）接线表：是用表格形式表述电子产品各部分之间的接线关系的文件，用于指导生产时各部分的连接。

3）电子工程图

电子工程图主要有电原理图、方框图、装配图、逻辑图。

2. 工艺文件的分类和组成

电子产品的工艺文件种类也和设计文件一样，是由产品生产中的实际需要来决定的。电子产品的设计文件也可以用于指导生产，因此有些设计文件可以直接用做工艺文件。例如，电路图可以供维修岗位使用，调试说明可以在生产中调试用。此外，电子产品还有其他一些工艺文件，主要有以下几种。

（1）通用工艺规范：是为了保证正确的操作或工作方法而提出的生产所有产品或多种产品均适用的工作要求，如“手工焊接工艺规范”、“防静电管理办法”等。

（2）产品工艺流程：是根据产品要求和企业内生产组织、设备条件而拟制的产品生产流程

或步骤，一般由工艺技术人员画出，生产部门根据产品工艺流程图可以组织物料采购、人员安排和确定生产计划等。

（3）岗位作业指导书：是供操作员工使用的技术指导性文件，如设备操作规程、插件作业指导书等。

（4）工艺定额：是供成本核算部门和生产管理部门进行人力资源管理和成本核算用的。工艺技术人员根据产品结构和技术要求，计算出制造每一件产品所消耗的原材料和工时，即工时定额和材料定额。

（5）生产设备工作程序和测试程序：主要指某些生产设备，如贴片机、插件机等贴装电子产品的程序，以及某些测试设备所用的测试程序，程序编制完成后供所在岗位的员工使用。

（6）生产用工装或测试用工装的设计和制作文件：是为制作生产工装和测试工装而编制的工装设计文件和加工文件。

项目小结

（1）电原理图是用电路符号表示电子元器件、用连线表示导线所构成的图形。它能表示出电路的结构、元器件之间的连接关系、信号的处理和传输过程等。随着科学技术的发展，新的、功能复杂的电子产品不断出现，有的电路相当复杂，识读有难度，但是无论识读多么复杂的电路都需要从基本的电路开始，也就是要掌握识图的基本方法。

（2）方框图是用简单的"方框"代表一组元器件、一个部件或一个功能模块，用它们之间的连线表达信号通过电路的途径或电路的动作顺序。它能使电路图简单明确。识读方框图、单元电路图有助于识读整机电原理图。收音机的电路图是典型的电路图，看似复杂，但涉及的都是基本元器件、基本电子技术知识的运用。弄懂每个元器件的功能，再结合整机方框图，划分出几个功能单元进行理解，这个电路就能读明白了。

（3）印制电路图是专门用于安装、调试、测量和维修服务的电路图，有图纸表示方式和直标表示方式。本项目通过识读收音机的印制电路图，解读了快速识读印制电路图的方法。要想快速、准确地识读印制电路图，仅有方法是不够的，还需要多识读才行。

（4）装配图是按照实物的一定比例绘出的图形，能够反映各部件的外观形状、位置、安装方法及它们之间的联系，有助于电子整机的装配。在学习电子整机装配中，经常遇到一些零部件不知道如何安装，或没有装配图，或者有了装配图却看不懂，这就需要初学者多观察没有用到过的零部件和整机结构，多动手练习，多思考，这样再遇到类似问题就可以迎刃而解了。

（5）技术文件是产品生产、检验、使用和维修的依据，主要包括设计文件、工艺文件。设计文件是在产品研发设计过程中形成的产品技术文件，在生产、维修中可以直接使用。工艺文件是根据产品的设计文件和各企业的生产设备、规模及生产的组织形式进行编制的，目的是按照一定的条件选择产品最合理的工艺过程。

（6）常用的工艺文件格式有以下几种：封面、工艺文件目录、工艺路线表、导线及扎线加工卡片、装配工艺过程卡片、工艺说明及简图、工艺文件更改通知单。识读直流稳压电源装配与调试的相关技术文件之后，请尝试编写工艺文件。

思考与练习

1. 常用的电子电路图有哪几种？
2. 方框图的主要作用是什么？以超外差式调幅收音机为例，说明如何从电路的方框图入手，来理解电原理图？

3．以超外差式调幅收音机为例，说明识读整机电原理图的方法。

4．印制电路板对电子产品的生产有什么作用？

5．说明从印制电路板上快速查找元器件的方法？

6．叙述由印制电路板翻绘出电原理图的方法。

7．说明设计文件、工艺文件的种类有哪些？各自有哪些作用？

8．根据装配直流稳压电源的过程，总结用到了哪些种类的技术文件？

9．根据图 6-27，画出 A、B、C、D 四处电压的波形图。

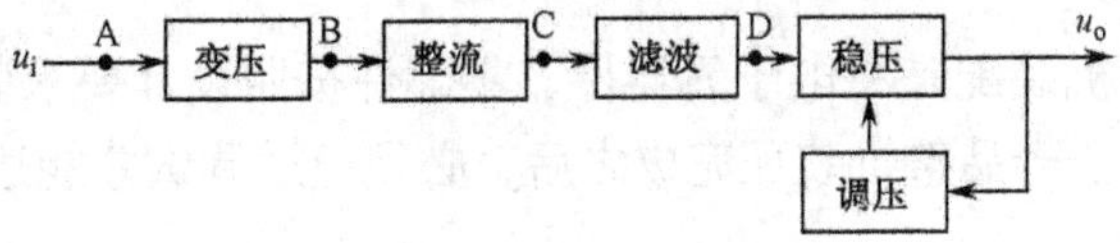

图 6-27　直流稳压电源框图

>>>项目七

电子产品的整机装配与调试

电子产品的整机装配是将电子元器件、零部件按照设计要求装配成整机时，所需要的多种技术的综合。电子产品整机装配完成之后，必须通过调试才能达到规定的技术要求。

技能目标：

- 巩固电子元器件的识别与检测技能。
- 掌握印制电路板的组装技能。
- 掌握整机装配技能。
- 掌握整机调试技能。

知识目标：

- 能正确识读电路原理图和装配图。
- 掌握元器件的筛选、成型和插装工艺。
- 掌握手工整机装配的工艺流程。
- 了解装配设备的简单工作原理和工作参数。

任务一 直流稳压电源的装配与调试

直流稳压电源是将220V交流市电转化为某一（或某一范围）低压直流电的装置。直流稳压电源的应用非常广泛，它的电路工作原理主要应用到了电子技术中的整流、滤波、稳压等基础知识。

任务分析

（1）能识读直流稳压电源的原理图。

（2）能识别、检测元器件。

（3）按照装配工艺的要求，能对印制电路板进行安装和对整机进行装配。

（4）根据参数要求能对直流稳压电源进行简单调试。

教学方式

教学步骤	时间安排	教学方式（供参考）
阅读教材	课时	查资料、相互讨论，重点阅读“操作分析”和“知识链接”
技能训练	6 课时	根据提供的直流稳压电源套件，按照操作分析过程进行训练，若有问题及时请同学或老师做示范或讲解，不要盲目操作
操作分析和知识链接的讲授	2 课时	在操作分析环节的讲授中，结合实物或多媒体课件演示；对知识链接的讲授多以案例为主
评估检测		教师与学生共同完成任务的检测与评估，并能对问题进行分析与处理

操作分析

一、直流稳压电源装配的准备工序

直流稳压电源装配的准备工序包括：原理图的识读、元器件的清点和识读、元器件的质量检测和焊接工具的准备、辅料的准备、导线的处理。

1. 原理图的识读

直流稳压电源的原理图如图 7-1 所示。

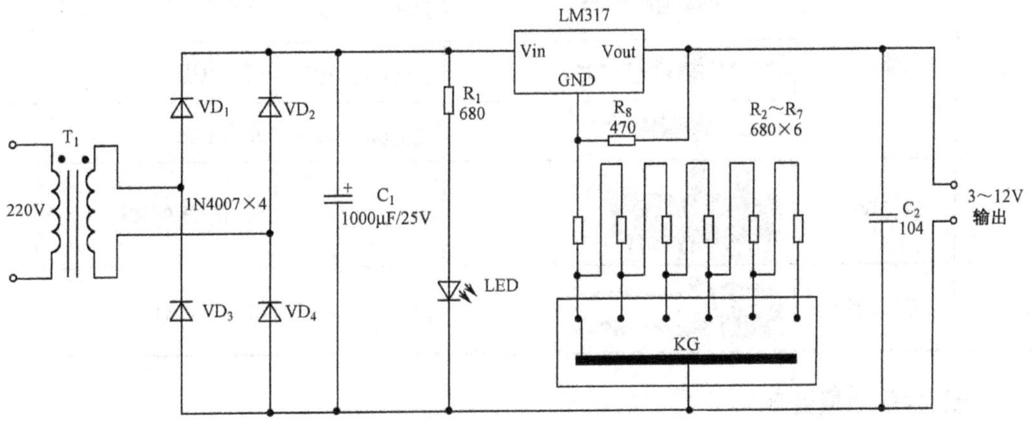

图 7-1　直流稳压电源的原理图

由图可知，直流稳压电源由变压器 T_1、二极管 VD_1～VD_4 构成的整流电路、C_1 构成的滤波电路和 LM317 构成的稳压电路构成。其工作原理为：220V 的交流电 u_1 加到变压器初级，经过变压器 T_1 降压后，从次级 u_2 输出 15V 的电压，经 VD_1～VD_4 桥式整流和滤波电容 C_1 滤波后，变成 18～20V 的直流电压。此直流电压加在三端稳压器 LM317 的输入端③脚，从输出端②脚输出稳定的直流电压。改变调节电阻的阻值（KG 上面的几个电阻），可改变输出电压的大小。图中的 R_1 与 LED 构成直流电源指示电路，C_2 为滤波电容器。

2. 元器件的清点和识读

直流稳压电源装配所需的元器件如表 7-1 所示，对照该表清点元器件。

表 7-1 直流稳压电源装配所需的元器件

编　号	元器件名称	实 物 图	参　数	元器件作用
T_1	变压器		220V/12V/5W	降压
$VD_1 \sim VD_4$	整流二极管		1N4007	将交流电转换成脉动直流电
C_1	电容器		1000μF/25V	滤波（滤除脉动直流电中的交流成分，使其变成稳恒直流电）
C_2			0.01μF	
LM317	三端稳压器		LM317	稳压
R_1	电阻器		680Ω/0.25W	发光二极管限流电阻
$R_2 \sim R_7$			680Ω/0.25W	调压电阻
R_8			470Ω/0.25W	分压电阻
KG	挡位开关			输出电压值和极性调节
LED	发光二极管	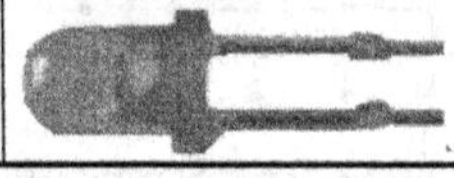	$\phi 5$	电源指示灯

3. 元器件的质量检测

元器件质量的好坏直接影响到整机的性能，如果把质量不好的元器件装入整机电路，则整机不可能正常工作，因此在元器件未安装之前，一定要对元器件进行检测，以保证用于整机装配的所有元器件的质量都完好。

在直流稳压电源中，重要的元器件有变压器、整流二极管、三端稳压器和发光二极管等。下面来介绍这些元器件的检测方法。

1）变压器的检测

220V/12V/5W 变压器为降压变压器，其正常初级电阻约为 1.4kΩ，次级电阻约为 7.7Ω。由于该变压器属于降压变压器，所以其初级绕组匝数多、线细，绕组阻值大；而次级绕组匝数少，线粗，绕组阻值小。用万用表的电阻挡测量这类变压器的初、次级电阻值，既可以判断变压器的初级与次级，又可以判断变压器的好坏。例如，当测定的电阻值与正常电阻值接近时，说明变压器正常；当测定的电阻值约为 0Ω或∞时，说明变压器损坏。

2）整流二极管的检测

桥式整流电路由四个整流二极管 1N4007 构成。整流二极管的检测方法可以参考项目二的相关内容。

3）LM317 三端稳压器的检测

将 LM317 引脚朝下，把标记有“LM317”的一面正对自己，从左边引脚开始依次是调整端、输出端和输入端，如图 7-2 所示。判断 LM317 三端稳压器好坏的检测方法如图 7-3 所示。

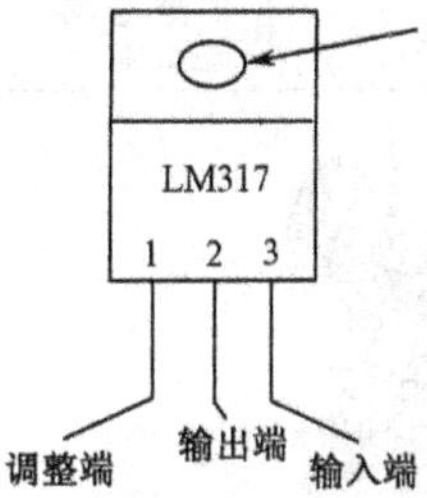

图 7-2　三端稳压器的引脚排列图

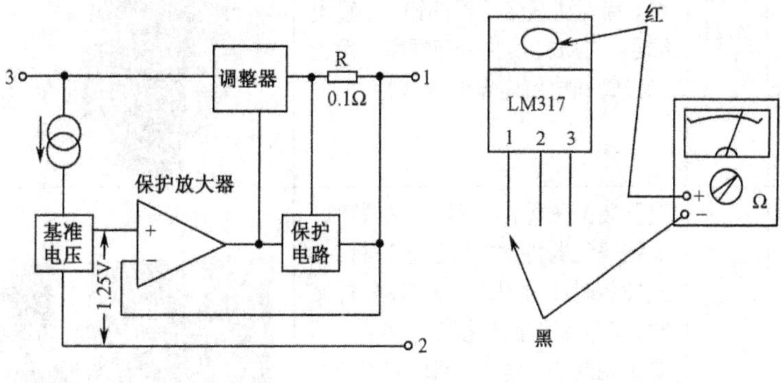

（a）内部框图　　（b）检测图

图 7-3　判断 LM317 三端稳压器好坏的检测方法

将万用表拨至 R×1k 挡，红表笔接散热片（带小圆孔），黑表笔依次接图 7-3 中的 1、2、3 脚，检测的正确结果如表 7-2 所示。如果所测数据与表中所示数据不同，则说明 LM317 存在质量问题。

表 7-2　检测的正确结果

引　脚	电 阻 值	说　明
1	24kΩ	调整端
2	0Ω	输出端
3	4kΩ	输入端

4）发光二极管的检测

用万用表的 R×10k 挡测量发光二极管两引脚间的电阻，如果万用表读数较小，发光二极管发光，说明黑表笔接的是发光二极管的正极，红表笔接的是发光二极管的负极，而且发光二极管是好的，否则发光二极管存在质量问题。

5）电容器、电阻器的检测

电容器、电阻器的检测方法可参考项目二的有关内容。

二、直流稳压电源的装配

直流稳压电源的制作步骤、制作要点及注意事项，以及图示如表 7-3 所示。

表 7-3　直流稳压电源的装配

制作步骤		制作要点及注意事项	图　示
1	清理印制电路板	除去印制电路板上的毛刺、氧化层，对照原理图、装配图检查有无短路、断路之处，如有，则进行清理	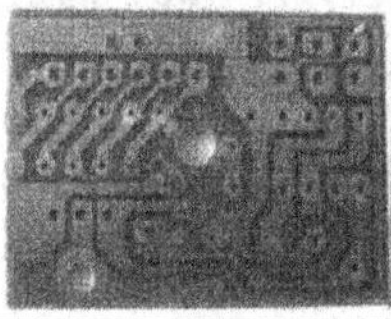 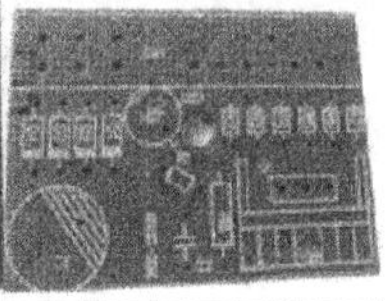
2	检测元器件	测量元器件的好坏，并判断引脚序号。特别注意变压器的输入、输出端子、LM317 的引脚顺序、发光二极管和电解电容器的极性	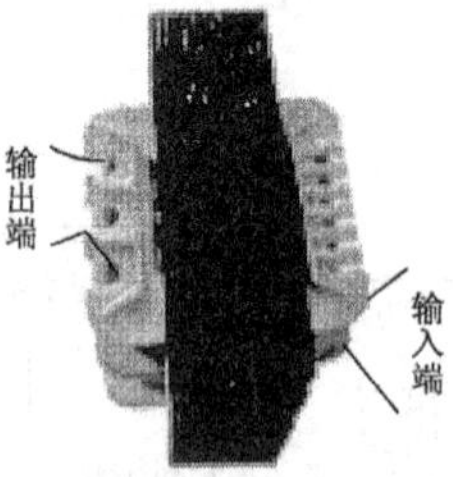 
3	焊接元器件	对照装配图焊接元器件。插装时，要按照元器件的插装工艺进行，立式插装时注意引脚不要短路。焊接时，要注意按照焊接工艺进行，不要出现漏焊、虚焊、假焊和连焊的现象	 
4	连接印制电路板和变压器	将变压器的输出端和印制电路板相连接。连接时要注意分清变压器的输入、输出端，千万不要接反。变压器的输出端引线一般是漆包线，焊接前要将线头的绝缘漆去掉后再上锡，焊接引线应尽量短	
5	连接输出导线	将输出的多功能引线连接到印制电路板上，注意保证焊接要牢靠，不要出现短接现象；将变压器的输入引线焊接到输入端上，注意焊接质量，不要将外壳塑料烫伤	
6	安装	将变压器、印制电路板依次装入电源盒中，将发光二极管对准电源盒上的小孔，合上盖子，拧紧螺钉，安装完成；螺钉的松紧度应恰到好处	

三、直流稳压电源的检测与调试

直流稳压电源安装完毕后要进行检测与调试，主要过程如下。

1. 直观检查法检查

直流稳压电源安装完毕后，首先要进行直观检查，即根据原理图和印制电路板上的元器件符号进行检查：查看元器件插装是否有误，包括元器件位置、电阻器的阻值、电容器的容量和极性、二极管的极性等；查看元器件插装是否存在短路；检查焊接质量，看焊点是否符合要求；变压器输入、输出端接线、稳压电源输出线接线位置是否正确等。如果发现有误，要及时进行更正。

2. 电阻测量法检查

首先测量直流稳压电源输入外接电阻，由此来判断线路连接情况和变压器输入端是否有误，如果外接端子间的电阻为1.4kΩ左右，说明安装正确；如果电阻为10Ω左右，说明变压器输入、输出端接反；如果外接端子间的电阻为无穷大，说明焊接存在虚焊或变压器初级绕组断路。用同样的方法检查直流稳压电源印制电路板的输入和输出电阻，确保电路没有短路、断路等故障。

3. 电压检测法检查

用电压检测法检查的过程如下。

（1）直流稳压电源安装完毕后，经检查无误方可通电检测。

（2）将万用表置于交流 50V 挡，测变压器的次级电压，测量值应与变压器的标称值 15V 接近。

（3）将万用表置于直流电压 50V 挡，测硅整流桥的输出电压，即滤波电容两端的电压（红表笔接滤波电容的“+”极，黑表笔接滤波电容的“−”极），测量值为 18～20V。

（4）将万用表置于直流电压 10V 挡，黑表笔接 LM317 的①脚，红表笔接 LM317 的②脚，万用表的读数应为 1.25V，并且不随外界条件的变化而变化。

4. 直流稳压电源的调试

（1）输出电压的调试：将万用表置于直流电压 50V 挡，黑表笔接地，红表笔接 LM317 的②脚，测试 LM317②脚电位的同时，调节输出转换开关 KG，②脚的输出电压应在 3～12V 之间变化（不接负载时输出电压偏高），并且电源指示灯的发光二极管发亮。

（2）外加负载滑动变阻器并串联电流表，改变滑动变阻器的阻值来观察电流表中输出电流的变化情况（最大输出电流为 1A）。

（3）利用交流毫伏表的 10mV 挡来测量纹波电压（$\Delta U_0 \leqslant 5\text{mV}$）。

如果上述所有条件都满足，则说明直流稳压电源制作成功。

技能训练

直流稳压电源的装配与调试

1. 训练目标

（1）掌握元器件的识别、检测、插装工艺。

（2）掌握直流稳压电源的装配程序及装配工艺。

（3）掌握直流稳压电源的简单调试。

2. 训练器材

（1）工具：十字螺丝刀一把，电烙铁一把、烙铁架一个，扁口钳一把、镊子一个，焊锡适量。

（2）仪器：万用表一个、毫伏表一台、100Ω/10W 电阻一个。

（3）器材：直流稳压电源套件一套。

3. 训练内容

（1）元器件筛选：元器件的识别、测量。

（2）元器件引脚的成型。

（3）焊接工艺。

（4）成品装配工艺。

（5）调试

4. 训练步骤

（1）按照元器件清单（表 7-1）清点元器件数量及型号。

（2）对元器件进行测量及引脚的简单处理。

（3）对照原理图、装配图进行元器件的插装和焊接。注意元器件的插装和焊接要严格按照项目五中的工艺进行。

（4）导线的加工和焊接。

（5）直流稳压电源的简单调试：输出直流电压值的调试、输出电流的调试、纹波电压的调试。

技能评价

任务检测与评估

检测内容	分　值	评分标准	学生自评	教师评估
元器件的识别	5	一个元器件识别错误扣 2 分；两个元器件识别错误扣 5 分		
元器件的测量	10	一个元器件测量错误扣 2 分；两个元器件测量错误扣 5 分；三个元器件测量错误扣 10 分；		
元器件的插装工艺	15	一个元器件工艺不合格扣 2 分；一个元器件极性错误扣 5 分		
焊接工艺	15	一个焊点不合格扣 1 分，一个短路焊点扣 5 分		
导线的加工	5	浸锡不光滑，每个线头扣 1 分；电烙铁烫伤绝缘层扣 2 分		
部件的安装	5	不符合工艺要求，每处扣 2 分；		
整机调试	25	输出直流电源值调试合格得 10 分；输出电流调试合格得 10 分；纹波电压合格得 5 分		
安全操作	10	不按照规定操作、损坏仪器，扣 4～10 分		
现场管理	10	结束后没有整理现场，扣 4～10 分		
合计	100			

知识链接

一、稳压电源概述

稳压电源是能为负载提供稳定直流电压的装置。其中，直流稳压电源的供电电源大都是交流电源，当交流供电电源的电压或负载电阻变化时，直流稳压电源的直流输出电压都会保持稳定。随着电子设备向高精度、高稳定性和高可靠性的方向发展，对电子设备的供电电源提出了更高的要求，也对直流稳压电源提出了更高的要求。

当今社会，人们极大地享受着电子设备带来的便利，但是任何电子设备都有一个共同的电路——电源电路。大到超级计算机、小到手机、MP3 等，所有的电子设备都必须在电源电路的支持下才能正常工作。当然，这些电源电路的样式、复杂程度千差万别。

1. 稳压电源的分类

稳压电源的分类方法有很多。按输出电源的类型分为直流稳压电源和交流稳压电源；按稳压电路和负载的连接方式分为串联稳压电源和并联稳压电源；按调整管的工作状态分为串联型稳压电源和开关稳压电源。

2. 稳压电源的基本功能和要求

（1）输出电压值能够在额定输出电压值以下任意设定并正常工作。

（2）输出电流的稳流值能在额定输出电流值以下任意设定和正常工作。

（3）直流稳压电源的稳压与稳流状态能够自动转换并有相应的状态指示。

（4）对于输出的电压值和电流值，要求能精确地显示和识别。

（5）对于输出电压值和电流值有精准要求的直流稳压电源，一般要使用多圈电位器和电压电流微调电位器，或者直接用数字显示方式输出。

（6）要有完善的保护电路。直流稳压电源在输出端发生短路及异常工作状态时不应损坏，在异常情况消除后应能立即正常工作。

3. 稳压电源的指标

直流稳压电源的指标分类如表 7-4 所示。

表 7-4　直流稳压电源的指标分类

指标名称	指 标 内 容
技术指标	直流稳压电源的技术指标可以分为两大类：一类是特性指标，反映直流稳压电源的固有特性，如输入电压、输出电压、输出电流、输出电压调节范围；另一类是质量指标，反映直流稳压电源的优劣，包括稳定度、等效内阻（输出电阻）、纹波电压及温度系数等
特性指标	（1）输出电压范围：指符合直流稳压电源工作条件的情况下，能够正常工作的输出电压范围。该指标的上限由最大输入电压和最小输入－输出电压差所规定，而其下限由直流稳压电源内部的基准电压值决定。 （2）最大输入－输出电压差：该指标表征在保证直流稳压电源正常工作的条件下，所允许的最大输入－输出之间的电压差值，其值主要取决于直流稳压电源内部调整晶体管的耐压指标。 （3）最小输入－输出电压差：该指标表征在保证直流稳压电源正常工作的条件下，所需的最小输入－输出之间的电压差值。 （4）输出负载电流范围：输出负载电流范围又称输出电流范围，在这一电流范围内，直流稳压电源应能保证符合指标规范所给出的指标
质量指标	（1）电压调整率 SV：电压调整率是表征直流稳压电源稳压性能优劣的重要指标，又称稳压系数或稳定系数，它表征当输入电压 U_I 变化时直流稳压电源输出电压 U_O 稳定的程度，通常用单位输出电压下的输入和输出电压相对变化的百分比表示。 （2）电流调整率 SI：电流调整率是反映直流稳压电源负载能力的一项主要指标，又称电流稳定系数。它表征当输入电压不变时，直流稳压电源对由于负载电流（输出电流）变化而引起的输出电压波动的抑制能力。在规定的负载电流变化的条件下，通常用单位输出电压下的输出电压变化值的百分比来表示直流稳压电源的电流调整率。 （3）纹波抑制比 SR：纹波抑制比反映了直流稳压电源对输入端引入的市电电压的抑制能力。当直流稳压电源输入和输出条件保持不变时，纹波抑制比常用输入纹波电压峰－峰值与输出纹波电压峰－峰值之比表示，一般用分贝数表示，但是有时也可以用百分数表示，或直接用两者的比值表示

二、直流稳压电源电路的识读

直流稳压电源电路主要由电源变压器、整流电路、滤波电路和稳压电路四部分构成，其方框图如图 7-4 所示。

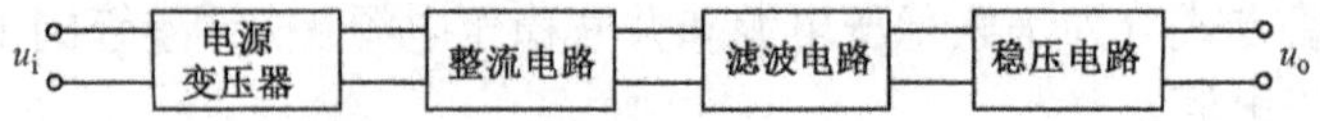

图 7-4　直流稳压电源电路的方框图

各组成单元的作用如表 7-5 所示。

表 7-5　直流稳压电源电路各组成单元的作用

名　称	作　用
电源变压器	将市电 220V 交流电变成合适的低压交流电
整流电路	利用二极管的单向导电性可以将交流电转化成脉动的直流电，而其中含有大量的交流成分
滤波电路	利用电容的充、放电可以滤除脉动直流电中的交流成分
稳压电路	由于市电的波动、负载的变化，输出电压也会发生变化。稳压电路的作用是当市电波动、负载变化时，保持输出电压基本不变

任务二　万用表的装配与调试

万用表是电子测量和维修中最常用的仪表，万用表又叫多用表、三用表、复用表，是一种多功能、多量程的测量仪表。万用表一般可用来测量直流电流、直流电压、交流电流、交流电压、电阻和音频电平等，有的还可以用来测电容量、电感量及半导体的一些参数。

任务分析

（1）能识读万用表的原理图和装配图。
（2）能识别、检测元器件。
（3）按照装配工艺的要求，能对印制电路板进行安装和对整机进行装配。
（4）能对万用表进行简单调试。

教学方式

教学步骤	时间安排	教学方式（供参考）
阅读教材	课余	查资料、相互讨论，重点阅读“操作分析”和“知识链接”
技能训练	10 课时	对万用表的装配与调试实训内容，由学生边学边练，同时教师示范操作
操作分析和知识链接的讲授	2 课时	在操作分析的讲授中，结合实物或多媒体课件演示；对知识链接的讲授多以案例为主
评估检测		教师与学生共同完成任务的检测与评估，并能对问题进行分析与处理

操作分析

一、万用表的装配准备工序

1. 万用表的原理图、装配图的准备

万用表的装配离不开原理图和装配图。MF—47 型万用表的原理图、装配图如图 7-5 所示。

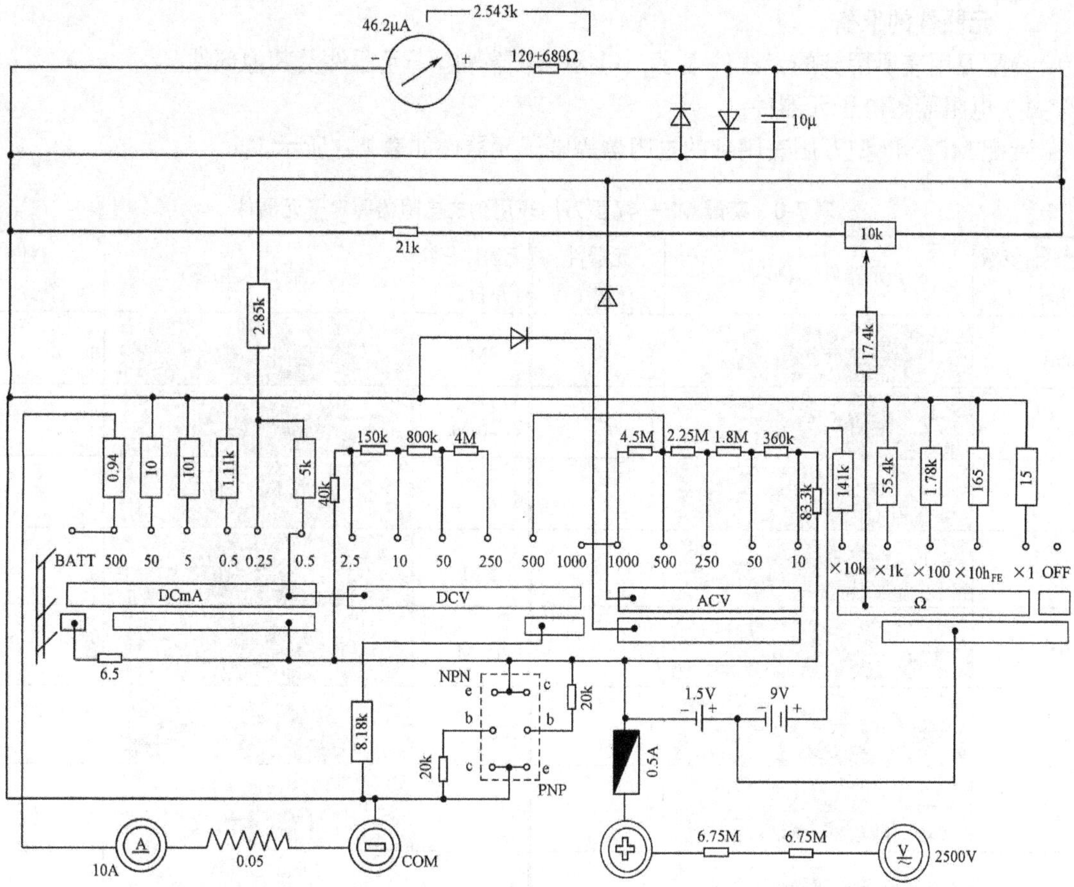

（a）原理图

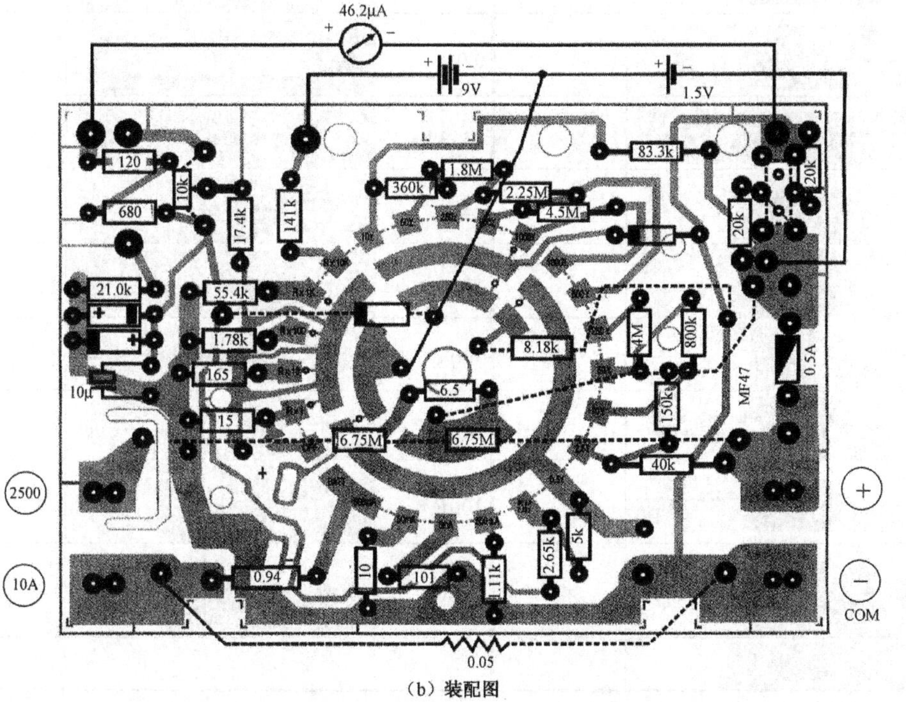

（b）装配图

图 7-5　MF—47 型万用表的原理图、装配图

2. 元器件的准备

装配万用表所用到的元器件很多，包括电阻器等电子元器件及其他部件。

1）电阻器等电子元器件

装配 MF—47 型万用表用到的电阻器等电子元器件如表 7-6 所示。

表 7-6　装配 MF—47 型万用表用到的电阻器等电子元器件

元器件参数（单位Ω）	元器件实物图	元器件个数	元器件参数（单位Ω）	元器件实物图	元器件个数
0.94		1	1. 8M	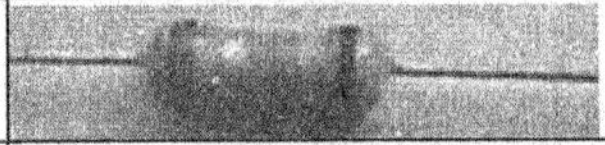	1
6.5	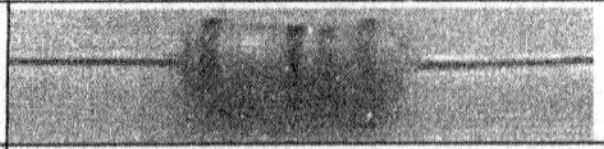	1	2. 25 M		1
10	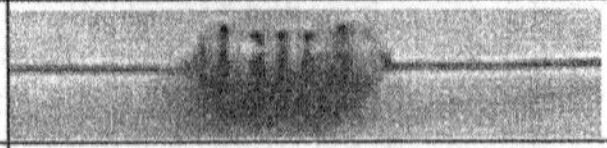	1	4 M		1
15	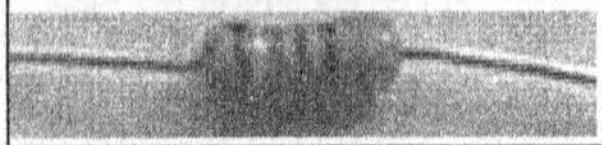	1	4. 5 M	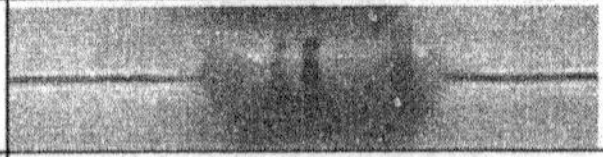	1
101		1	6.75 M	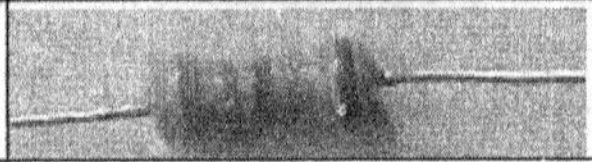	2
165		1	120		1
1.11k		1	680	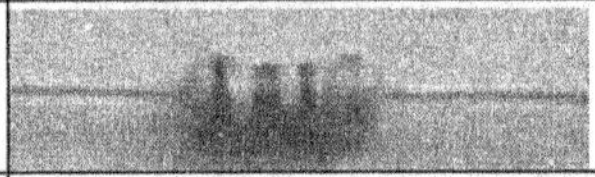	1
1.78k		1	20k		2
2.65k		1	0.05		1
5 k		1	83. 3 k		1
8.18 k		1	141 k	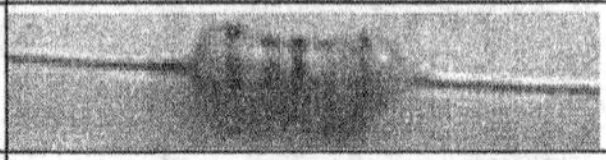	1
17.4 k		1	150 k		1
21 k	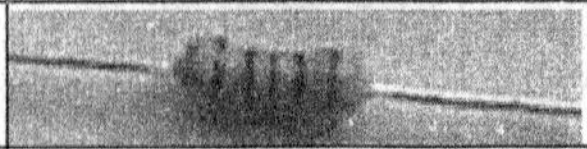	1	360 k	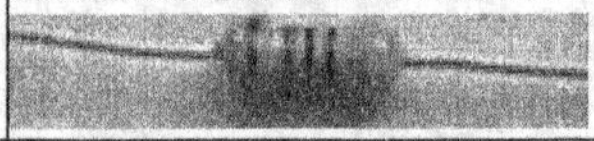	1
40k		1	800 k	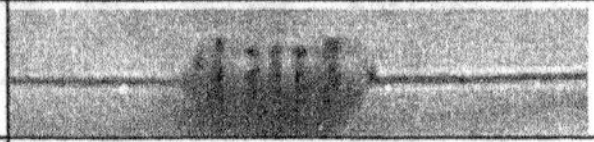	1
55. 4 k		1	10μF		2
10k		1	0.5A		2
1N4001		2			

2）其他部件

装配 MF—47 型万用表用到的其他部件如表 7-7 所示。

表 7-7 装配 MF—47 型万用表用到的其他部件

部件名称	部件实物图	部件名称	部件实物图
面板		开口垫片 ϕ4	
大旋钮		平面垫	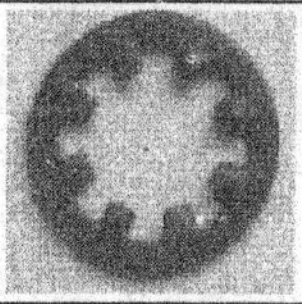
小旋钮		电池正负极片	
晶体管插座		电刷组件	
提把		保险管夹	
提把卡		插座铜管 ϕ4	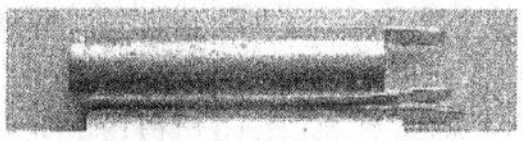
高压电阻套管	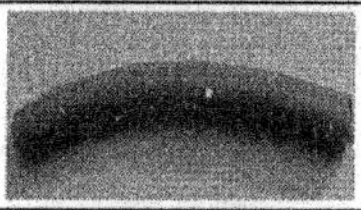	晶体管座焊片	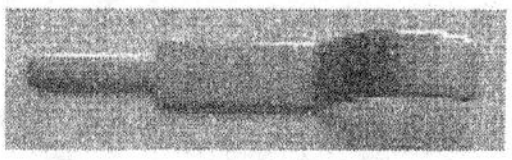
提把垫片		连接导线	
螺母 M5 螺钉 M3×6 螺钉 M3×5		MF—47 印制电路板	
成品表头		表笔（黑、红）	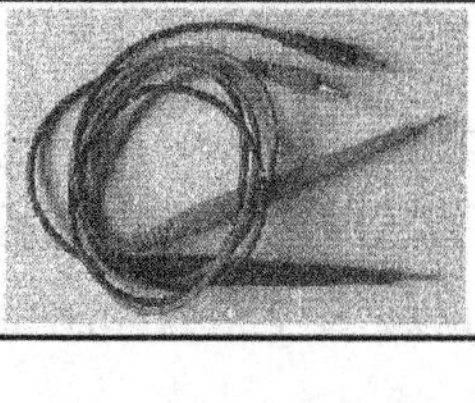

二、万用表的装配

1. 清点材料

参考材料配套清单（表 7-6 和表 7-7），进行元器件的清点，并注意：

（1）按材料清单逐一对应，记清每个元器件的名称与外形；

（2）打开时请小心，不要将塑料袋撕破，以免材料丢失；

（3）清点材料时应将表箱后盖当做容器，将所有的东西都放在里面；

（4）清点完后将材料放回塑料袋备用；

（5）暂时不用的元器件放在塑料袋里；

（6）弹簧和钢珠一定不要丢失。

2. 焊接前的准备工作

（1）清除元器件表面的氧化层：元器件经过长期存放后，会在其表面形成氧化层，不但使元器件难以焊接，而且影响其焊接质量。因此，当元器件表面存在氧化层时，应首先清除它。注意清除时用力不能过猛，以免使元器件引脚受伤或折断。

（2）元器件引脚的弯制成型：按组装工艺对元器件进行整形。

（3）元器件的插放：将弯制成型的元器件对照图纸插放到印制电路板上。注意，元器件不能插错位置；二极管、电解电容器要注意极性；插放电阻器时要求读数方向排列整齐，横排的必须从左向右读，竖排的必须从下向上读，保证读数一致。电阻器色环的排列方向如图 7-6 所示。

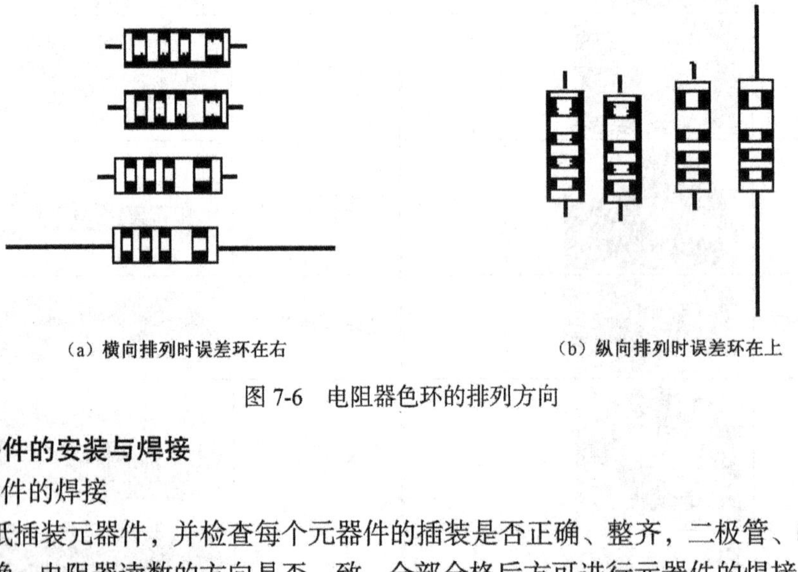

（a）横向排列时误差环在右　　（b）纵向排列时误差环在上

图 7-6　电阻器色环的排列方向

3. 元器件的安装与焊接

1）元器件的焊接

对照图纸插装元器件，并检查每个元器件的插装是否正确、整齐，二极管、电解电容器的极性是否正确，电阻器读数的方向是否一致，全部合格后方可进行元器件的焊接。焊接完成后的元器件，要求排列整齐，高度一致。为了保证焊接的整齐美观，焊接时应将印制电路板架在焊接木架上焊接，两边架空的高度要一致。元器件插好后，要调整位置，使它与桌面相接触，以保证每个元器件的焊接高度一致。

2）电位器的安装

电位器实质上是一个滑线电阻，电位器两个粗的引脚主要用于固定。安装时应捏住电位器的外壳，平稳地插入，不应使某一个引脚受力过大。不能捏住电位器的引脚安装，以免损坏电位器。安装前应用万用表测量电位器的阻值，电位器两固定触点之间的阻值应为 10kΩ；转动电位器旋钮，测量滑动触点和任一固定触点之间的阻值，应在 0～10kΩ 间变化。如果没有阻值，或者阻值不改变，则说明电位器已经损坏，不能安装。若等 5 个引脚都焊接后再更换电位器，就将非常困难。注意，电位器要装在印制电路板的绿面，不能装在黄面。

3）分流器的安装

安装分流器时要注意方向，不能让分流器影响印制电路板及其余电阻器的安装。

4）输入插管的安装

输入插管安装在绿面，是用来插表笔的，因此一定要焊接牢固。将其插入印制电路板中，用尖嘴钳在黄面轻轻捏紧，将其固定（一定要注意垂直），然后将两个固定点焊接牢固。

5）晶体管插座的安装

晶体管插座安装在印制电路板的绿面，用于判断晶体管的极性。在绿面的左上角有 6 个椭圆的焊盘，中间有两个小孔，用于晶体管插座的定位。将晶体管插座的定位突起部分放入小孔中后检查是否合适，如果小孔直径小于定位突起物，应用锥子稍微将孔扩大，使定位突起物能够插入。晶体管插片装好后，将晶体管插座装在印制电路板上定位，检查是否垂直，并将 6 个椭圆的焊盘焊接牢固。

注意事项：

焊接时一定要注意电刷轨道上不能粘上锡，否则会严重影响电刷的运转。为了防止电刷轨道粘锡，切忌用电烙铁运载焊锡。由于焊接过程中有时会产生气泡，使焊锡飞溅到电刷轨道上，所以应将一张圆形厚纸垫在印制电路板上。如果电刷轨道上粘了锡，应将其绿面朝下，用没有焊锡的电烙铁将锡尽量刮除。但由于印制电路板上的金属与焊锡的亲和性强，一般不能刮尽，所以只能用小刀稍微修平整。在每一个焊点加热的时间不能过长，否则会使焊盘脱开或脱离印制电路板。对焊点进行修整时，要让焊点有一定的冷却时间，否则不但会使焊盘脱开或脱离印制电路板，而且会使元器件温度过高而损坏。安装高压降压电阻时，要注意加上高压套管。元器件安装完毕后的印制电路板图如图 7-7 所示。

（a）元器件面　　　　（b）焊盘面

图 7-7　元器件安装完毕后的印制电路板图

4. 机械部分的安装与调整

1）提把的安装

后盖侧面有两个"O"形小孔，是提把铆钉安装孔。将提把放在后盖上，将两个黑色的提把橡胶垫圈垫在提把与后盖中间，然后从外向里将提把铆钉按其方向卡入，听到"咔嗒"声后说明已经安装到位。如果无法听到"咔嗒"声，则可能是橡胶垫圈太厚，应更换后重新安装。将大拇指放在后盖内部，四指放在后盖外部，用四指包住提把铆钉，大拇指向外轻推，检查铆钉是否已安装牢固。注意一定要用四指包住提把铆钉，否则会使其丢失。接着将提把转向朝下，检查其是否能起支撑作用，如果不能支撑，说明橡胶垫圈太薄，应更换后重新安装。

2）电刷旋钮的安装

取出弹簧和钢珠，并将其放入凡士林油中，使其粘满凡士林。加油有两个作用：使电刷旋钮润滑，旋转灵活；起黏附作用，将弹簧和钢珠黏附在电刷旋钮上，防止其丢失。

然后将电刷旋钮平放在印制电路板的面板上，注意电刷放置的方向。再用起子轻轻顶，使钢珠卡入花瓣槽内，以免滚掉，接着手指均匀用力将电刷旋钮卡入固定卡。继续将面板翻到正面，并将挡位开关旋钮轻轻套在从圆孔中伸出的小手柄上，慢慢转动旋钮，检查电刷旋钮是否安装正确，若安装正确应能听到"咔嗒"、"咔嗒"的定位声，如果听不到则可能是钢珠丢失或掉进电刷旋钮与面板间的缝隙，这时挡位开关无法定位，应拆除重装。将挡位开关旋钮轻轻取下，用手轻轻顶小孔中的手柄，同时反面用手依次轻轻扳动三个定位卡，注意用力一定要轻且均匀，否则会把定位卡扳断。小心钢珠不能滚掉。

3）挡位开关旋钮的安装

电刷旋钮安装正确后，将它转到电刷安装卡向上位置，将挡位开关旋钮的白线向上套在正面电刷旋钮的小手柄上，向下压紧即可。如果白线与电刷安装卡方向相反，则必须拆下重装。拆除时用平口螺丝刀对称地轻轻撬动，依次按左、右、上、下的顺序，将其撬下。注意用力要轻且对称，否则容易撬坏。

4）电刷的安装

安装电刷，注意电刷的安装要和旋钮的挡位对应，不要装反。

5）导线的焊接

焊接印制电路板与电源极片之间的导线。

6）印制电路板的安装

电刷安装正确后方可安装印制电路板。

安装印制电路板前，先应检查印制电路板焊点的质量及高度，特别是外侧两圈轨道中的焊点，由于电刷要从中通过，所以安装前一定要检查焊点高度，其值不能超过 2mm，如果焊点太高会影响电刷的正常转动，甚至刮断电刷。

印制电路板用三个固定卡固定在万用表面板背面。将印制电路板水平放在固定卡上，依次卡入即可。如果要拆下重装，可依次轻轻扳动固定卡。注意在安装印制电路板前，应先将表头连接线焊上。机械部分安装完毕后的内部图示如图 7-8 所示。

最后装电池和后盖，装后盖时左手拿面板，稍高，右手拿后盖，稍低，将后盖向上推入面板，拧上螺钉，注意拧螺钉时用力不可太大或太猛，以免将螺孔拧坏。安装完毕后的万用表如图 7-9 所示。

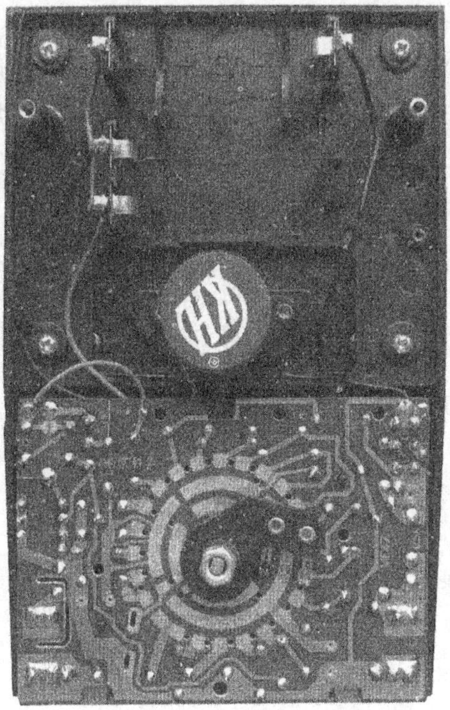

图 7-8 机械部分安装完毕后的内部图示

图 7-9 安装完毕后的万用表

5. 万用表组装完毕后的检查

（1）装配完印制电路板后，请仔细对照同型号图纸，检查元器件焊接部位是否有错焊、漏焊。对于初学焊接者来说，还需检查焊点是否有虚焊、连焊现象：可用镊子轻轻拨动零件，检查其是否松动。

（2）检查完印制电路板后，即可按照各个型号万用表的装配要求进行总装。总装方法参见各型号万用表的装配步骤。装配完成后，旋转挡位开关旋钮一周，检查手感是否灵活，如有阻滞感，应查明原因后加以排除。然后可重新拆下印制电路板，检查印制电路板上的电刷（刀位）银条（分段圆弧，位于印制电路板中央），电刷（刀位）银条上应留下清晰的刮痕，如出现痕迹不清晰或电刷银条上无刮痕等现象，应检查电刷与印制电路板上的电刷银条是否接触良好或装错装反。待挡位开关旋钮旋转时手感良好后，方可进入下一阶段的工作。

（3）装上电池并检查电池两端是否接触良好。插入红、黑表笔，将万用表挡位开关旋钮旋至欧姆挡的最小挡位，再将红、黑表笔搭接，表针应向右偏转。调节调零旋钮，表针应可以准确指示在欧姆挡的零位位置。依次从最小挡位调整至最大挡位，每挡均应能调整至欧姆挡的零位位置。如果不能调整至零位位置，如指针位于零位左边，则可能是电池性能不良（更换新电池）或电池电刷接触不良。重复（2）、（3）中的相关步骤后，万用表基本装配成功，下面将进入调试工作。

三、万用表的简单调试

（1）将装配完成后的万用表仔细检查一遍，确保无错装的情况之下，将万用表旋至最小电流挡 0.25V/50μA 处，用万用表测量其“+”、“−”插座两端的电阻值，应在 4.9～5.1kΩ之间。如果不符合要求，则应调节电位器上方的 680Ω、120Ω两个电阻，直至达到要求为止，此时基本调试完毕。

（2）将基本调试正常的万用表从电流挡开始逐挡检测（满刻度）。检测时应从最下面的挡位开始，首先检测直流电流挡，然后检测直流电压挡、交流电压挡、电阻挡及其他挡。各挡位符合要求后，该万用表即可投入正常使用。

技能训练

万用表的装配与调试

1. 训练目标

（1）掌握元器件的识别、检测、插装工艺。

（2）掌握万用表的装配程序及装配工艺。

（3）掌握万用表的简单调试。

2. 训练器材

（1）工具：十字螺丝刀一把，电烙铁一把、烙铁架一个，扁口钳一把、镊子一个，焊锡适量。

（2）仪器：万用表一个。

（3）器材：万用表套件一套。

3. 训练内容

（1）元器件筛选：元器件的识别、测量。

（2）元器件引脚的成型、元器件的插装工艺。

（3）焊接工艺。

（4）成品装配工艺。

（5）调试。

4. 训练步骤

（1）按照元器件清单表（表 7-6 和表 7-7）清点元器件数量及校对型号。

（2）对元器件进行测量和引脚的简单处理。

（3）对照原理图、装配图进行元器件的插装和焊接。注意元器件的插装和焊接要严格按照项目五的工艺进行。

（4）导线的加工和焊接。

（5）万用表的简单调试：整机电阻的调试、其他挡位的调试。

技能评价

任务检测与评估

检测内容	分　值	评分标准	学生自评	教师评估
元器件的识别	5	一个元器件识别错误扣 2 分；两个元器件识别错误扣 5 分		
元器件的测量	10	一个元器件测量错误扣 2 分；两个元器件测量错误扣 5 分；三个元器件测量错误扣 10 分		

续表

检测内容	分　值	评分标准	学生自评	教师评估
元器件的插装工艺	15	一个元器件工艺不合格扣2分；一个极性错误扣5分		
焊接工艺	10	一个焊点不合格扣1分，一个短路焊点扣5分		
导线的加工	5	浸锡不光滑，每线头扣1分；电烙铁烫伤绝缘层扣2分		
部件的安装	15	不符合工艺要求，每处扣2分		
整机调试	20	整机电阻调试合格得10分；各挡位合格得10分		
安全操作	10	不按照规定操作、损坏仪器，扣4～10分		
现场管理	10	结束后没有整理现场，扣4～10分		
合计	100			

知识链接

一、万用表的工作原理概述

万用表一般可以用来测量直流电压、直流电流、电阻和交流电压等参数。万用表的工作原理简述如下。

1. 表头

万用表表头的外形如图7-10（a）所示，表头的符号如图7-10（b）所示。表头是用来识读测量数值的，是万用表进行各种不同测量的公用部分，它是一个很灵敏的测量机构，内部有一个可动的线圈，它的电阻称为表头的内阻，用 r_g 表示。线圈通电之后，指针会偏转，所偏转的角度与线圈中通过的电流成正比。固定在线圈上的指针随线圈一起偏转，可显示线圈所偏转的角度。当指针指示满标度时，线圈中所通过的电流称为满偏电流，用 I_g 表示。内阻和满偏电流是描述表头特征的两个参数。本万用表表头的两个参数分别是 r_g=2.54kΩ，I_g=46.2mA。

（a）外形　　（b）符号

图7-10　万用表表头

2. 直流电压表

将表头串联一个分压电阻R就构成一个简单的直流电压表（单量程电压表），如图7-11所示。测量时，要将该直流电压表并联在被测电压 U 的两端，这时通过表头的电流为

$$I_g = \frac{U}{r_g + R}$$

由于表头内阻 r_g 和分压电阻R的值是不变的，所以通过表头的电流与被测电压成正比。只

要在标度盘上按电压进行刻度，则根据指针的偏转就能指示出被测电压的值。

分压电阻的大小由电压的量程来确定。电压量程 U_L 是指这个电压表所能测量的最大电压。显然，当被测量电压 $U=U_L$ 时，通过表头的电流 $I=I_g$，用欧姆定律即可求出分压电阻的阻值为

$$R=\frac{U_L-I_g r_g}{I_g}$$

在万用表中，用转换开关分别将不同数值的分压电阻与表头串联，就能得到几个不同的电压量程，构成多量程电压表，如图 7-12 所示。

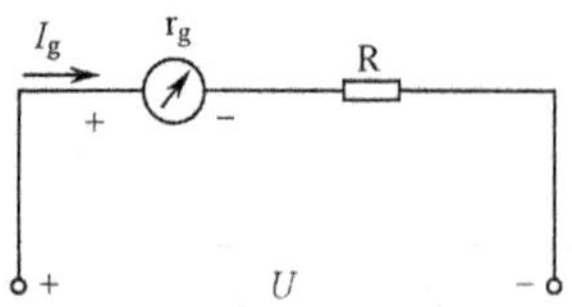

图 7-11 单量程电压表

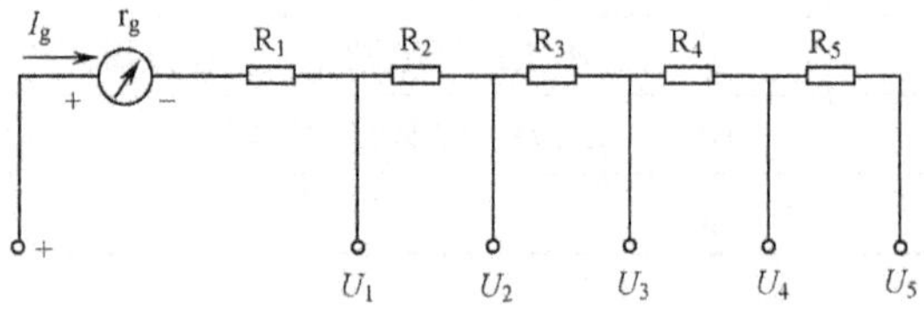

图 7-12 多量程电压表

3. 交流电压表

交流电压表和直流电压表的不同之处，只是增加了一个与表头串联的二极管 VD，如图 7-13 所示。因为流过表头的电流只能是单方向的，且自左向右，所以如果通以反方向电流，将有可能损坏表头。表头串联二极管后，流过表头的电流为单方向的，使得指针所偏转的角度与被测的交流电压 U 成正比，从而可以测出被测电压。

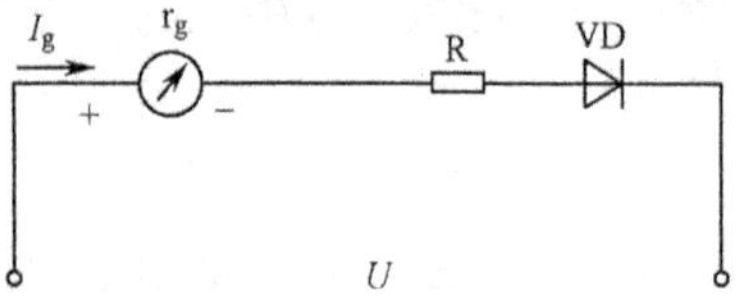

图 7-13 交流电压表

4. 直流电流表

将表头并联一分流电阻，即构成一个最简单的直流电流表（单量程电流表），如图 7-14 所示。测量某一负载中的电流时，要将该直流电流表与负载串联，使被测电流 I 通过电流表。根据并联电路的性质，得到此时流过表头的实际电流 I_G 是

$$I_G=I\frac{R}{r_g+R}$$

该式表明，在一定的分流电阻 R 下，通过表头的实际电流 I_G 与被测电路 I 成正比。因此，只要在标度盘上按电流进行刻度，则根据指针偏转就能直接指示出被测电流的值。实际万用表是利用转换开关，将电流表制成多量程的，如图 7-15 所示。

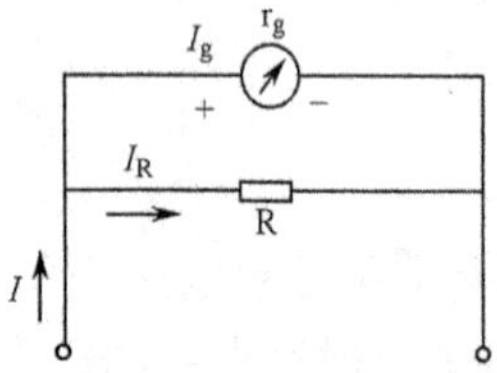

图 7-14 单量程电流表

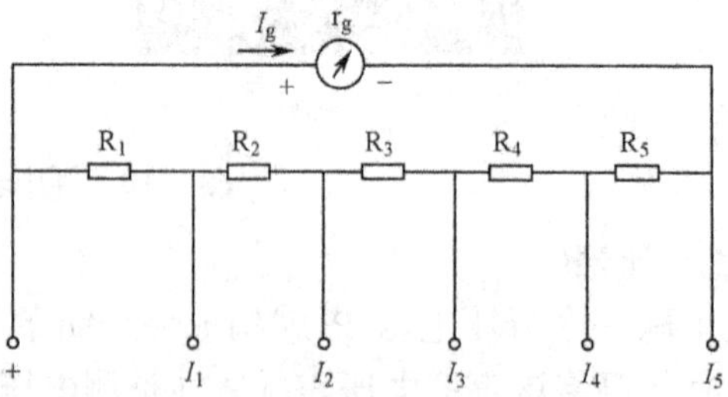

图 7-15 多量程电流表

5. 欧姆表

万电表中有欧姆挡，可以用来测量电阻。其基本原理如图 7-16 所示。表头的内阻为 r_g，满偏电流为 I_g。R 是可变电阻，也叫调零电阻。电池的电动势是 E，内阻是 r。

当红、黑表笔相接时，如图 7-16（a）所示，调节 R 的阻值，使 $I_g=\dfrac{E}{r_g+r+R}$，则指针指到满刻度，表明红、黑表笔间的电阻为零。当红、黑表笔不接触时，如图 7-16（b）所示，电路中没有电流，指针不偏转，即指着电流表的零点，表明红、黑表笔间的电阻是无穷大的。当红、黑表笔间接入某一电阻 R_x 时，如图 7-16（c）所示，则通过电流表的电流强度 $I_g=\dfrac{E}{r_g+r+R+R_x}$，$R_x$ 改变，I 随着改变。由此可见，每一个 R_x 值都有一个对应的电流强度值 I。如果在刻度盘上直接标出与 I 对应的 R_x 的值，则只要用红、黑表笔分别接触待测电阻两端，就可以从表盘上直接读出它的阻值了。

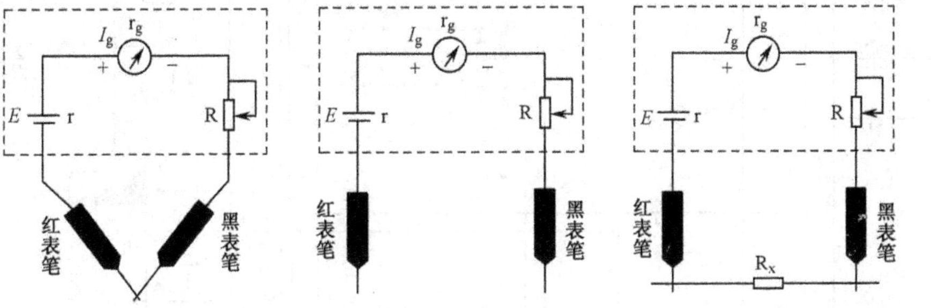

（a）红、黑表笔相接　　（b）红、黑表笔不接触　　（c）红、黑表笔间接入某一电阻 R_x

图 7-16　欧姆表的工作原理

二、万用表的各单元电路

万用表的各单元电路如图 7-17 所示。

任务三　收音机的装配与调试

收音机是广泛应用的电子设备之一，它几乎包含了电子技术基础中模拟部分的全部知识。掌握收音机的装配与调试，不仅可以巩固模拟电子部分的相应知识，同时还可对电子产品的调试有更深刻的理解。

任务分析

（1）能识读收音机的原理图。

（2）能识别、检测元器件。

（3）按照装配工艺的要求，能对印制电路板进行安装和对整机进行装配。

（4）根据参数要求能对收音机进行简单调试。

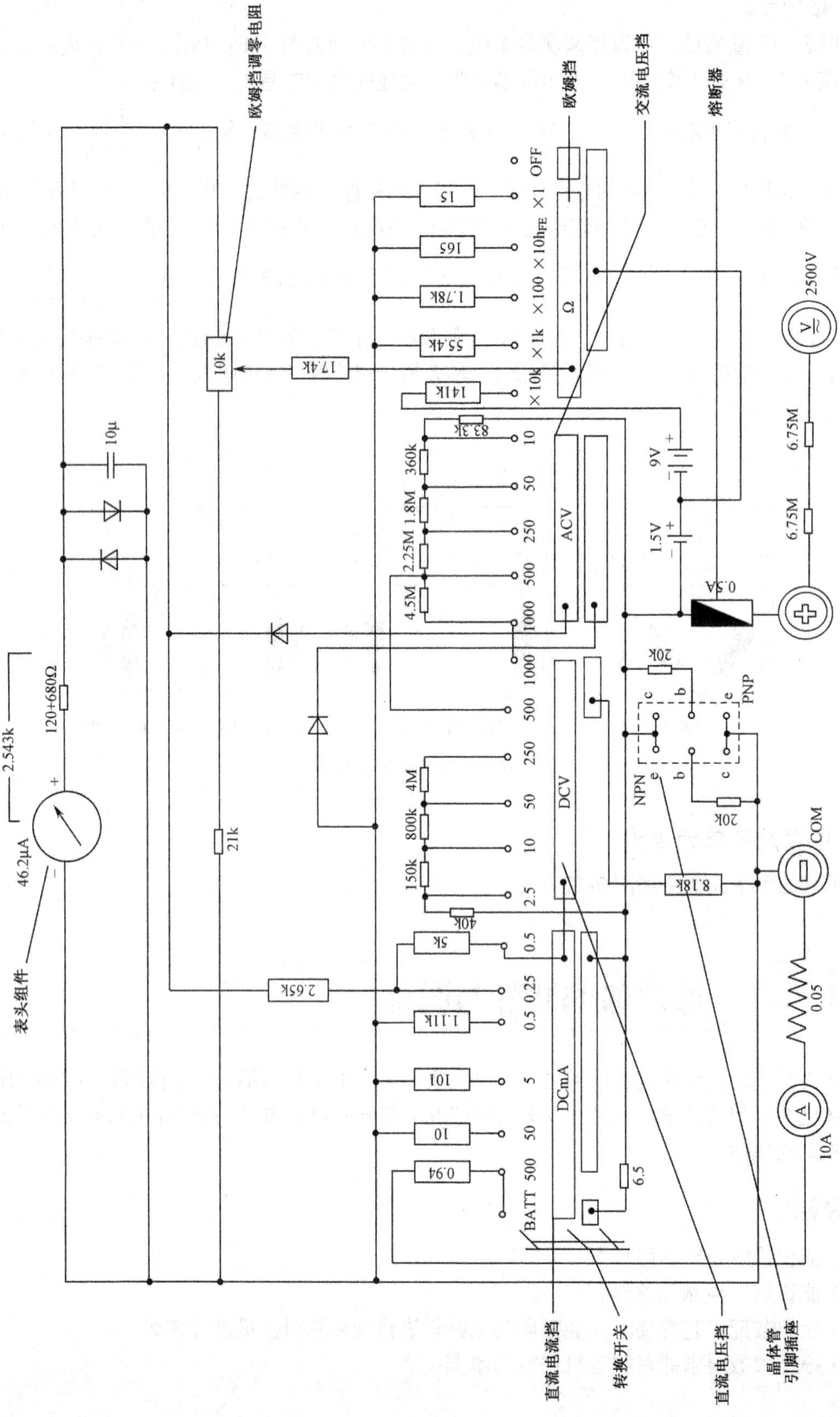

图7-17　万用表的各单元电路

教学方式

教学步骤	时间安排	教学方式（供参考）
阅读教材	课余	查资料、相互讨论，重点阅读“操作分析”和“知识链接”
技能训练	16 课时	对收音机整机装配和调试的实训内容，由学生边学边练，同时教师示范操作
操作分析和知识链接的讲授	4 课时	在操作分析的讲授中，结合实物或多媒体课件演示；对知识链接的讲授多以案例为主
评估检测		教师与学生共同完成任务的检测与评估，并能对问题进行分析与处理

操作分析

一、收音机装配的准备工序

收音机装配的准备工序包括：原理图和装配图的准备，对照元器件的清单清点元器件、元器件的质量检测和焊接工具的准备、辅料的准备、导线的处理。

1. 原理图和装配图的准备

收音机的原理图如图 7-18 所示，装配图如图 6-10 所示。

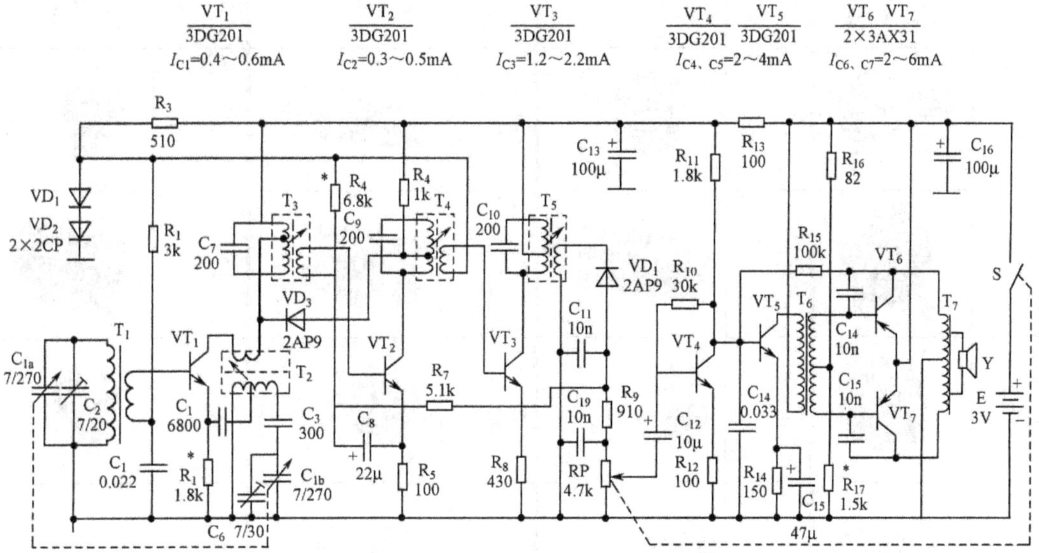

图 7-18　收音机的原理图

2. 收音机所用到的元器件

装配收音机所用元器件的清单如表 7-8～表 7-11 所示。

表 7-8　收音机的电阻器

序　　号	图　　例	序　　号	图　　例	序　　号	图　　例
R_1	3kΩ±1% 	R_7	5.1kΩ±1% 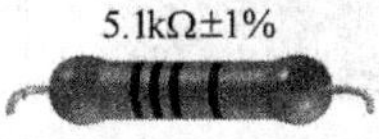	R_{16}	82Ω±1% 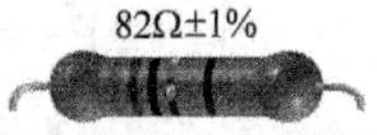

续表

序　号	图　例	序　号	图　例	序　号	图　例
R_2、R_{11}	1.8kΩ±1% 	R_8	430Ω±1% 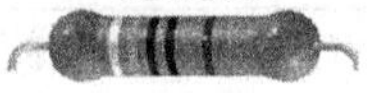	R_{17}	1.5kΩ±1% 
R_3	510Ω±1% 	R_9	910Ω±1% 	RP	4.7kΩ 
R_4	6.8kΩ±1% 	R_{10}	30kΩ±1% 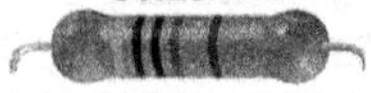		
R_5、R_{12}、R_{13}	100Ω±1% 	R_{14}	150Ω±1% 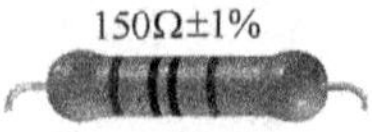	Y	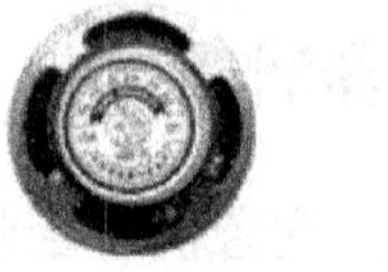
R_6	1kΩ±1% 	R_{15}	100kΩ±1% 		

表 7-9　收音机的电容器

序　号	图　例	序　号	图　例	序　号	图　例	序　号	图　例
C_1		C_6		C_{11}		C_{16}	
C_2		C_7		C_{12}		C_{17}	
C_3		C_8		C_{13}		C_{18}	
C_4		C_9		C_{14}		C_{19}	
C_5		C_{10}		C_{15}			

表 7-10　收音机的感性元器件

序　号	符　号	图　例	名　称	应 用 场 合
L_1	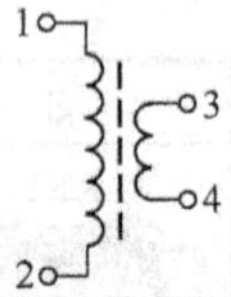		空芯高频变压器	天线线圈

续表

序号	符号	图例	名称	应用场合
L_2	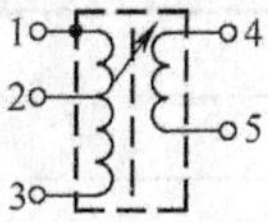		振荡线圈（黑磁芯）	本机振荡
T_4	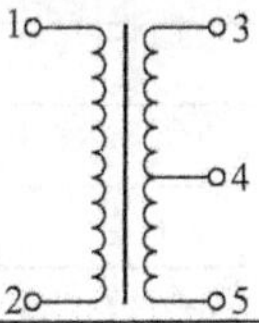		音频变压器（输入变压器）	低频功率放大
T_5	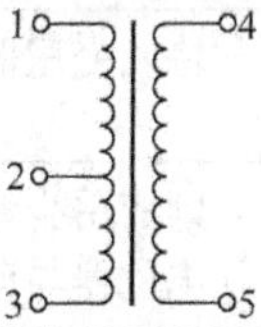		音频变压器（输出变压器）	低频功率放大
T_1	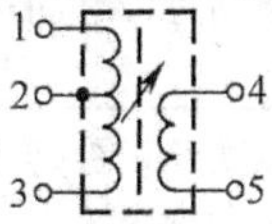		中频变压器（中周、白磁芯）	中放Ⅰ
T_2	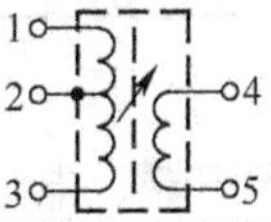		中频变压器（中周、红磁芯）	中放Ⅱ
T_3	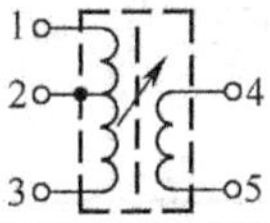		中频变压器（中周、绿磁芯）	中放Ⅲ

表 7-11 收音机的晶体管元器件

序号	图例	型号	作用
VT_1		3DG201A	高放
VT_2		3DG201A	中放
VT_3		3DG201A	中放
VT_4		3DG201A	中放
VT_5		3DG201A	低放
VT_6		3AX31A	功放
VT_7		3AX31A	功放

二、收音机的整机装配

1. 收音机印制电路板的装配

印制电路板的装配工艺是保证整机质量的关键，装配质量的好坏对收音机的性能有很大影响。因此，对印制电路板总的装配要求是：元器件装插正确，不能插错、漏插；焊点要光滑，无虚焊、假焊和连焊；根据插装和焊接工艺要求进行插装和焊接。为了达到训练效果，减小差错率，每个元器件的安装均可按下面的步骤来完成：复测元器件→引线清洁、浸锡、成型→插装→焊接→修剪引脚→整形。

装配过程中的注意事项如表 7-12 所示。

表 7-12　装配过程中的注意事项

序　　号	注 意 事 项
1	已安装的元器件要在电原理图或元器件明细表中予以注明
2	要注意电解电容器的正、负极性，不能插错
3	磁性天线线圈的线较细，刮去天线线圈上的绝缘漆时不要弄断导线
4	振荡线圈和中频变压器要找准位置，注意色标
5	装插双联电容器时，三脚或四脚应插到位，并用螺钉先固定后焊接
6	振荡线圈与中频变压器的外壳要焊在印制电路板上
7	要辨认清楚音频输入、输出变压器，输出变压器的次级电阻不到 1Ω，与输入变压器初、次级的电阻相差很大
8	安装音量电位器时应先用螺钉将其固定后再进行焊接。若没有固定螺钉，则应用少量焊锡先固定其任一焊接片（此时用一手指按住电位器，使其紧贴印制电路板），使电位器与印制电路板平行，再焊其余的焊接片。操作应在短时间内完成，否则易焊坏电阻器动片，进而造成音量电位器损坏或接触不良
9	安装焊接瓷介电容器、电解电容器及三极管等元器件时，所留引脚不能太长，否则元器件的稳定性降低。一般要求所留引脚长度距离印制电路板面 2mm 左右

2. 收音机的整机装配过程

收音机的主要零配件有印制电路板、调谐拨轮组件、电位器拨轮、扬声器、电池正负极引片或弹簧件、前后机壳、刻度盘和指针等。其整机装配过程如表 7-13 所示。

表 7-13　收音机的整机装配过程

步　　骤	装 配 内 容	完 成 图 示
1	安装电位器拨轮并用螺钉固定； 安装调谐拨轮并用螺钉固定； 安装调谐器旋钮、拉线支撑轮并用螺钉固定； 装上拉线和指针	
2	安装指针固定盘并用螺钉固定； 根据调谐器的位置初步确定指针位置	
3	将印制电路板装入机壳，根据刻度盘重新确定指针位置； 调节音量电位器和调谐器拨轮，试转动，看是否顺畅。如果转动顺畅，则用螺钉固定印制电路板；如果有问题需重新调整； 安装并固定扬声器，安装电源极片	

续表

步　骤	装配内容	完成图示
4	安装电池； 盖上后盖并将螺钉拧紧	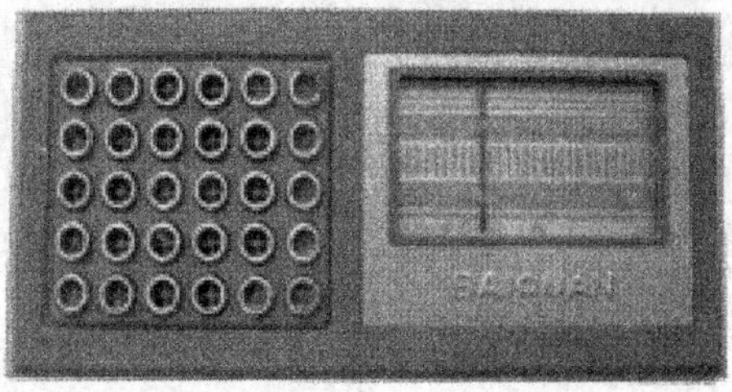

三、收音机的检测和调试工艺

收音机的调试是指将收音机整机的各个组成电路的直流工作状态和交流工作状态调整到设计要求，使之在工作时达到最佳状态。它分为直流工作点的调试、交流通路的调试和频率范围的调整。

电子设备整机的直流工作点调试是指把电子设备整机的各个单元电路的直流电压和电流值调整到设计要求，为交流通路的正常工作提供基础和保障。对于由分立元器件组成的电子整机电路，直流工作点的调试主要是指利用万用表，检测单元电路中三极管的各极直流电压和集电极工作电流，通过调整三极管的偏置电阻使电压和电流达到设计要求。

1. 直观检测电子整机的元器件状态

在组装电子整机的过程中，由于安装、焊接等原因，可能会出现元器件的碰脚、连焊和虚焊等现象，还有可能将电路板上的覆铜焊掉，所以调试人员需要利用“眼观”、“手晃”等办法找到故障点并排除，为下一步调试做准备。

2. 测量电源输入端的对地电阻（在路电阻）

在组装电子整机的过程中，由于安装、焊接等原因，可能会出现元器件的碰脚、连焊等现象，甚至将元器件内部击穿短路或烧断，所以在对电子整机通电进行调试之前，要先对电源输入端的对地电阻进行测量，防止贸然通电而损坏电源及电子整机。

将万用表拨至 R×100 挡，测量前先对万用表进行调零，再将红表笔接电子整机电源的负极或与之相联的焊盘，即整机的“地线”，然后将黑表笔接于电源开关的后端，测量电子整机电源输入端的正向电阻。再将两表笔对调，测其反向电阻，$R_{\oplus}$ = 1.6kΩ左右，$R_{\ominus}$ = 150Ω左右。

若电源输入端的对地电阻太小，只有几欧姆或十几欧姆，则说明电子整机有严重短路的现象；若电源输入端的对地电阻太大，达到几十千欧或上百千欧，则说明电子整机电源的输入部分开路，如电路板覆铜裂开等。

3. 整机加电，准备测试

电源输入端的对地电阻检查不正常后，可以利用电池或直流电源给电子整机提供合适的直流电压。实验机型收音机需要 3V 的电压，因此可以用两节 1 号电池，也可以用直流电源输出 3V 电压直接加到电池夹处。

4. 调试各单元电路的工作电流

调试电子整机各单元电路的工作电流就是指通过调整各单元电路偏置电阻的大小，从而改变工作电流，使之达到设计要求的范围。通过检测工作电流，也可以比较容易地判断出该单元电路的工作状态。收音机各级工作电流的参考值如表 7-14 所示。

表 7-14　收音机各级工作电流的参考值

单元电路	元件标号	参考电流（mA）	调整电流（mA）	调整元件	参考阻值（kΩ）
变频电路	VT_1	0.4～0.6	0.46	R_2	1.3
一中放电路	VT_2	0.3～0.5	0.4	R_4	4.7
二中放电路	VT_3	1.2～2.2	1.4		
前置放大电路	VT_4、VT_5	2～4	2.3	R_{10}	75
功率放大电路	VT_6、VT_7	2～6	4.6	R_{17}	1.6

5. 整机工作电流的调试

经过对各个单元电路工作电流的调整，电子整机的工作电流就应该在正常范围之内了。测量整机工作电流，是判断电子整机工作是否正常行之有效的方法之一。

方法 1：在整机的电源处串入电流表，测量整机的工作电流。

方法 2：将电子整机的电源开关断开，将万用表的功能开关拨至 DC 50mA 挡，再将红表笔接于电源开关的正极侧，黑表笔接于电源开关的负极侧，则万用表的示数即为整机工作电流，其正常值为 8mA 左右。

整机工作电流如果大于或等于 20mA，则说明整机存在问题；整机工作电流如果太大，达到 100mA 以上，则说明整机有明显的短路现象（如电源端对地有连焊现象、元器件对地击穿）；整机工作电流如果较小，只有 3～4mA，则说明各单元电路有开焊的现象；如果没有整机工作电流，则说明整机电源部分开路。

6. 调试收音机各级单元电路的工作电压

各级的集电极工作电流调试好后，电路基本上就能正常工作了。测量各级放大电路中三极管各引脚的工作电压，同样也能反映各级的工作状态。下面仍以收音机为例介绍静态电压的调试方法。所谓放大器的静态工作电压是指在没有信号输入时，放大器各引脚的工作电压。收音机放大器各三极管引脚的静态参考电压如表 7-15 所示。

表 7-15　收音机放大器各三极管引脚的静态参考电压

	U_E（V）	U_B（V）	U_C（V）
VT_1	0.65	1.2	2.3
VT_2	0.05	0.7	2.3
VT_3	0.56	1.3	2.3
VT_4	0.05	0.7	1.2
VT_5	0.45	1.2	2.4
VT_6	3	2.4	0
VT_7	3	2.4	0

1）变频级 VT_1 各引脚静态电压的测量方法

连接好直流电源和收音机电路，打开电源开关，将万用表的功能开关拨至 DC 2.5V 挡，再将黑表笔接电池负极（也就是弹簧，即整机的“地”），红表笔分别接变频管 VT_1 的基极 B、集电极 C 和发射极 E，分别测量出 U_B、U_C、U_E。为避免外来电台的干扰，应将天线的初级线圈从电路上拆焊掉。

2）功放级 VT_7 各引脚静态电压的测量方法

连接好直流电源，打开电源开关，将万用表的功能开关拨至 DC 10V 挡，再将黑表笔接电池负极，红表笔分别接功放级 VT_7 的基极 B、集电极 C 和发射极 E，分别测量出 U_B、U_C、U_E。为避免外来电台的干扰，应将音量开关拨至最小处进行测量。

按此方法可以将其他各级引脚的静态电压依次测出来，其参考电压见表 7-15。若测量电压与参考电压明显不符，则说明电路或元器件有故障，此时需要及时排除并更换故障元器件。至此，电子整机的直流调试全部结束。

7．收音机的交流调试

收音机的特点是先将接收到的各个广播电台的不同频率的电信号都变频为 465kHz 中频信号，然后再进行放大。而两级中放利用中周的选频作用，只对中频 465kHz 的信号进行放大，因此中放电路的 3 个中周是否谐振于 465kHz 就很关键了。调试中放电路的频率特性是收音机交流调试的主要任务。调试步骤如下。

（1）将低频电路调试为正常的收音状态。

（2）将高频信号发生器的频率选择开关拨至波段 I 上，将“调幅波/等幅波”开关电源拨至“调幅波”的位置，调节频率选择旋钮，使红色的指示线对准刻度盘上的 465kHz 的红点位置，由高频信号输出端输出中频信号。

注意事项：

一定要在输出端子上串上 1 个 0.01μF 的电容，以保护信号源，同时也保证所调试的放大电路的静态工作点不被破坏。输出电压幅度不宜太大，避免 AGC 电路启控而干扰电路的调试。

（3）将示波器或毫伏表接于扬声器两端或输出变压器的输出端。

（4）将高频信号发生器的输出电缆串入电容后碰触 VT_3 的基极，利用无感螺丝刀调节第五中周 T_5 的磁芯，使扬声器中的声音和毫伏表的读数最大，并且使示波器中的波形幅度最大而不失真。

（5）第五中周调好后，将 465kHz 的中频信号注入 VT_2 的基极，利用无感螺丝刀调节第四中周 T_4 的磁芯，使扬声器中的声音和毫伏表的读数最大，并且使示波器中的波形幅度最大而不失真。

（6）第四中周调好后，将 465kHz 的中频信号注入 VT_1 的集电极，利用无感螺丝刀调节第三中周 T_3 的磁芯，使扬声器中的声音和毫伏表的读数最大，并且使示波器中的波形幅度最大而不失真。

（7）调好第三中周后，将上述步骤反复多调几次，使扬声器中的声音和毫伏表的读数最大，并且使示波器中的波形幅度最大而不失真。

（8）全部调试好后用油漆或蜡将 3 个中周的磁芯封住，在装配工艺上漆封就表示调试结束，同时还可以防止机械振动等引起磁芯位置的变化，从而引起谐振频率的变化。

8．频率范围的调整

为了提高收音机的灵敏度和选择性，应保证收音机在接收信号时，本振频率始终比输入信号频率高一个 465kHz 的固定中频，这一调整过程叫收音机的统调。三点统调是指在收音机接收频率范围内选择三个点（一般是 600kHz、1000kHz 和 1500kHz）进行统调，而由于在设计收音机电路时已经考虑到 1000kHz 的统调，所以收音机的统调通常考虑低频端和高频端的调整就可以了。调整步骤如下。

（1）先使高频信号发生器输出 600kHz 的调幅信号，再调双联电容器 C_1 使收音机收到此信号，然后调节天线线圈 T_1 在天线磁棒上的位置，使示波器或毫伏表的输出最大，完成低频统调。

（2）先使高频信号发生器输出 1.5MHz 的调幅信号，再调节双联电容器 C_1，收音机收到信号后调节拉线补偿电容器 C_2 使输出最大，达到高端统调。

（3）高、低端互相影响，反复调两三次即可。

技能训练

收音机的装配与调试

1. 训练目标

（1）掌握元器件的识别、检测、插装工艺。

（2）掌握收音机的装配程序及装配工艺。

（3）掌握收音机的简单调试。

2. 训练器材

（1）工具：十字螺丝刀一把，电烙铁一把、烙铁架一个，扁口钳一把、镊子一个，焊锡适量。

（2）仪器：万用表一个、函数信号发生器、毫伏表各一台。

（3）器材：收音机套件、收音机电源（或干电池）。

3. 训练内容

（1）元器件筛选：元器件的识别、测量。

（2）元器件引脚的成型、元器件的插装工艺。

（3）焊接工艺。

（4）成品装配工艺。

（5）调试。

4. 训练步骤

（1）按照元器件清单清点元器件数量及型号。

（2）对元器件进行测量和引脚的简单处理。

（3）对照原理图、装配图进行元器件的插装和焊接。注意元器件的插装和焊接要严格按照项目五的工艺进行。

（4）导线的加工和焊接。

（5）收音机的简单调试：直流工作点的检测、收音机的交流调试、频率范围的调试。

技能评价

任务检测与评估

检测内容	分 值	评分标准	学生自评	教师评估
元器件的识别	5	一个元器件识别错误扣 2 分；两个元器件识别错误扣 5 分		

续表

检测内容	分 值	评分标准	学生自评	教师评估
元器件的测量	10	一个元器件测量错误扣 2 分；两个元器件测量错误扣 5 分；三个元器件测量错误扣 10 分		
元器件的插装工艺	15	一个元器件工艺不合格扣 2 分；一个极性错误扣 5 分		
焊接工艺	10	一个焊点不合格扣 1 分，一个短路焊点扣 5 分		
导线的加工	5	浸锡不光滑，每线头扣 1 分；电烙铁烫伤绝缘层扣 2 分		
部件的安装	10	不符合工艺要求，每处扣 2 分		
整机调试	25	静态工作点调试合格得 10 分；中频变压器调试合格得 10 分；频率范围调试合格得 5 分		
安全操作	10	不按照规定操作、损坏仪器，扣 4～10 分		
现场管理	10	结束后没有整理现场，扣 4～10 分		
合计	100			

知识链接

一、收音机的组成

收音机的组成方框图及各部分的作用如图 6-1 所示。

二、收音机的信号流程

收音机的信号流程如图 6-2 中的箭头所示。

任务四 单片机数字钟的组装

单片机是一种集成电路芯片，是采用超大规模集成电路技术，把具有数据处理能力的中央处理器 CPU、随机存储器 RAM、只读存储器 ROM、多种 I/O 口和中断系统、定时器/计时器等功能集成到一块硅片上，构成的一个小而完善的计算机系统。用单片机构成的数字钟电路较为简单，本任务是组装由单片机构成的数字钟。

任务分析

（1）能识读以单片机为中心的数字钟电路图。

（2）能初步了解 SMT 元器件的识读方法。

（3）掌握 SMT 元器件的焊接工艺。

教学方式

教学步骤	时间安排	教学方式（供参考）
阅读教材	课余	查资料、相互讨论，重点阅读“操作分析”和“知识链接”
技能训练	10 课时	巩固 SMT 元器件的识别方法、掌握 SMT 元器件的焊接技术
操作分析和知识链接的讲授	2 课时	在操作分析的讲授中，结合实物或多媒体课件演示；对知识链接的讲授多以案例为主
评估检测		教师与学生共同完成任务的检测与评估，并能对问题进行分析与处理

操作分析

一、单片机数字钟的装配准备工序

1. 电原理图的识读

组装单片机数字钟首先要能识读电原理图，如图 7-19 所示为单片机数字钟的电原理图。它主要由三部分组成：以单片机 XT89C51 为中心构成的主控电路，对电路工作实行控制；以 DS1302 为主的计时电路；以六个数码管为主的显示电路。

2. 单片机数字钟的电路元器件清单

本数字钟的元器件主要采用 SMT 元器件，其元器件序号、参数、实物图如表 7-16 所示。印制电路板采用双面印制电路板，如图 7-20 所示。组装前首先按照清单清点元器件，并对元器件进行检测。

表 7-16　单片机数字钟的电路元器件清单

元器件序号	参　数	实　物　图	元器件序号	参　数	实　物　图
Y_1	12M		C_1、C_5	104	
Y_2	32.768k		C_2	10μ	
U_9	XT89C51		C_3、C_4	30p	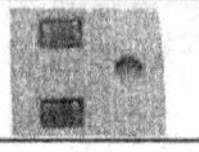
U_1～U_6	数码管		C_{11}、C_{12}	20p	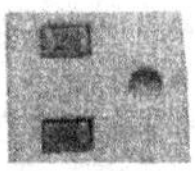
U_7	DS1302		R_1	10k	
REST、S_2～S_4	6×6		R_2	1k	
J_1	10k		R_3～R_8	4.7k	
D	LED		Q_1～Q_6	9012	

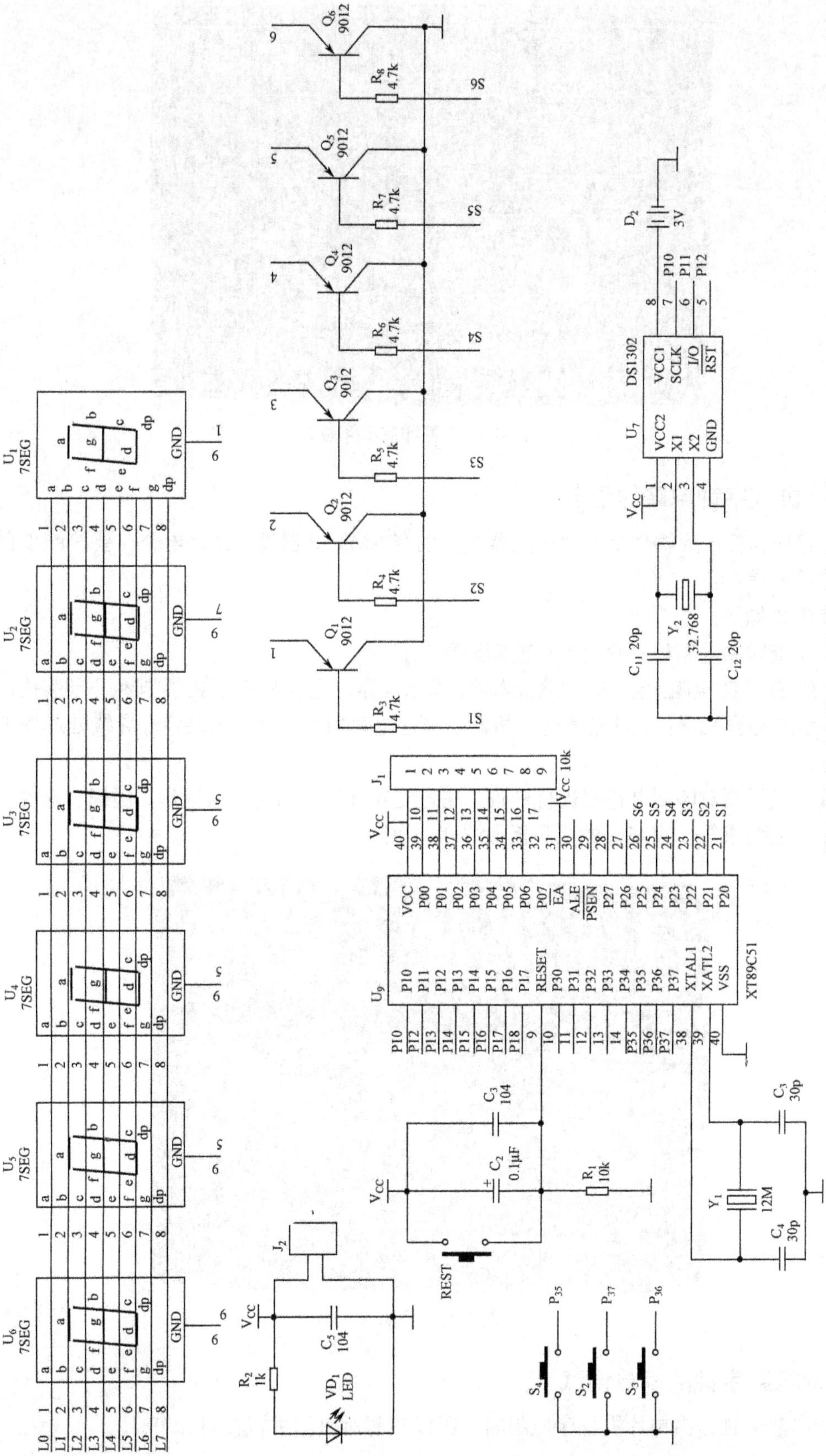

图7-19 单片机数字钟的电原理图

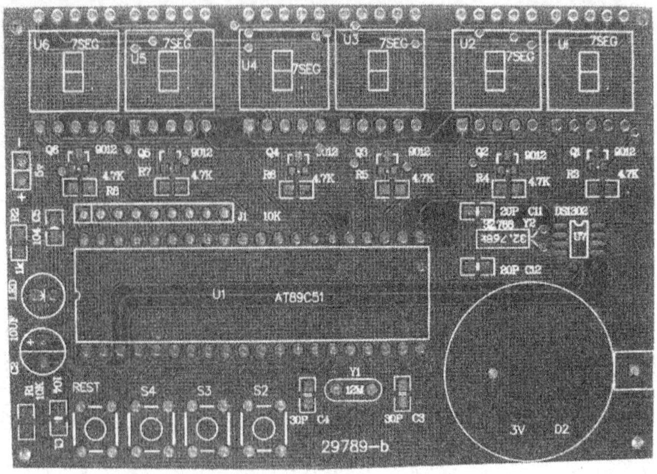

图 7-20　双面印制电路板

二、单片机数字钟电路的组装

本电路所包括的元器件既有通孔元器件，也有 SMT 元器件，组装电路时要按照项目五的焊接工艺进行焊接。

组装步骤如下：

（1）检查印制电路板是否有损坏或断路现象；

（2）组装 SMT 电阻元器件、电容元器件、集成电路，注意集成电路引脚排列不要装错；

（3）组装通孔元器件，注意发光二极管、极性电容器的极性不要装错，导线处理按工艺进行；

组装完成后要对印制电路板进行检查，注意元器件或其引脚是否漏焊、虚焊、连焊，焊点是否满足工艺要求等。组装好的成品板如图 7-21 所示。

图 7-21　成品板

三、单片机数字钟的简单调试

由于本数字钟是由单片机程序控制的，所以只需对时间进行校对即可。

安装完毕，检查电路无故障即可通电调试。

一般单片机电路的供电电压为 5V。通电后，电源指示灯正常发光，六个数码管均显示 0，说明单片机电路和显示电路基本正常。

断电后装入 3V 纽扣电池，再接通电源，秒数码管开始显示时间，说明计时电路（时钟电路）基本正常。3V 纽扣电池为计时电路供电，并保证主电源断电后计时电路照常工作。

不同的单片机电路，控制电路也不同。本电路的控制如下：REST 用于复位控制；S_2用于选择调节对象（秒、分、时）的选择；S_3用于时间的调节；S_4用于日期的调节。调节完毕的单片机数字钟如图 7-22 所示。

图 7-22 调整完毕的单片机数字钟

技能训练

单片机数字钟电路的组装

1. 训练目标

（1）巩固 SMT 元器件的识别、检测。

（2）SMT 装配程序及装配工艺。

2. 训练器材

（1）工具：十字螺丝刀一把，电烙铁一把、烙铁架一个，镊子一个，焊锡适量。

（2）仪器：万用表一个。

（3）器材：SMT 时钟套件一套。

3. 训练内容

（1）元器件筛选：元器件的识别、测量。

（2）SMT 焊接工艺。

（3）成品装配工艺。

4. 训练步骤

（1）按照元器件清单清点元器件的数量及型号。

（2）对元器件进行测量和引脚的简单处理。

（3）对照原理图、装配图进行元器件的插装和焊接。注意 SMT 元器件的焊接要按照 SMT 的焊接工艺进行；通孔元器件要严格按照通孔元器件的要求进行插装和焊接。

（4）导线的加工和焊接。

（5）对装配无故障的数字钟电路进行简单调试或时间校对。

技能评价

任务检测与评估

检测内容	分　值	评分标准	学生自评	教师评估
元器件的识别	15	一个元器件识别错误扣 2 分；两个元器件识别错误扣 5 分		
元器件的测量	10	一个元器件测量错误扣 2 分；两个元器件测量错误扣 5 分；三个元件测量错误扣 10 分；		
元器件的插装工艺	15	一个元器件工艺不合格扣 2 分；一个极性错误扣 5 分		
焊接工艺	20	一个焊点不合格扣 1 分，一个短路焊点扣 5 分		
导线的加工	5	浸锡不光滑，每线头扣 2 分；电烙铁烫伤绝缘层扣 2 分		
部件安装	10	不符合工艺要求，每处扣 2 分		
整机调试	5	通电显示正常得 2 分，调节时间正常得 3 分		
安全操作	10	不按照规定操作、损坏仪器，扣 4～10 分		
现场管理	10	结束后没有整理现场，扣 4～10 分		
合计	100			

任务五　亚超声遥控开关的装配与调试

电路的开关包括很多种，亚超声遥控开关就是其中的一种。亚超声遥控开关只需用一只皮囊，就可以控制家用电器的开和关，从而达到家用电器声控化的目的，使用起来非常方便。

任务分析

（1）能识读亚超声遥控开关的原理图。

（2）能识别、检测元器件。

（3）按照装配工艺的要求，能对印制电路板进行安装和对整机进行装配。

（4）根据参数要求能对亚超声遥控开关进行简单调试。

教学方式

教学步骤	时间安排	教学方式（供参考）
阅读教材	课时	查资料、相互讨论，重点阅读“操作分析”和“知识链接”
技能训练	4 课时	根据提供的亚超声遥控开关套件，按照操作分析过程进行训练，若有问题及时请同学或老师做示范或讲解，不要盲目操作

续表

教学步骤	时间安排	教学方式（供参考）
操作分析和知识链接的讲授	4 课时	在操作分析环节的讲授中，结合实物或多媒体课件演示；对知识链接的讲授多以案例为主
评估检测		教师与学生共同完成任务的检测与评估，并能对问题进行分析与处理

操作分析

一、亚超声遥控开关装配的准备工序

亚超声遥控开关装配的准备工序包括：原理图的识读、元器件的清点和识读、元器件的质量检测和焊接工具的准备、辅料的准备、导线的处理。

1. 原理图的识读

亚超声遥控开关的原理图如图 7-23 所示。

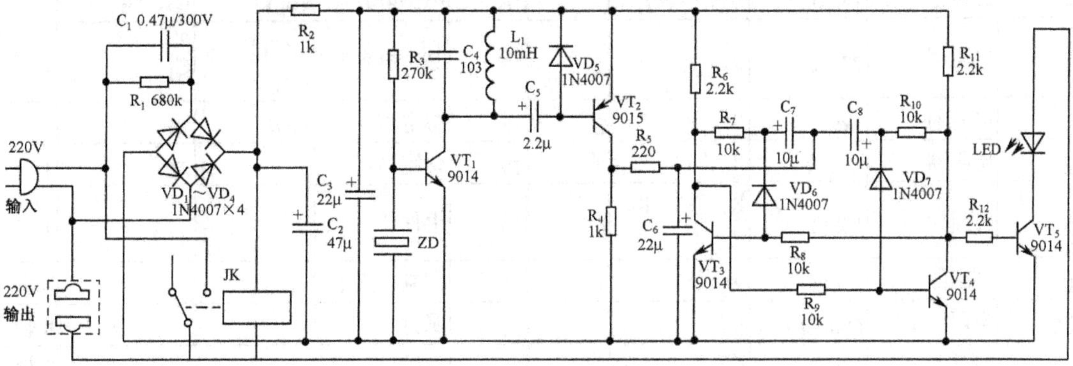

图 7-23　亚超声遥控开关的原理图

1）电路组成

该电路主要由四部分构成：直流供电电路、亚超声信号接收电路、双稳态电路和输出电压控制电路。

2）工作原理

220V 交流电压经过电容降压式电路 R_1、C_1 降压后直接送至桥式整流电路 VD_1～VD_4 进行整流，再经过 C_2 滤波后得到 20V 左右的较平滑的直流电压，再经降压电阻 R_2 和滤波电容 C_3 后得到 8V 左右的直流电压，经过这几个步骤后，就得到了整个电路的直流供电电源。

VT_1 和 VT_2 组成触发信号产生电路，R_3 是 VT_1 的偏置电阻，ZD 是蜂鸣片，L_1 和 C_4 组成并联谐振电路，谐振频率为 18kHz。当气囊发出亚超声波时，蜂鸣器 ZD 将接收到的亚超声信号转换成相应的电信号，经 VT_1 集电极的并联谐振回路选取的亚超声波信号，通过耦合电容 C_5 送至 VT_2 进行放大和整形，以尖脉冲形式经 R_5、C_6 输出，从而产生了能控制双稳态电路的触发信号。

VT_3、VT_4 等构成典型的双稳态电路，该电路具有对称性。VT_3 和 VT_4 的性能参数不可能绝对一样，如果 VT_4 的放大能力略好于 VT_3，则当有尖脉冲输入时，VT_4 首先导通，$V_{C4}≈0.2V$，促进 VT_3 截止，$V_{C3}≈6V$，这是一种稳定状态；当再有尖脉冲输入时，VT_4 由导通变为截止，

VT_3 由截止变为导通，这又是一种稳定状态。当 VT_4 导通时，$V_{C4}\approx0.2V$，通过 R_{12} 使 VT_5 截止，继电器线圈中没有电流流过，继电器 JK 是“断开”的，发光二极管 LED 也不亮，遥控开关处于“断开”状态。当 VT_4 截止时，$V_{C4}\approx3.8V$，通过 R_{12} 使 VT_5 饱和导通，$V_{C5}\approx0.2V$，继电器线圈中有电流流过，继电器动作，使开关 JK “闭合”，发光二极管 LED 发光指示，遥控开关处于“关闭”状态，插在遥控开关上的用电设备即可工作。

2. 元器件的清点和识读

装配亚超声遥控开关所需元器件如表 7-17 所示。

表 7-17 装配亚超声遥控开关所需元器件

序号	名称	型号规格	位号	数量	序号	名称	型号规格	位号	数量
1	三极管	9014	VT_1、VT_3、VT_4、VT_5	4	13	电解电容器	2.2μF	C_5、C_6	2
2	三极管	9015	VT_2	1	14	电解电容器	22μF	C_3	1
3	发光二极管	ϕ3 绿	LED		15	电解电容器	47μF	C_2	1
4	二极管	1N4007	VD_1～VD_7	1	16	电解电容器	10μF	C_7、C_8	2
5	电阻器	220Ω	R_5	1	17	涤纶电容器	0.47μF/330V	C_1	1
6	电阻器	1kΩ	R_4、R_2	2	18	继电器	4098	JK	1
7	电阻器	2.2kΩ	R_6、R_{11}、R_{12}	3	19	蜂鸣片		ZD	1
8	电阻器	10kΩ	R_7、R_8、R_9、R_{10}	4	20	铜件			1 套
9	电阻器	270kΩ	R_3	1	21	印制电路板			1 块
10	电阻	680kΩ	R_1	1	22	螺钉			4 颗
11	电感	10mH	L_1	1	23	导线			2 根
12	瓷介电容器	103	C_4	1	24	皮囊			1 个

3. 元器件的质量检测

元器件质量的好坏直接影响到整机的性能，在元器件未安装之前，一定要对元器件进行检测，以保证用于整机装配的所有元器件的质量都完好。

亚超声遥控开关所用元器件多为阻容元件、二极管、三极管，还包括一个继电器和一个蜂鸣片。阻容元件、二极管、三极管等元器件的检测方法在项目二和项目七中已进行过多次讲解，这里不再介绍。下面重点介绍继电器的结构和检测方法。继电器的符号、俯视图和内部结构如图 7-24 所示。

1）继电器线圈电阻的检测

用万用表的电阻挡检测继电器线圈绕组 1、2 端的阻值，4098 型继电器线圈绕组的阻值为 330Ω，如果阻值过小，说明内部有短路故障；如果阻值过大或断路，说明线圈已损坏，继电器不能使用。

2）继电器触点的检测

当线圈绕组 1、2 端未通电时，继电器 3、4 端的电阻为 0 或很小，而 3、5 端的电阻为无穷大；将线圈绕组 1、2 端接入 12V 电压，这时应听到继电器的吸合声音，再测量继电器 3、5 端的电阻为 0 或很小，而 3、4 端的电阻为无穷大，这就说明继电器工作正常。

（a）符号　（b）俯视图　（c）内部结构

图 7-24　继电器的符号、俯视图和内部结构

二、亚超声遥控开关的装配

装配亚超声遥控开关的制作步骤、制作要点及注意事项、图示如表 7-18 所示。

表 7-18　亚超声遥控开关的装配

制作步骤		制作要点及注意事项	图　示
1	清理印制电路板	除去印制电路板上的毛刺、氧化层，对照原理图、装配图检查有无短路、断路的地方，如果有则进行清理	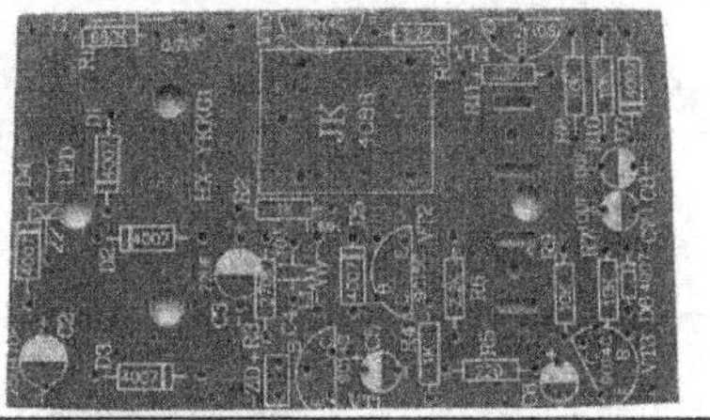
2	检测元器件	将元器件分类并清点元器件数量；检测元器件的质量，并将三极管的引脚排列做一标记，以便安装	
3	插装、焊接卧式元器件	对照装配图插装电阻和二极管。插装电阻器时，要按照工艺要求进行。注意二极管的极性不要装错。焊接时，要注意按照焊接工艺要求进行，不要出现漏焊、虚焊、假焊和连焊的现象	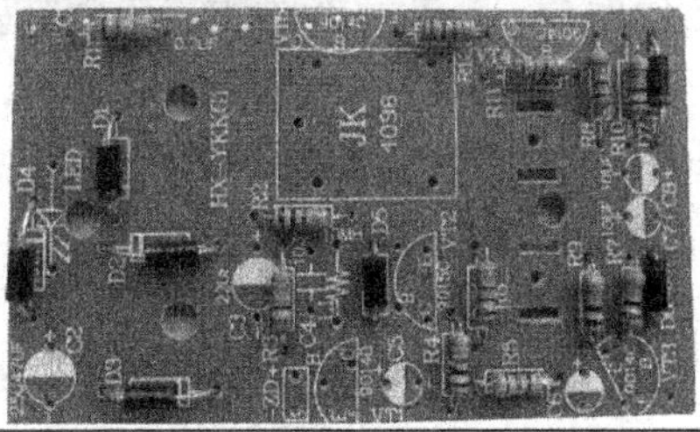
4	插装、焊接立式元器件	插装电容器、三极管、继电器等立式元器件。插装时极性电容器和三极管不要插错极性；注意引脚不要短接；导线的连接按工艺进行。焊接时，要注意按照焊接工艺进行，不要出现漏焊、虚焊、假焊和连焊的现象	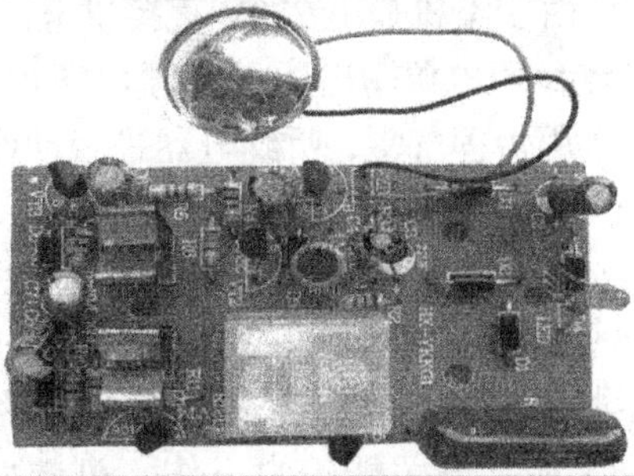

续表

制作步骤		制作要点及注意事项	图　　示
5	连接输出插头	用螺钉安装紧固输出插头（两个铜金属片）。将输出插头安装在印制电路板的焊接面，安装时注意不要装错	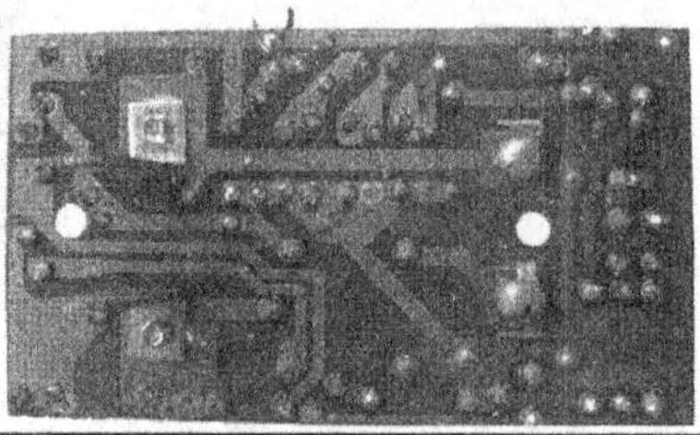
6	固定蜂鸣片ZD	将蜂鸣片放置在蜂鸣片安装孔内，用熔化的蜡烛（或塑料棒）将其固定	
7	组装	将装配好的印制电路板安装好，注意安装不要错位。然后盖上后盖，用螺钉紧固	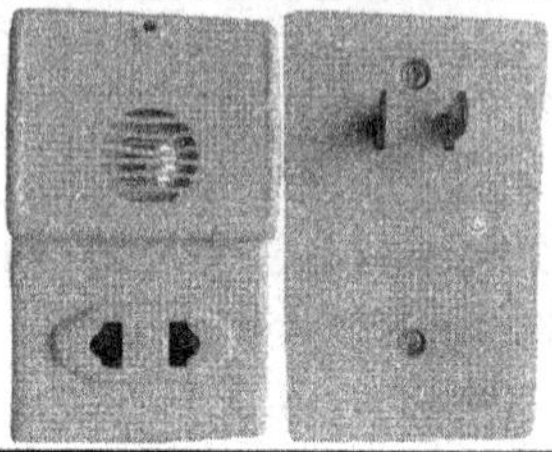

三、亚超声遥控开关的检测与调试

亚超声遥控开关安装完毕后要进行检测与调试，主要过程如下。

1. 直观检查法检查

亚超声遥控开关安装完毕后，首先进行直观检查，即根据原理图和印制电路板上的元器件符号进行检查，查看元器件插装是否有误，包括元器件位置、电阻器的阻值、电容器的容量和极性，二极管的极性、三极管的引脚等；查看元器件插装是否存在短路；检查焊接质量，看焊点是否符合要求等。如果发现有误，要及时进行更正。

2. 电压检测法检查

用电压检测法检查的过程如下。

（1）亚超声遥控开关安装完毕后，经检查无误后方可通电检测。

（2）由于整机是由220V直接供电的，所以为了确保人身和仪器的安全，进行低压检测时，可用直流稳压电源输出20V直流电压加在电容C_2两端进行测试。

（3）用手捏气囊，听继电器是否动作或观察指示灯是否变亮。如果听到继电器动作或指示灯发光，说明开关工作正常。

（4）将数字万用表置于直流电压20V挡，检测VT_1～VT_5的集电极电压并做好记录。

（5）当指示灯亮时，VT_3的集电极电压为0.2V左右，VT_4的集电极电压为3.8V左右；当指示灯不亮时，VT_3的集电极电压为6V左右，VT_4的集电极电压为0.2V左右。

（6）如果开关能正常工作，可装好外壳进行整机测试。如果电阻R_1、电容C_1和四个整流二极管的质量和焊接没有问题，电路即可正常工作。正常工作图如图7-25所示。

图 7-25 正常工作图

技能训练

亚超声遥控开关的装配与调试

1. 训练目标

（1）掌握元器件的识别、检测、插装工艺。

（2）亚超声遥控开关的装配程序及装配工艺。

（3）亚超声遥控开关的简单调试。

2. 训练器材

（1）工具：十字改锥一把，电烙铁一把、烙铁架一个，扁口钳一把、镊子一个，焊锡适量。

（2）仪器：万用表一个、直流稳压电源一台。

（3）器材：亚超声遥控开关套件一套。

3. 训练步骤

（1）按照元件清单清点元器件的数量及型号。

（2）对元器件进行测量及引脚的简单处理。

（3）对照原理图、装配图进行元件的插装和焊接。注意元件的插装和焊接要严格按照项目五的工艺进行。

（4）导线的加工和焊接。

（5）亚超声遥控开关的简单调试。

技能评价

任务检测与评估

检测内容	分值	评分标准	学生自评	教师评估
元器件的识别	5	一个元器件识别错误扣 2 分；两个元器件识别错误扣 5 分		
元器件的测量	10	一个元器件测量错误扣 2 分；两个元器件测量错误扣 5 分；三个元器件测量错误扣 10 分		
元器件的插装工艺	15	一个元器件工艺不合格扣 2 分；一个元器件极性错误扣 5 分		
焊接工艺	15	一个焊点不合格扣 1 分，一个短路焊点扣 5 分		

续表

检测内容	分值	评分标准	学生自评	教师评估
导线的加工	5	浸锡不光滑，每个线头扣 1 分；电烙铁烫伤绝缘层扣 2 分		
部件的安装	5	不符合工艺要求，每处扣 2 分		
整机调试	25	电压测试合格得 15 分；触发器工作测试合格得 10 分		
安全操作	10	不按照规定操作、损坏仪器，扣 4～10 分		
现场管理	10	结束后没有整理现场，扣 4～10 分		
合计	100			

知识链接

一、调谐放大器

1. 简单放大器

由电子技术知识可知，放大器的作用是对输入信号进行放大。常用的放大器耦合方式有阻容耦合、变压器耦合和直接耦合三种类型。如图 7-26 所示是阻容耦合放大器，如果静态工作点设置合适，输入电压 u_i 将得到放大，放大器的输出信号 u_o 为输入信号的 A_v 倍，即

$$A_v = -\beta \frac{R_c}{r_{be}}$$

式中，“–”表示输出信号和输入信号相位相反；β 表示三极管 VT 的电流放大系数；r_{be} 表示三极管 VT 的发射结电阻。

如果输入信号频率合适，不考虑放大倍数受到输入和输出电容、三极管放大系数的影响，则放大器对输入不同频率的信号的放大倍数一样。

2. 调谐放大器

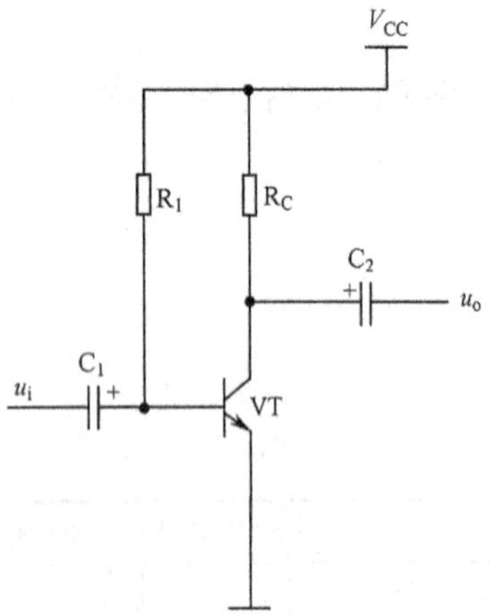

图 7-26　阻容耦合放大器

调谐放大器是放大器的一种，其作用也是对输入信号进行放大。与普通放大器不同的是，调谐放大器只对某些特定频率的信号进行放大，而对其他频率的信号不起任何放大作用。

如图 7-27 所示是亚超声遥控开关原理图的一部分，它是一种调谐放大器。对照图 7-26，可以看出图 7-27 中的集电极负载电阻用 LC 并联谐振电路代替了图 7-26 中的集电极电阻 R_C。如果 LC 并联谐振的阻抗用 Z 表示，则调谐放大器的放大倍数 A_v 为

$$A_v = -\beta \frac{Z}{r_{be}}$$

并联谐振的阻抗 Z 受输入信号频率的影响很大，如果信号频率等于并联谐振回路的谐振频率 f_0，则此时的阻抗 Z 很大；如果信号频率偏离谐振频率 f_0，则并联谐振的阻抗 Z 将下降很快。并联谐振回路的阻抗 Z 与信号频率的关系如图 7-28 所示。因此，调谐放大器仅对谐振频率 f_0 的信号进行放大，对其他频率的信号不起放大作用。

谐振频率的计算公式为

$$f_0 = \frac{1}{2\pi\sqrt{LC}}$$

由谐振频率的计算公式，可以计算出图 7-28 中电路的谐振频率为

$$f_0 = \frac{1}{2\pi\sqrt{LC}} = \frac{1}{2\times3.14\sqrt{1\times10^{-2}\times1\times10^{-8}}} = 1.59\times10^4\,\text{Hz} = 15.9\,\text{kHz}$$

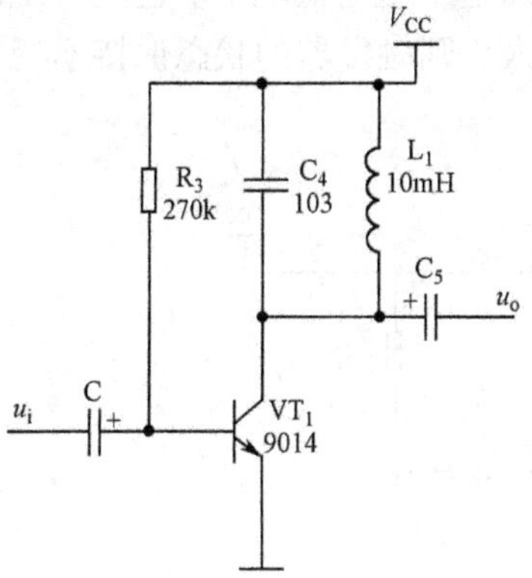

图 7-27 调谐放大器

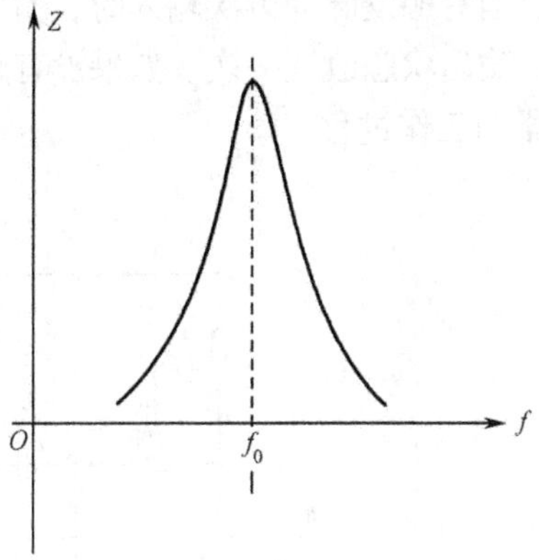

图 7-28 并联谐振回路的阻抗 Z 与信号频率的关系

声波频率范围为 20～20kHz，超过 20kHz 的信号叫超声波，因此把本开关电路叫亚超声遥控开关电路。

二、双稳态触发器

触发器是具有记忆功能的基本单元，常用的触发器有双稳态触发器、单稳态触发器和无稳态触发器（也叫多谐振荡器）。触发器具有两种输出状态，即输出高电平状态（1）和输出低电平状态（0）。双稳态触发器有高电平和低电平两个稳定状态，不管触发器输出是高电平还是低电平，如果不加触发信号，触发器状态不改变；如果给触发器加触发信号，触发器的状态将改变（由高电平状态变为低电平状态，或者是由低电平状态变为高电平状态）。

如图 7-29 所示是一个双稳态触发器电路图，该电路在结构上具有一定的对称性。当电路通电时，由于电路不可能做到完全对称，所以假设 VT_4 的电流放大系数略大于 VT_3 的电流放大系数，则电路会出现下列正反馈过程：

$$I_{B4}\uparrow \rightarrow I_{C4}\uparrow \rightarrow U_{C4}\downarrow \rightarrow U_{B3}\downarrow \rightarrow I_{B3}\downarrow \rightarrow I_{C3}\downarrow \rightarrow U_{C3}\uparrow \rightarrow U_{B4}\uparrow$$

经过上述正反馈，使晶体管 VT_4 迅速饱和，VT_3 迅速截止，触发器输出 u_o 为低电平。如果触发器没有接收到触发信号，则触发器输出低电平状态不会改变，这是一种稳定状态。

当 VT_4 处于饱和状态时，其基极电位高于集电极电位，二极管 VD_7 处于正偏状态，而此时 VT_3 处于截止状态，VD_6 处于截止状态。当输入 u_i 脉冲信号时，脉冲信号经过 C_8、VD_7 的耦合加到 VT_4 的基极，VT_4 基极电位降低，集电极电位升高，集电极电位的升高通过 R_8 加到 VT_3 的基极，使 VT_3 的基极电位升高，VT_3 的基极电位升高又使得 VT_3 的集电极电位降低，再

通过 R_9 使 VT_4 的基极电位降低，VT_4 的集电极电位升高，如此反复使 VT_4 迅速退出饱和转向截止，而 VT_3 由截止转向饱和，输出电压 u_o 由低电平转为高电平，触发器进入另一种稳定状态。VT_3、VT_4 的转换过程表示如下：

$$U_{B4}\downarrow \to I_{B4}\downarrow \to I_{C4}\uparrow \to U_{B3}\uparrow \to I_{B3}\uparrow \to I_{C3}\uparrow \to U_{C3}\downarrow$$

同理，当有触发脉冲再次输入时，输出信号会由高电平变为低电平。也就是说，输入一个触发信号，输出状态改变一次。如果没有触发信号输入，则触发器的状态保持不变。这就是双稳态触发器的工作过程。

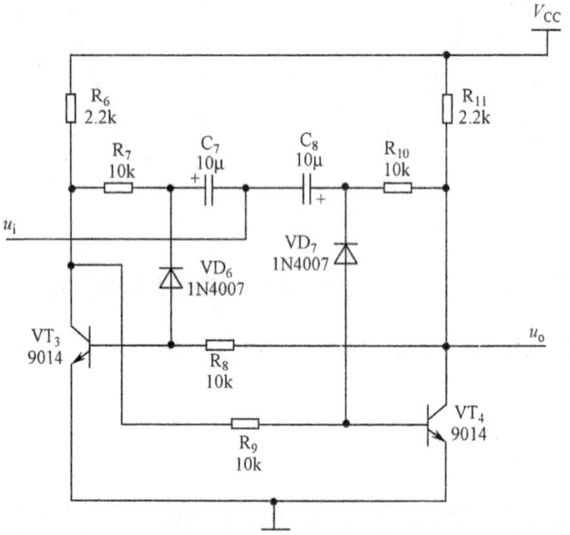

图 7-29 双稳态触发器电路图

项目小结

（1）电子整机装配是将电子元器件、零部件按设计要求装配成整机的多种技术的综合。电子整机装配完成之后，必须通过调试才能达到规定的技术要求。

（2）直流稳压电源主要由四部分构成，它们分别是电源变压器、整流电路、滤波电路和稳压电路。直流稳压电路的组装是根据原理图的设计，将元件焊接到印制电路板上，通过调试来完成直流稳压电源的功能。随着科学技术的发展，稳压电源里的许多分立元器件由集成电路代替，这样使电路的装配和调试变得更加简单。

（3）万用表是用来检测元器件和检查电路是否存在故障的常用仪表，主要运用了电阻的串联分压和并联分流的原理。万用表的组装不仅包含印制电路板的组装，还包含较多机械部分的组装。

（4）收音机电路主要由输入回路、变频电路（本机振荡电路和混频电路）、中频放大电路、检波电路、激励放大电路和功率放大电路组成。收音机电路的调试主要包括直流工作点的调试、交流通路的调试和频率范围的调整。

（5）电路的组装主要包括元器件清点、元器件检测、元器件整形、元器件插装和元器件焊接等环节，每一个环节都有一定的工艺要求，在操作过程中要按工艺要求操作，这样组装的产品质量才有保障。电路的调试是使用必要的设备，对电路的工作状态是否符合要求进行的调节，电路的调试因电路而异。

（6）单片机数字钟电路主要包括主控电路、计时电路和显示电路三部分。

（7）亚超声遥控开关电路由四部分构成：直流供电电路、亚超声信号接收电路、双稳态电路和输出电压控制电路。亚超声信号接收电路接收遥控信号，并对其进行放大、整形。该信号作为双稳态触发电路的触发信号。双稳态触发器在触发信号的作用下进行翻转，其输出信号控制继电器的吸合与断开。

思考与练习

1．如何用万用表判断变压器的初级绕组和次级绕组？

2．一电源用 LM317 作为稳压电路，如果 LM317 的②脚和①脚之间接一 120Ω 的电阻，该电源为一个用电电压为 5V 的单片机供电，那么①脚与地之间的电阻阻值应为多少？

3．简述万用表直流电压挡和直流电流挡的工作原理。

4．万用表的表头只能通过单方向的电流，如何用万用表测量交流电压？

5．收音机的调试主要分为哪几项？

6．以 DS1302 为例，简述 SMT 集成电路的焊接过程。

7．如何检测继电器质量的好坏？

8．简述双稳态触发器的工作原理。

项目八 电子产品的质量管理与检验

企业要不断的发展，要迎接日益激烈的竞争，只有不断地生产新产品并保证产品质量的高可靠性。只有这样，企业才能有更强的生命力，不断发展壮大。因此，对产品的生产必须推行全面质量管理，以提高产品质量的高可靠性。实行产品检验就是为了保证质量的高可靠性而采用的一种手段。产品检验具体是指依据产品的质量标准，利用相应的技术手段，对产品进行全面的检查和试验。

任务一 电子产品的质量认证

电子产品的质量认证是依据认证机构的产品标准和相应的技术要求，经认证机构确认，并通过颁发认证证书和认证标志，来证明某一产品符合相应标准和相应技术要求的活动。

任务分析

（1）掌握中国的 3C 认证。

（2）了解美国的 UL 认证和欧盟的 CE 认证。

（3）了解认证体系。

教学方式

教学步骤	时间安排	教学方式（供参考）
阅读教材	课余	自学、查资料、相互讨论，重点阅读“操作分析”和“知识链接”
技能训练	1 课时	对操作分析的内容，发表自己的见解，由教师点评
操作分析和知识链接的讲授	2 课时	在操作分析环节的讲授中，结合实物或多媒体课件演示；对知识链接的讲授多以案例为主
评估检测		教师与学生共同完成任务的检测与评估，并能对问题进行分析与处理

操作分析

一、产品认证

1. 中国的强制认证（3C）

我国于 20 世纪 80 年代初开始实行产品的质量认证，虽然起步较晚，但起点较高。我国从

1991年起陆续颁布了《中华人民共和国质量认证管理条例》等一系列有关质量认证的法规，建立了实施质量认证制度必须具备的认证机构、产品检验机构和检查机构。2002年，根据国家质量监督检验检疫总局和国家认证许可监督管理委员会发布的《强制性产品认证管理规定》，原来的“CCIB”认证和“长城认证”被统一为3C认证，其标志如图8-1所示。

3C认证实际上是英文名称“China Compulsory Certification”（中国强制性产品认证制度）的英文缩写，也是国家对强制性产品认证使用的统一标志。作为国家安全认证（CCEE）、进口安全质量许可制度（CCIB）、中国电磁兼容认证（EMC）三合一的“CCC”权威认证，它是中国质检总局和国家认监委与国际接轨的一个先进标志，有着不可替代的重要性。它是我国政府按照世贸组织有关协议和国际通行规则，为保护广大消费者人身和动植物生命安全，保护环境及国家安全，依照法律法规实施的一种产品合格评定制度。其主要特点是：国家公布统一的目录，确定统一适用的国家标准、技术规则和实施程序，制定统一的标志标识，规定统一的收费标准。凡列入强制性产品认证目录内的产品，必须经国家指定的认证机构认证合格，取得相关证书并加施认证标志后，方能出厂、进口、销售和在经营服务场所使用。目前，中国公布的首批必须通过强制性认证的产品共有19大类132种，主要包括电线电缆、低压电器、信息技术设备、安全玻璃、消防产品、机动车辆轮胎、乳胶制品等。

3C标志一般贴在产品表面，或通过模压压在产品上，仔细看便会发现多个小菱形的“CCC”暗记。每个3C标志后面都有一个随机码，每个随机码都有对应的厂家及产品。认证标志发放管理中心在发放强制性产品认证标志时，已将该编码对应的产品输入计算机数据库中，消费者可通过国家认监委强制性产品认证标志防伪查询系统对编码进行查询。如图8-2所示为某产品的3C认证证书。

图8-1 3C认证标志

图8-2 某产品的3C认证证书

需要注意的是，3C标志并不是质量标志，而只是一种最基础的安全认证，它的某些指标代表了产品的安全质量合格，但并不意味着产品的使用性能也同样优异，因此购买商品时除了要看它有没有3C标志外，其他指标也很重要。

2. 美国的UL认证

UL是美国保险商试验所（Underwriter Laboratories Inc.）的简写。UL是美国最有权威的，也是世界上从事安全试验和鉴定的较大的民间机构。它是一个独立的、非营利性的、为公共安全做试验的专业机构。它采用科学的测试方法来研究确定各种材料、装置、产品、设备、建筑等对生命、财产有无危害和危害的程度；确定、编写、发行相应的标准和有助于减少及防止造成生命财产受到损失的资料，同时开展实情调研业务。

UL主要从事产品的安全认证和经营安全证明业务，其最终目的是为市场得到具有相当安全水准的商品，为人身健康和财产安全得到保证做出贡献。就产品安全认证作为消除国际贸易技术壁垒的有效手段而言，UL 为促进国际贸易的发展也发挥着积极的作用。

UL 始建于 1894 年。在初始阶段，UL 主要靠防火保险部门提供资金维持动作，直到 1916 年，UL 才完全自立。经过近百年的发展，UL 已成为具有世界知名度的认证机构，其自身具有一整套严密的组织管理体制、标准开发和产品认证程序。UL 由一个由安全专家、政府官员、消费者、教育界、公用事业、保险业及标准部门的代表组成的理事会管理，日常工作由总裁、副总裁处理。目前，UL 在美国本土有五个实验室，其总部设在芝加哥北部的 North brook 镇，同时在中国的台湾和香港地区分别设立了相应的实验室。在美国，对消费者来说，UL 就是安全标志的象征，在全球，UL 是制造厂商最值得信赖的合格评估提供者之一。UL 认证标志的样式如图 8-3 所示。

UL 认证标志通常标识在产品和（或）产品包装上，用以表示该产品已经通过 UL 认证，符合安全标准要求。

3. 欧盟的 CE 认证

“CE”标志是一种安全认证标志，被视为制造商打开并进入欧洲市场的护照。CE 为欧洲统一（CONFORMITE EUROPEENNE）的简写。凡是贴有“CE”标志的产品就可在欧盟各成员国内销售，无须符合每个成员国的要求，从而实现了商品在欧盟成员国范围内的自由流通。

在欧盟市场，“CE”标志属于强制性认证标志，不论是欧盟内部企业生产的产品，还是其他国家生产的产品，要想在欧盟市场上自由流通，就必须加贴“CE”标志，以表明产品符合欧盟《技术协调与标准化新方法》指令的基本要求。这是欧盟法律对产品提出的一种强制性要求。CE 认证必须由总部位于欧盟成员国的认证机构签发。自 20 世纪 80 年代末以来，已有一批外资认证机构进驻中国。CE 认证标志的样式如图 8-4 所示。

CE 认证为各国产品在欧洲市场进行贸易提供了统一的技术规范，简化了贸易程序。任何国家的产品要想进入欧盟、欧洲自由贸易区必须进行 CE 认证，在产品上加贴 CE 标志。因此，CE 认证是产品进入欧盟及欧洲贸易自由区国家市场的通行证。CE 认证表示产品已经达到了欧盟指令规定的安全要求，是企业对消费者的一种承诺，增加了消费者对产品的信任程度。贴有 CE 标志的产品将降低在欧洲市场上销售的风险。这些风险包括：

图 8-3　UL 认证标志的样式

图 8-4　CE 认证标志的样式

（1）被海关扣留和查处的风险；
（2）被市场监督机构查处的风险；
（3）被同行出于竞争目的指控的风险。

申请 CE 认证的好处：

（1）欧盟的法律、法规和协调标准不仅数量多，而且内容十分复杂，因此取得欧盟指定机构的帮助是一个既省时、省力，又可减少风险的明智之举；

（2）获得由欧盟指定机构的 CE 认证证书，可以最大程度地获取消费者和市场监督机构的信任；

（3）能有效地预防那些不负责任的指控情况的出现；

（4）在面临诉讼的情况下，欧盟指定机构的 CE 认证证书，将成为具有法律效力的技术证据；

（5）一旦遭到欧盟国家的处罚，认证机构将与企业共同承担风险，因此降低了企业的风险。

二、体系认证

1. ISO 9000 体系认证

近年来，我们经常会看到某产品的包装盒上印有“×××公司已通过 ISO 9001 质量管理体系认证”的字样，或者看见某市场、超市在购物袋上印着“×××商场已经过 ISO 9001 质量管理体系认证”的类似字样，下面就来了解 ISO 9000 体系认证的知识。

ISO 9000 族标准是由 ISO/TC 176（国际标准化组织/质量管理和质量保证技术委员会）编写的国际化通用质量管理准则，旨在完善单位内部质量管理、稳定产品和服务质量、提高顾客的信任度和单位的信誉度。按照 ISO 9000 族标准实施质量管理，通过 ISO 9000 质量管理体系认证后的单位，可以理直气壮地对顾客发出这样的承诺：“我们的管理体系是国际上一致认可的，我们的产品和服务质量是一流的！”ISO 9000 族标准的作用有多大，可想而知！

ISO 9000 族标准是一个质量管理体系准则，那么，什么是质量管理呢？质量管理与单位中的其他管理（如财务管理、生产管理、经营管理等）相同，是企业管理的一部分，是组成企业管理的核心内容之一。实施质量管理的目的，是为了使产品质量稳步提高，从而赢得顾客的信任，为企业营销打下坚实稳固的基础，使得营销人员能够有更大的把握打开市场。

单位实施 ISO 9000 质量管理体系的好处有：

（1）可以预防不合格产品或服务的产生，提高单位信誉程度；

（2）一次把工作做好，以最少的成本赚取最大的利润；

（3）可以减少临时救急的情况，有利于把管理者从日常的琐事中解脱出来，多考虑单位的发展前景；

（4）可以系统化管理，将本单位或其他单位的经验纳入一套文件化的质量体系之中，用于培训员工，规范员工的工作程序，减少工作失误，提高工作效率；

（5）可以有效地发现和解决质量问题，防止相同的错误重复发生；

（6）为使员工一次就做好工作提供了手段；

（7）能够方便快捷地向顾客提供用来证实产品和服务质量的客观证据；

（8）为质量管理体系评价者、顾客代表和发生法律诉讼时的律师提供事实证据；

（9）可以定期检查本单位的工作情况，及时发现改进工作和产品质量的机会。

单位获得 ISO 9000 质量管理体系认证的好处有：

（1）为了获得认证，企业必须请经认可机构认可的质量体系认证机构对其质量体系进行审核，因此必须严格按照规范化的程序开展工作，有利于企业管理绩效的提高；

（2）更容易得到市场和顾客的认同；

（3）可以在公开媒体上宣传其认证资格，有利于提高市场形象；

（4）由于认证审核的目的是检查质量体系是否具备确保产品满足顾客要求的能力，所以质量管理体系认证相当于顾客对单位的考察；

（5）获证企业将能够在项目招标中获得某种优势；

（6）企业可以理直气壮地提供对产品和服务质量的承诺，从而为其带来更多的顾客，扩大其市场份额；

（7）获证企业必须接受来自认证机构的定期监督，以验证其质量体系持续满足标准的要求，并得到了不断的改进，这种来自认证机构的定期监督对获证企业的质量体系的保持发挥了重要作用；

（8）ISO 9000 证书得到了世界范围的承认，有利于开发国际市场；

（9）质量体系认证可以为获证企业减少来自顾客的重复评定；

（10）向其他单位提交作为原材料的产品时，可以减少接收单位的考察、监督，并降低进货检验的控制程度，从而减少了一定的成本投入。

2. ISO 14000 体系认证

ISO14000 是国际标准化组织（ISO）制定的环境管理体系国际标准。ISO14000 认证已经成为打破国际绿色壁垒、进入欧美市场的准入证。通过 ISO14000 认证的企业可以节能降耗、优化成本、满足政府法律要求，改善企业形象，提高企业竞争力。ISO14000 已经成为一套目前世界上最全面和最系统的环境管理国际化标准，并引起世界各国政府、企业界的普遍重视和积极响应。

1）ISO14000 的特点

（1）注重体系的完整性，是一套科学的环境管理软件。

（2）强调对法律法规的符合性，但对环境行为不做具体规定。

（3）要求对组织的活动进行全过程控制。

（4）广泛适用于各类组织。

（5）与 ISO 9000 标准有很强的兼容性。

2）ISO 14000 带给企业的效益

（1）获取国际贸易的“绿色通行证”。

（2）增强企业竞争力，扩大市场份额。

（3）树立优秀企业形象。

（4）改进产品性能，制造“绿色产品”。

（5）改革工艺设备，实现节能降耗。

（6）预防污染，保护环境。

（7）避免因环境问题所造成的经济损失。

（8）提高员工环保素质。

（9）提高企业内部管理水平。

（10）减少环境风险，实现企业永续经营。

3. OHSAS 18000 体系认证

OHSAS 18000 全名为 Occupational Health and Safety Assessment Series 18000，是国际性安全及卫生管理系统验证标准。OHSAS 18000 是由英国标准协会（BSI）、挪威船级社（DNV）

等 13 个组织于 1999 年联合推出的国际性标准，它是组织（企业）建立职业健康安全管理体系的基础，也是企业进行内审和认证机构实施认证审核的主要依据。它是继实施 ISO 9000、ISO 14000 国际标准之后的又一个热点。

技能训练

讨论电子产品的质量认证

1. 训练目标

了解电子产品质量认证的种类。

2. 训练内容

（1）3C 认证。

（2）UL 认证。

（3）CE 认证。

（4）认证体系。

3. 训练步骤

按照训练内容阐述自己对该内容的了解和认识。

技能评价

任务检测与评估

检测内容	分　值	评分标准	学生自评	教师评估
3C 认证	20	根据简述内容酌情给分		
UL 认证	20	根据简述内容酌情给分		
CE 认证	20	根据简述内容酌情给分		
认证体系	20	根据简述内容酌情给分		
安全操作	10	不按照规定操作，扣 4～10 分		
现场管理	10	结束后没有整理现场，扣 4～10 分		
合计	100			

知识链接

一、认证的概念及含义

认证是指由认证机构证明产品、服务、管理体系符合相关技术规范的强制性要求或者标准的合格评定活动。具体来说，认证是按照国际标准化组织（ISO）和国际电工委员会（IEC）的定义，由国家认可的认证机构证明一个组织的产品、服务、管理体系符合相关标准、技术规范（TS）或其强制性要求的合格评定活动。

二、认证的类别

认证按强制程度分为强制性认证和自愿性认证两种，按认证对象分为体系认证和产品认证。

1．强制性认证

强制性认证包括中国强制性产品认证（CCC）和官方认证。CCC 认证是中国国家强制要求的，是对在中国大陆地区市场销售的产品实行的一种认证制度。食品质量安全（QS）认证和药品生产质量管理规范（GMP）认证均属于官方认证。

2．自愿性认证

自愿性认证是组织根据组织本身或其顾客、相关方的要求自愿申请的认证。自愿性认证多是管理体系认证。

三、认证的作用

（1）指导消费者选购满意的商品。

（2）给销售者带来信誉和更多的利润。

（3）帮助生产企业建立健全有效的质量体系。

（4）节约大量检验费用。

（5）国家可以将推行产品认证制度作为提高产品质量的重要手段。

（6）实行强制性的安全认证制度，是国家保护消费者人身安全和健康的有效手段。

（7）提高产品在国际市场上的竞争能力。

任务二 电子产品的质量管理

生产合格的产品是保证工厂经营利润的唯一途径，也是工厂成立和发展的最终目的。产品的质量是工厂赖以生存的根本条件，也是企业的生命体现，要想保证产品的质量，必须对产品质量进行管理。

任务分析

电子产品质量的管理贯穿整个产品的生产过程，包括产品的设计、材料的入库到产品的检验出厂。本任务的具体要求如下。

（1）了解产品的生产过程。

（2）掌握生产过程中的质量管理。

（3）熟悉电子产品生产过程中的可靠性保证。

教学方式

教学步骤	时间安排	教学方式（供参考）
阅读教材	课余	自学、查资料、相互讨论，重点阅读“操作分析”和“知识链接”
技能训练	1 课时	对操作分析的内容，发表自己的见解，由教师点评
操作分析和知识链接的讲授	1 课时	在操作分析的讲授中，结合实物或多媒体课件演示；对知识链接的讲授多以案例为主
评估检测		教师与学生共同完成任务的检测与评估，并能对问题进行分析与处理

操作分析

一、产品生产过程

1. 什么是产品生产过程

狭义：产品生产过程是指从原材料投入到成品出产的全过程，通常包括工艺过程、检验过程、运输过程、等待停歇过程和自然过程。工艺过程是生产过程的最基本部分。

广义：指企业范围内全部生产活动协调配合的运行过程，除上述过程外，还包括原材料投入之前的设计、购买、产品出厂后的售后服务。

2. 产品生产过程的分类

可将产品生产过程划分为以下四个过程。

（1）技术准备过程：产品设计、工艺设计、工艺装备的设计与制造、标准化工作、定额工作、调整劳动组织和设备的平面布置、原材料与协作件的准备等。

（2）基本生产过程：与构成产品直接有关的生产活动。

（3）辅助生产过程：为保证基本生产而进行的。

（4）生产服务过程：物流工作，如供应、运输、仓库等管理活动。

3. 产品生产过程的构成

产品生产过程的构成可分为以下两个阶段。

1）工艺阶段

工艺阶段是指按照使用的生产手段的不同和加工性质的差别而划分的局部生产过程。若干相互联系的工艺阶段组成基本生产过程和辅助生产过程。

2）工序

工序是指一个工人或一组工人在同一工作上对同一劳动对象进行加工的生产环节。它是组成生产过程的最小单元。若干个工序组成工艺阶段。按照工序的性质，可把工序分为基本工序和辅助工序。基本工序是指直接使劳动对象发生物理或化学变化的工序；辅助工序是指为基本工序的生产活动创造条件的工序。

综上所述，产品生产过程的构成，就是指生产过程的各个部分（技术准备过程、基本生产过程、辅助生产过程、生产服务过程、生产过程的各个工艺阶段、基本工序和辅助工序）之间的组成情况和相互联系。

二、产品生产过程中的质量管理

提高产品质量最主要的环节位于生产过程中，这是因为高质量的产品是生产出来的，而不是检验出来的，因此企业要非常重视产品生产过程中的质量管理。产品生产过程中的质量管理就是对制造产品质量的管理。提高产品的制造质量需要从人、机、料、法、环五个方面努力。下面介绍产品生产过程中质量管理的一些主要内容和方法。

在产品生产管理过程中融入质量管理叫做全面质量管理。全面质量管理是指在社会的全面推动下，企业的所有部门、所有组织、所有人员都以产品质量为核心，把专业技术、管理技术、数理统计技术集合在一起，建立起一套科学严密高效的质量保证体系，控制生产过程中影响质量的因素，以优质的工作、最经济的办法，提供满足用户需要的产品的全部活动。

1. 全面质量管理的内容

全面质量管理过程的全面性，决定了全面质量管理的内容应当包括设计过程、制造过程、辅助过程、使用过程四个过程的质量管理。

1）设计过程质量管理的内容

设计过程的质量管理是全面质量管理的首要环节。这里所指的设计过程，包括市场调查、产品设计、工艺准备、试制和鉴定等过程（即产品正式投产前的全部技术准备过程）。其主要工作内容包括通过市场调查研究，根据用户要求、科技情报与企业的经营目标，制定产品质量目标；组织由销售、使用、科研、设计、工艺、制度和质管等多部门参加的审查和验证，确定适合的设计方案；保证技术文件的质量；做好标准化的审查工作；督促遵守设计试制的工作程序等。

2）制造过程质量管理的内容

制造过程是指对产品直接进行加工的过程。它是产品质量形成的基础，是企业质量管理的基本环节。其他的基本任务是保证产品的制造质量，建立一个能够稳定生产合格品和优质品的生产系统。其主要工作内容包括组织质量检验工作；组织和促进文明生产；组织质量分析，掌握质量动态；组织工序的质量控制，建立管理点等。

3）辅助过程质量管理的内容

辅助过程是指为保证制造过程正常进行而提供各种物资技术条件的过程。它包括物资采购供应、动力生产、设备维修、工具制造、仓库保管、运输服务等。其主要工作内容有：做好物资采购供应的质量管理，保证采购质量，严格入库物资的检查验收，按质、按量、按期地提供生产所需要的各种物资（包括原材料、辅助材料、燃料等）；组织好设备维修工作，保持设备良好的技术状态；做好工具制造和供应的质量管理工作等。另外，企业物资采购的质量管理也将日益显得重要。

4）使用过程质量管理的内容

使用过程是考验产品实际质量的过程，它是企业内部质量管理的继续，也是全面质量管理的出发点和落脚点。这一过程的质量管理的基本任务是提高服务质量，保证产品的实际使用效果，不断促使企业研究和改进产品质量。它的主要工作内容有：开展技术服务工作，处理出厂产品质量问题；调查产品使用效果和用户要求。

2. 全面质量管理的推行步骤

进行全面质量管理必须要做到“三全”。

1）内容与方法的全面性

不仅要着眼于产品的质量，而且要注重形成产品的工作质量，注重采用多种方法和技术，包括科学的组织管理工作、各种专业技术、数理统计方法、成本分析、售后服务等。

2）全过程控制

全过程控制即对市场调查、研究开发、设计、生产准备、采购、生产制造、包装、检验、存储、运输、销售、为用户服务等全过程都进行质量管理。

3）全员性

全员性即企业全体人员包括领导人员、工程技术人员、管理人员和工人等都参加质量管理，并对产品质量各负其责。

三、电子产品生产过程中的可靠性保证

中国导弹之父钱学森说："产品的可靠性是设计出来的，生产出来的，管理出来的。"钱老的话概括了可靠性工程的整个过程：合理优化的设计是保证产品可靠性的前提，而生产中的工艺流程及零部件选材也很重要；生产经营过程必须加强管理，避免制造环节的人为失误，避免产品在运输、存放、安装、使用等过程中失效。总之，人、物料、设备和现场都很重要，与制造相关的一切都有可能成为影响产品可靠性的因素，而人、物料、设备、现场又是众多因素中的关键。

（1）人——掌控可靠性的关键。

（2）物料——保证可靠性的基础。

（3）设备——促成可靠性的产床。

（4）现场——呵护可靠性的温室。

如何环环相扣地把这 4 种要素整合起来，打造和提升制造环节的可靠性？这就要求企业要做到制造过程中的环环相扣，实现良性循环。一些专家系统地给出了相关建议，如下所示。

（1）建立健全现场质量保证体系。它可以把各环节、各工序的质量管理职能纳入统一的质量管理系统，形成有机整体，保证生产现场制造出合格的产品。

（2）实行"三检制"。"三检制"是操作者"自检"、"互检"和专职检验员"专检"相结合的检验制度。这就要求一线的人员用心操作，检验员认真负责，层层把关，做到"三不"，即不接受、不制造、不传递缺陷产品。

（3）形成良性循环。从管理层到一线操作人员，应坚持按"计划—实施—检查—处理"的程序循环工作，使生产现场对质量问题做到自动发现、自动调整、自动改善、自动反馈，从而使现场的质量管理制度化、经常化、标准化，形成不断改进、提升的良性循环。

技能训练

讨论电子产品的质量管理。

知识链接

质量和可靠性的基本概念

1. 质量

质量是衡量产品适用性的一种度量。它包含产品的性能、寿命、可靠性、安全性、经济性等多方面的内容。电子产品的水平，要通过产品的质量来体现。电子产品的质量，主要可以分为功能、可靠性和有效度三个方面。

2. 电子产品的质量

电子产品的质量，是在设计、制造和使用过程中形成的，它要受到设计者和生产者的水平、元器件及材料的选取、生产时使用的工具和仪器、工艺加工条件和环境因素五个方面的影响。这些因素，在管理科学中叫做工作质量。工作质量对产品质量的影响，表现在生产成本、生产量与交货日期，市场营销与售后服务，企业内部工艺技术能力的组织与形成，设备精度的维持能力，企业运行的计划、发展与管理等方面。显然，工作质量是整个质量的一个部分，它是对产品质量的保证。

3. 电子产品的可靠性

电子产品的可靠性是与时间有关的技术指标，它是对电子系统、整机和元器件长期可靠而有效地工作的能力的总认识。可靠性可以分为固有可靠性、使用可靠性和环境适应性三方面。

4. 表征可靠性的特征量

（1）平均寿命：平均寿命是指一批电子元器件产品寿命的平均值。

（2）可靠寿命：可靠寿命是指一批电子元器件产品的可靠度。

任务三 电子产品的检验

电子产品的检验是指用工具、仪器或其他分析方法检查各种原材料、半成品、成品是否符合特定的技术标准、规格的工作过程。

任务分析

电子产品的检验贯穿整个产品的生产过程，包括材料入库的检验、生产过程中的检验和成品质量检验。本任务的具体要求如下。

（1）巩固元器件的检验方法。

（2）熟悉生产过程的工序检验。

（3）掌握整机性能检验。

教学方式

教学步骤	时间安排	教学方式（供参考）
阅读教材	课余	自学、查资料、相互讨论，重点阅读“操作分析”和“知识链接”
技能训练	1 课时	对操作分析的内容，按照操作分析过程进行训练，若有问题及时请同学或老师做示范或讲解，不要盲目操作
操作分析和知识链接的讲授	2 课时	在操作分析的讲授中，结合实物或多媒体课件演示；对知识链接的讲授多以案例为主
评估检测		教师与学生共同完成任务的检测与评估，并能对问题进行分析与处理

操作分析

要学习电子产品的检验，首先应了解检验的定义。

检验就是指质量检查和验收。它是对产品或服务的一种或多种特性进行测量、检查、实验、计量，并将这些特性与规定的要求进行比较，以确定是否相符的活动。

电子产品在调试之后，要根据产品设计的技术要求和工艺要求，进行必要的检验，检验合格后，电子产品才能出厂投入使用。

按检验的特点可将其分为外观检验、性能检验和例行试验等。外观检验是指用视查法对整机的外观、包装、附件等进行检验的过程；性能检验是按产品技术指标和国家或行业有关标准，对整机的电气性能、安全性能和机械性能等方面进行测试检查，根据测试检查的结果确定产品是合格品，还是不合格品；例行试验是指对定型的产品或连续批量生产的产品定期进行试验，以确定生产企业能否生产持续、稳定的电子产品。例行试验的产品应该是在检验合格的整机中随机抽取的。例行试验主要包括环境试验和寿命试验。

目前电子产品的检验，主要是指依据国际标准、国家标准、行业标准、企业标准等公认的质量标准进行比较，然后做出产品是否合格的判定。电子产品的检验分为元器件、材料、零部件等入库前的检验、装配（生产）过程的检验和整机检验。

一、元器件、材料、零部件等入库前的检验

电子产品生产所需的元器件、材料、零部件在采购、包装、存放和运输过程中可能会出现变质、损坏或本身就是不合格产品，另外有些元器件（如晶体管、集成电路及部分阻容元件等）在装接之前还要进行老化筛选，因此有必要对它们进行检验并做好检验记录。

1. 元器件的检验

常见的元器件有电阻器、电容器、电感器、半导体器件、集成电路和接插件等。下面以半导体二极管的检验工艺要求来说明元器件的检验工艺。

首先来看外观和包装，要求外观无损伤、无污染，标志清晰；机械装配符合技术要求；包装应该完好无损伤、无污染；各标志清晰完好。当外观检验过关之后，可以用万用表（以机械式万用表为例）进一步检验二极管性能的好坏。用万用表测量二极管时，可选用 $R\times1k\Omega$。由于二极管具有单向导电性，所以它的正、反向电阻是不相等的，两者阻值相差越大越好。对于常用的小功率二极管，其反向电阻应比正向电阻大数百倍以上。用红表笔接二极管的正极，黑表笔接它的负极，测得的是反向电阻。反之，红表笔接二极管的负极，黑表笔接它的正极，测得的是正向电阻。锗二极管的正向电阻一般为 $100\Omega\sim1k\Omega$；硅二极管的正向电阻一般为几百欧至几千欧。如果测得二极管的正、反向电阻都是无穷大，说明该二极管内部已开路；如果它的正、反向电阻均为零，说明二极管内部已短路；如果它的正、反向电阻相差无几，说明二极管的性能变差失效。出现以上三种情况的二极管均不能使用。

对于其他的电子元器件，如常用的各种开关、接插件、发光二极管、扬声器、耳机等，除了要从外观上检验其附件、连接件等是否齐全、完好且符合要求外，主要还需要用万用表检测它们的通断情况。对于发光二极管和扬声器、耳机，也可用电池组来试验其发光或发声程序，以此来判断其优劣。

2. 材料、零部件的检验

常用的结构件、零部件、原材料有线材、印制电路板（PCB）、焊料、焊剂等，主要从外观上检验其是否完好且符合要求。

二、生产过程的检验

生产过程的检验是指对生产过程中的各道工序，或对半成品及成品进行的检验。生产过程的检验采用“自检、互检和专职检验”相结合的方式进行。

按检验过程分类，它可分为全检和抽检。

1. 全检

全检是指对所有产品进行逐个检验。全检的主要优点是能够最大限度地减少产品的不合格率。生产过程的检验和整机入库前的检验一般均采取全检的检验方式。

2. 抽检

抽检是指根据预先制订的抽样方案，从交验批中抽出部分样品进行检验，从而得出该产品

是否合格的结论。

三、整机检验

整机检验是指产品经过总装、调试合格之后，检查产品是否达到预定功能要求和技术指标。整机检验采取多级、多重复检验的方式进行。

整机检验可以采用仪器设备。用于电子产品整机检验的仪器设备分为通用测量仪器设备和专用测量仪器设备。通用测量仪器设备可以完成对电子产品进行的多项性能指标测试检验，也可以用于其他方面的测试。专用测量仪器设备可以完成对某些电子产品的某些性能指标进行的测试检验。

常用的电子产品检验仪器包括万用表、毫伏表、示波器、扫频仪、信号发生器、频率计、频谱分析仪、兆欧表、接地电阻测量仪、漏电电流测量仪等。

技能训练

收音机的整机检验

1. 训练目标

（1）元器件的检验。

（2）生产过程中的检验。

（3）成品质量检验。

2. 训练器材

（1）工具：十字改锥一把，镊子一个。

（2）仪器：万用表一个、函数信号发生器、毫伏表各一台。

（3）器材：收音机元器件一套（含有不合格元器件 2 个）、焊接完毕的收音机印制电路板（含有引脚工艺、插装工艺、焊接工艺不合格工艺各 3 个）、成品收音机（含有 2 个不合格性能指标）。

3. 训练内容

（1）元器件质量的检验。

（2）元器件引脚的成型、元器件的插装工艺、焊接工艺的检验。

（3）成品装配工艺和性能指标的检验。

4. 训练步骤

（1）对收音机元器件进行质量检验。

（2）对焊接完毕的收音机印制电路板进行元器件引脚的成型、元器件的插装工艺、焊接工艺的检验。

（3）对成品收音机进行成品装配工艺和性能指标的检验。

技能评价

任务检测与评估

检测内容	分　值	评分标准	学生自评	教师评估
元器件的质量检验	10	检测出一个不合格元器件得 5 分，两个得 10 分		

续表

检测内容	分　值	评分标准	学生自评	教师评估
引脚成型工艺检验	15	检测出一个不合格元器件得 5 分，两个得 10 分，三个得 15 分		
插装工艺检验	15	检测出一个不合格元器件得 5 分，两个得 10 分，三个得 15 分		
焊接工艺检验	15	检测出一个不合格元器件得 5 分，两个得 10 分，三个得 15 分		
整机装配工艺检验	15	检测出一个不合格元器件得 5 分，两个得 10 分，三个得 15 分		
整机性能指标检验	10	检测出一个不合格指标得 5 分，两个得 10 分		
安全操作	10	不按照规定操作、损坏仪器，扣 4～10 分		
现场管理	10	结束后没有整理现场，扣 4～10 分		
合计	100			

知识链接

电子产品的整机检验主要包括外观检验、功能检验和主要性能指标的测试等内容。

1. 外观检验

外观检验的项目有产品是否整洁，面板、机壳方面的涂覆层及装饰件、标志、铭牌等是否齐全，有无损伤；产品的各种连接装置是否完好；金属件有无锈斑；结构件有无变形、断裂；表面丝印、字迹是否完整清晰；量程覆盖是否符合要求；转动机构是否灵活、控制开关是否到位等；外形尺寸、安装尺寸，各引出端位置、引出端功能位置及各引出线的长度是否符合产品标准要求等。

2. 功能检验

功能检验是指对产品设计所要求的各项功能和整机的使用价值进行检验。例如，对于收录机，应检查其收音、放音、录音、电平指示等功能。一般通过功能操作及试听方式进行收录机的功能检验，在试听过程中应注意声道是否平衡、相位是否正确、声音有无失真及有无机械噪声、电气干扰声等，同时各功能控制键、旋钮的操作应正常。

3. 主要性能指标的测试

测试产品的主要性能指标是整机检验的主要内容之一。应用仪器对整机的主要技术指标进行测试，查看产品是否达到了国家或企业的技术标准。现行国家标准规定了各种电子产品的基本参数、测量方法及测试条件。

任务四　电子产品的包装

产品包装，一般来说就是给生产的产品装箱、装盒、装袋、包裹、捆扎。产品包装对于生产者来说是最普通的事，现在很多人已经把它看成一种营销手段、名牌战略，在营销谋略中也占有一席之地。

任务分析

包装是产品生产过程中的最后一道工序，它是为商品在流通过程中保护产品、方便储运和促进销售而采用一定技术、方法、容器、材料和辅助物对商品进行包裹的措施。各种各样的产品，不但应有妥善的外包装，而且还必须有合适的内包装和文字说明，用以宣传产品，介绍产品和指导消费者安全、合理地使用产品。因此，包装除保护产品安全、方便运输储存这两种职能外，还应有美化商品、吸引顾客、促进销售的重要职能。本任务的具体要求如下。

（1）了解包装材料和包装要求。

（2）掌握电阻产品的包装工艺。

教学方式

教学步骤	时间安排	教学方式（供参考）
阅读教材	课余	自学、查资料、相互讨论，重点阅读“操作分析”和“知识链接”
技能训练	1 课时	参观电子企业的产品包装线，了解电子产品的包装
操作分析和知识链接的讲授	1 课时	在操作分析的讲授中，结合实物或多媒体课件演示；对知识链接的讲授多以案例为主
评估检测		教师与学生共同完成任务的检测与评估，并能对问题进行分析与处理

操作分析

一、电子产品的包装材料和包装要求

1. 包装材料

生产厂家需要根据包装要求和产品特点，选择合适的包装材料。包装材料主要包括以下几种。

（1）木箱。

（2）纸箱（纸盒）。

（3）缓冲材料。缓冲材料（衬垫材料）的选择应以最经济并能对电子产品提供起码的保护能力为原则。有较强缓冲防震功能的材料主要有珍珠棉片、珍珠棉棒、珍珠棉管等产品。还可在加工成切片形状后，经过胶粘合一起形成珍珠棉支架。这种支架设计既实惠又经济，能发挥空间的立体几何想象能力，以配合产品结构，并可与瓦楞纸结合在一起，有骨有肉。

（4）防尘、防湿材料。防尘，防湿材料可以选用物化性能稳定，机械强度大，透湿率小的材料，如有机塑料薄膜，有机塑料袋等。为了使包装内空气干燥，可以使用硅胶等吸湿干燥。

2. 包装要求

（1）整机清洁。

（2）外包装的强度要与内装产品相适应。

（3）合理压缩包装体积。

（4）防尘。

（5）防潮。

（6）防震缓冲。

除了上述包装要求以外，有些电子产品的包装还应具备防静电、防磨、防锈、防霉变等

功能。

3. 装箱注意事项

（1）包装前一般要对电子产品进行清洁处理。

（2）包装时，应对产品轻拿轻放，避免敲打、捶击；不允许给产品造成伤害，损伤。

（3）包装箱内应有成套装箱文件。

（4）装入箱内的产品、附件和衬垫，不得在箱内任意移动。

4. 包装的封口和捆扎

当采用纸包装时，可用U型钉或胶带将包装箱封口封合。必要时，可对包装件选择合适规格的打包带进行捆扎。

5. 包装的标志

（1）产品名称及型号、规格和数量。

（2）商品名称及注册商标图案。

（3）产品主体颜色。

（4）出厂编号，生产日期（年、月、日）。

（5）箱体外形尺寸、净重、毛重。

（6）商标、生产厂名。

（7）储运标志，应按照国家标准的有关标志、符号、图案的规定正确选用。

（8）条形码，它是加印的、符合包装要求的销售条形码。

（9）指示性标志。对于一些容易破碎、残损、变质的产品，应用醒目的图形和简单的文字做出标志。指示性标志旨在引起有关人员在装卸、搬运、储存、作业中的注意，常见的有“此端向上”、“易碎”、“小心轻放”、“由此吊起”等。

二、电子产品的包装工艺

整机包装工艺流程（以34英寸彩色电视机生产的流水作业方式为例）为：整机总检→说明书、保修卡、合格证、维修点地址、意见书等装袋→贴条形码标签→套塑料薄膜→打开包装纸箱→放入下缓冲垫（一对）→整机装箱→放入附件和产品说明书→放入上缓冲垫（一对）→合上纸箱盖贴封胶带→打上封箱钉，塑料带打包→入库。

技能训练

参观电子企业的产品包装线，写一份参观心得。

知识链接

一、电子产品包装的种类与基本原则

电子产品的包装一般可分为运输包装、销售包装和中包装几种类型。

1. 运输包装

运输包装即产品的外包装，它的主要作用是保护产品以承受流通过程中各种机械因素和气候因素的影响，确保产品能完整无损地送到消费者手中。

2. 销售包装

销售包装即产品的内包装，它是与消费者直接见面的一种包装，其作用不仅是保护产品，便于消费者使用和携带，而且还有美化商品和广告宣传的作用。

3. 中包装

中包装起到计量、分隔和保护产品的作用，是运输包装的组成部分。但也有随同产品一起上架与消费者见面的，这类中包装则应视为销售包装。

包装的基本原则要符合科学、经济、美观、适销、环保的要求。其外包装、内包装和中包装是相互影响，不可分割的一个整体。具体而言，电子产品的包装有如下原则：

（1）包装是一个体系；

（2）包装是生产经营系统的一个组成部分，过分包装和不完善包装会影响产品的销路；

（3）产品是包装的中心，产品的发展和包装的发展是同步的，良好的包装能为产品增加吸引力，但再好的包装也掩盖不了劣质产品的缺陷；

（4）包装具有保护产品，激发购买力，为消费者提供便利三大功能；

（5）经济包装以最低的成本为目的；

（6）包装必须标准化；

（7）包装是一门科学，又是一门艺术，产品包装必须根据市场动态和客户爱好，在变化的环境中不断地改进和提高；

（8）节约有限资源，使用合适的包装，防止污染物超标，促进降解和易回收材料的应用，实行绿色包装。

二、条形码和防伪标志

1. 条形码

条形码（barcode）是将宽度不等的多个黑条和空白，按照一定的编码规则排列，用以表达一组信息的图形标识符。常见的条形码是由反射率相差很大的黑条（简称条）和白条（简称空）排成的平行线图案。条形码可以标出物品的生产国、制造厂家、商品名称、生产日期、图书分类号、邮件起止地点、类别、日期等许多信息，因而在商品流通、图书管理、邮政管理、银行系统等许多领域都得到了广泛的应用。条形码如图 8-5 所示。

图 8-5　条形码

条形码技术最早产生在风声鹤唳的 20 世纪 20 年代，诞生于威斯汀豪斯（Westinghouse）的实验室里。直到 1970 年，Iterface Mechanisms 公司开发出“二维码”之后，才有了价格适合销售的二维矩阵条码的打印和识读设备。此后不久，随着 LED（发光二极管）、微处理器和激光二极管的不断发展，迎来了新的标识符号（象征学）和其应用的大爆炸，人们称之为“条码工业”。今天已很少能找到没有直接接触过既快又准的条形码技术的公司或个人。由于在这一领域的技术进步与发展非常迅速，并且每天都有越来越多的应用领域被开发，所以用不了多久，条形码就会像灯泡和半导体收音机一样普及，将会使每一个人的生活都变得更加轻松和方便。

1）条形码的优越性

条形码的优越性表现在可靠性强，条形码的读取准确率远远超过人工记录，平均每 15000 个字符才会出现一个错误；效率高，条形码的读取速度很快，相当于每秒 40 个字符；成本低，与其他自动化识别技术相比较，条形码技术仅仅需要一小张贴纸和相对构造简单的光学扫描仪，成本相当低廉；易于制作，条形码的编写很简单，制作也仅仅需要印刷，被称为“可印刷的计算机语言”；构造简单，条形码识别设备的构造简单，使用方便；灵活实用，条形码符号可以通过手工操作键盘输入，也可以和有关设备组成识别系统实现自动化识别，还可和其他控制设备联系起来实现整个系统的自动化管理。

2）商品条形码数字的含义

以条形码 6936983800013 为例，此条形码分为 4 个部分，从左到右分别为：

（1）1～3 位，共 3 位，对应该条形码的 693 是中国的国家代码之一（690～695 都是中国的代码，由国际上分配）；

（2）4～8 位，共 5 位，对应该条形码的 69838 代表生产厂商代码，由厂商申请，国家分配；

（3）9～12 位，共 4 位，对应该条形码的 0001 代表厂内商品代码，由厂商自行确定；

（4）第 13 位，共 1 位，对应该条形码的 3 是校验码，依据一定的算法，由前面 12 位数字计算而得到。

2. 防伪标识

防伪标识是能粘贴、印刷、转移在标的物表面、标的物包装上或标的物附属物（如商品挂牌、名片以及防伪证卡）上，具有防伪作用的标识。防伪标识的防伪特征及识别的方法是防伪标识的灵魂。

1）防伪标识的类别

防伪标识主要分为以下几种。

（1）全息防伪标识，又称激光防伪标识，如图 8-6 所示。

（2）印刷防伪标识、印刷防伪证件与票据。

（3）双卡防伪标识。

（4）图形输出激光防伪标识。

（5）核微孔防伪标识，即核径迹防伪。

（6）图文揭露防伪标识，如图 8-7 所示。

图 8-6　激光防伪标识

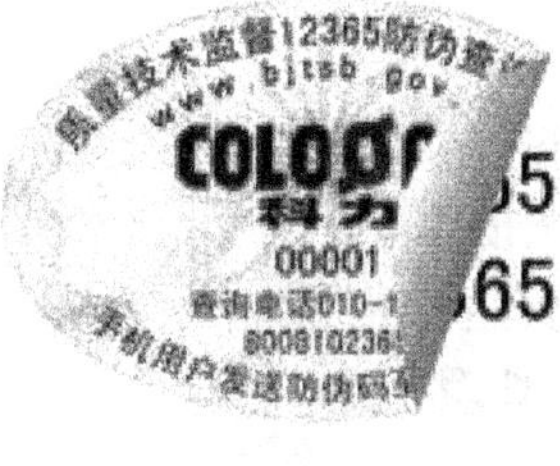

图 8-7　图文揭露防伪标识

（7）隐形图文防伪标识。

（8）磁码防伪标识。

（9）标记分布防伪标识。

（10）覆盖层防伪标识，最常见的有刮开式和揭开式数码防伪标识。

（11）原光光雕防伪标识。

2）防伪标识的技术要求

防伪标识是防伪技术产品之一，出厂时应对其提出防伪技术产品的八个通用技术要求。

（1）身份唯一性：防伪技术产品的防伪识别特征的唯一性和不可转移性。例如，数码防伪，可做到一件商品的防伪标识对应一个身份码，每一个防伪标识只能一次性使用，不能转移使用。

（2）稳定期：在正常使用条件下，防伪技术产品的防伪识别特征可持续保持的最短时间。例如，荧光油墨和温变油墨有衰减期。

（3）安全期：在正常使用条件下，防伪技术产品的防伪识别特征被成功仿制的最短时间。这是客户最关心的，应由厂家提出承诺期。

（4）防伪力度：识别真伪、防止假冒伪造功能的持久性与可靠程度。防伪力度由防伪识别特征的数量、防伪技术独占性的数量、仿制难度和仿制成本大小 4 种要素构成。

（5）使用适应性：防伪技术产品的防伪识别特征能与标的物或服务对象使用要求相适应的能力。

（6）识别性能：防伪技术产品的防伪识别特征能通过感官或机器（仪器）在要求的识别时间内正确识别。一线识别强调防伪识别特征的大众共知性，通过感官即能识别；二线识别强调通过简单仪器（如放大镜、激光笔、紫外荧光鉴别器等）即能识别；三线识别强调通过专用仪器（如 DNA 鉴定）由专家识别，作为司法判定的依据。二线识别与三线识别强调防伪识别特征的隐含性。

（7）使用环境要求：防伪技术产品的防伪性能应能满足标的物的正常使用环境要求。

（8）技术安全保密性：设计、制作防伪技术产品的技术应具有安全保密性。除此之外，还应考虑经济成本适应性，即在满足防伪技术要求的同时，应尽可能降低使用成本。

任务五 安全文明生产

所谓安全生产，就是指生产企业为避免造成人员伤害和财产损失的事故而采取相应的事故预防和控制措施，以保证从业人员的人身安全，保证生产经营活动得以顺利进行的相关活动。

任务分析

通过本任务的学习，了解企业安全生产和文明生产的相关知识。具体要求如下。

（1）掌握安全措施。

（2）了解文明生产措施。

（3）熟悉 5S 管理要点。

教学方式

教学步骤	时间安排	教学方式（供参考）
阅读教材	课余	自学、查资料、相互讨论，重点阅读“操作分析”和“知识链接”

续表

教学步骤	时间安排	教学方式（供参考）
技能训练	1课时	完成操作分析的内容，由教师点评
操作分析和知识链接的讲授	1课时	在操作分析的讲授中，结合实物或多媒体课件演示；对知识链接的讲授多以案例为主
评估检测		教师与学生共同完成任务的检测与评估，并能对问题进行分析与处理

操作分析

一、基本安全措施

安全生产是指企事业单位在劳动生产过程中为预防发生人身、设备、交通等事故，形成良好劳动环境和工作秩序而采取的一系列措施和活动。安全措施是为了达到保障人民生命财产安全、维护社会公共秩序稳定、防范生产安全事故发生等目的而采取的举措与行动。下面来了解一些企业的安全生产管理规定。

（1）各部门必须建立健全安全生产的各项制度和操作规程。

（2）职工在生产、工作中要认真学习和执行安全技术操作规程。

（3）生产人员必须严格遵守操作规程，遵守各项规章制度。

（4）发现不安全情况，应及时报告领导，迅速予以排除。

（5）发现安全隐患，必须及时整改。

（6）爱护生产设备和安全防护装置、设施及劳动保护用品。

（7）设备安全防护装置必须始终处于正常工作状况，任何人无权擅自拆除设备安全防护装置，违者将予以重处。

（8）为确保安全，设备安全防护装置不能正常工作时，不准开机运行。

（9）为保证用电安全，严禁开启设备的电气箱；发生电气故障后，必须由电工进行修理，并认真执行设备检修期间的停送电规定。

（10）各种设备和仪器不得超负荷和带病运行，并要做到正确使用，经常维护，定期检修。

（11）潮湿场所和移动式的电气设备，应采用安全电压。电气设备必须符合相应防护等级的安全技术要求。

（12）防止火灾的发生。当必须使用电焊、气焊、喷灯进行维修时，必须履行报批手续，必须将现场可燃物、易燃物与工作点隔离后才能进行工作，工作结束后对现场进行清理，经技术安全员检查确认无误后方准撤离现场。

二、文明生产措施

文明生产是指生产的科学性，是创造一个保证质量的内部条件和外部条件。内部条件主要指生产要有序，要均衡生产，物流路线的安排要科学合理，要适应于保证质量的需要；外部条件主要指环境、光线等要有助于保证质量。生产环境的整洁卫生，包括生产场地和环境要卫生整洁，光线照明要适度，零件、半成品、工具夹、工具柜要放置整齐，设备仪器要保持良好状态。没有起码的文明生产条件，企业的质量管理就无法进行。下面是一些企业的文明生产措施。

（1）所有人员进入生产现场必须穿工作服、戴安全帽，并按要求在工作服右侧佩带岗位标志牌。

（2）严禁在生产现场抽烟、吐痰、乱扔杂物，破坏现场卫生。

（3）严禁在生产现场打架斗殴、酗酒闹事，严禁酒后上班。

（4）严禁在生产现场停放自行车、摩托车。

（5）严禁在生产现场聊天、大声喧哗或做与工作无关的事。

（6）交接班列队要整齐、严肃，严格执行交接班制度。

（7）严禁将水杯、饭盒、食物、安全帽等放在工作台盘、工具柜内。

（8）工具柜应按照管理规定摆放整齐，保证柜内整洁美观，柜门应随手关上。

（9）交班前应将工作台擦拭干净，物品按规定摆放整齐。

（10）饮水机要保持干净，及时将集水槽内的水倒入垃圾桶，水桶无水时应及时将电源关掉。

（11）学习或开会结束后，班长应组织有关人员将学习室桌椅摆放整齐，并擦拭干净。

（12）卫生间、洗手间的卫生安排专人负责，每日接班前检查地面是否有烟头杂物等，保证清洁干净。

技能训练

查阅资料，写出电子实训室安全用电措施和文明操作规程。

知识链接

一、安全生产常识

安全生产常识主要包括以下方面。

（1）一个方针：安全第一，预防为主，综合治理。

（2）二条原则：岗位职责，操作规程。

（3）三不伤害：不伤害自己，不伤害别人，不被他人伤害。

（4）四不放过：事故原因不查清不放过，事故责任者和领导责任未追究不放过，广大职工未得到教育不放过，防范措施未得到落实不放过。

（5）五个须知：知道本单位安全重点部位，知道本单位安全责任体系和管理网络，知道本单位安全操作规程和标准，知道本单位存在的事故隐患和防范措施，知道并掌握事故抢险预案。

（6）六个不变：坚持“安全生产”的思想不变，企业法人代表作为安全生产第一责任人的责任不变，行之有效的安全规章制度不变，从严强化安全生产力度不变，安全生产一票否决的原则不变，充分依靠职工的安全生产管理办法不变。

（7）七个检查：查认识，查机构，查制度，查落实，查设备，查隐患，查措施。

（8）八个结合：建立约束机制与鼓励机制相结合，突出重点与兼顾全面相结合，职能部门管理与齐抓共管相结合，防微杜渐与突出保障体系相结合，弘扬安全文化与常抓不懈相结合，安全检查与隐患整改相结合，落实责任制度与完善责任追究制相结合，强化安全管理与推行安全生产责任制相结合。

（9）九个到位：领导责任到位，教育培训到位，安管人员到位，规章执行到位，技术技能到位，防范措施到位，检查力度到位，整改处罚到位，安全意识到位。

（10）十大不安全心理因素：侥幸，麻痹，偷懒，逞能，莽撞，心急，烦躁，赌气，自满，好奇。

二、文明操作规程

为了有一个安全的、高效的、高品质的、人际和谐、精神状态朝气蓬勃的工作现场，为了使企业降低成本、按时交货、服务使顾客满意，可以在企业各个部门执行5S管理，把5S作为一个企业的文明操作规程。

5S 管理法起源于日本，是指在生产现场中对人员、机器、材料、方法等生产要素进行有效管理，是日式企业独特的一种管理方法。5S指日文的SEIRI（整理）、SEITON（整顿）、SEISO（清洁）、SEIKETSU（规范）、SHITSUKE（自律）这五个单词，又被称为“五常法则”。

5S管理的要点如下。

1. 整理

整理是指将物品区分为需要的和不需要的、使用频率高的和使用频率低的、价值高的和价值低的，在弄清楚这些以后，进行分门别类地安置。

“整理”在工作中的实际应用包括：

（1）办公桌的整理；

（2）文件资料的整理；

（3）各种信件的整理；

（4）会议记录的整理；

（5）传真信息的整理；

（6）软盘的整理。

2. 整顿

整顿是指对现场所需用的物品进行有条理地定量放置，使这些物品始终处于任何人随时都能方便取放的位置，从而提高工作效率。

“整顿”在工作中的实际应用包括：

（1）工具等频繁使用物品的整顿；

（2）切削工具的整顿；

（3）测量用具的整顿；

（4）在制品的整顿。

3. 清洁

清洁是指使生产现场始终处于无垃圾、无灰尘的整洁状态，生产现场存在的影响人们工作情绪和工作效率的东西都可以当做清洁的对象。

“清洁”的具体实施步骤为：

（1）把地面、墙壁和窗户打扫干净；

（2）划分物品放置区域和界限；

（3）清除污染源；

（4）设备的清洁。

4. 规范

规范是指维持和巩固整理、整顿、清洁活动获得的结果，保持工作现场在任何时候都整齐、干净、有条不紊，使人产生愉快的心情，有利于提高工作效率。

实施“规范”有四种方法：

（1）编制规范手册；

（2）明确规范的状态；

（3）定期检查；

（4）环境色彩化。

5. 自律

自律是指培养并养成整洁有序、自觉执行单位规定和规则的良好习惯，自觉地进行“整理”、“整顿”、“清洁”、“规范”，是搞好5S活动的重要保证。

“自律”在工作中的实际应用包括：

（1）加强服务意识；

（2）管理越简单越好；

（3）注重礼节和仪表；

（4）满足顾客最大需求。

项目小结

（1）3C认证是中国国家强制要求的，对在中国大陆地区市场销售的产品实行的一种认证制度。很多国家都有自己的产品认证制度，包括美国的UL认证和欧盟的CE认证。产品通过3C认证，只能说明其安全性能符合国家要求，并不代表其产品质量。

（2）ISO 9000是一个质量管理体系准则，实现该认证的目的，是为了使产品质量稳步提高，从而赢得顾客的信任，为企业营销打下坚实稳固的基础，但它并不代表产品的质量优劣。

（3）电子产品质量管理，是指在电子产品的整个生产过程中关于产品质量的管理，包括产品的设计、产品的原材料、产品的生产过程及产品最后的调试、检验。质量管理的好坏直接影响到整个产品的质量。

（4）电子产品的检验指用工具、仪器或其他分析方法检查各种原材料、半成品、成品是否符合特定的技术标准、规格的工作过程。它包括元器件、材料、零部件等入库前的检验，生产过程的检验和整机检验。

（5）电子产品的包装是电子产品生产过程中的最后一道工序，它是为商品在流通过程中保护产品、方便储运和促进销售而采用的一定技术、方法、容器、材料和辅助物对商品进行包裹的措施。除了安全性能外，电子产品的包装还应有美化商品、吸引顾客、促进销售的重要职能。

（6）安全文明生产包括安全生产和文明生产两方面的内容。安全生产是指企事业单位在劳动生产过程中为预防发生人身、设备、交通等事故，形成良好劳动环境和工作秩序而采取的一系列措施和活动；文明生产是指生产的科学性和企业的文明程度。

（7）5S管理的5个方面包括整理、整顿、清洁、规范和自律。

思考与练习

1．3C认证是一个什么样的认证？有什么含义？一个商品通过了3C认证，是否代表该产品的质量很好？

2．ISO 14000认证的含义是什么？OHSAS 18000认证是关于哪些方面的认证？

3．全面质量管理必须要做到“三全”，“三全”指的是什么？

4．电子产品的检验主要包括哪三部分的检验？

5．常用的包装材料有哪些？包装有哪些要求？

6．5S管理包括哪五方面？

参 考 文 献

[1] 杨国贤．电工技能与实训项目式教学[M]．北京：高等教育出版社，2009．
[2] 朱军．汽车维修常用工量具使用[M]．北京：人民交通出版社，2010．
[3] 刘进峰，等．无线电装接工[M]．北京：中国劳动出版社，2010．
[4] 杨宗强．电子元器件的识别及安装调试[M]．北京：化学工业出版社，2010．
[5] 韩雪涛，等．电子产品组装技能演练[M]．北京：电子工业出版社，2009．
[6] 李世英，等．电子实训基本功[M]．北京：人民邮电出版社，2009．
[7] 梁俞文．电子整机装配工艺[M]．南京：江苏教育出版社，2011．
[8] 李为民，等．电子整机装配实训[M]．北京：北京理工大学出版社，2010．
[9] 陈振源．电子产品制造技术[M]．北京：人民邮电出版社，2007．
[10] 龙立钦．电子产品结构与工艺[M]．北京：电子工业出版社，2008．
[11] 河南职业技术教研室．电子技能与实训[M]．北京：电子工业出版社，2010．
[12] 杨海祥．电子整机产品制造技术[M]．北京：机械工业出版社，2007．